코스모스

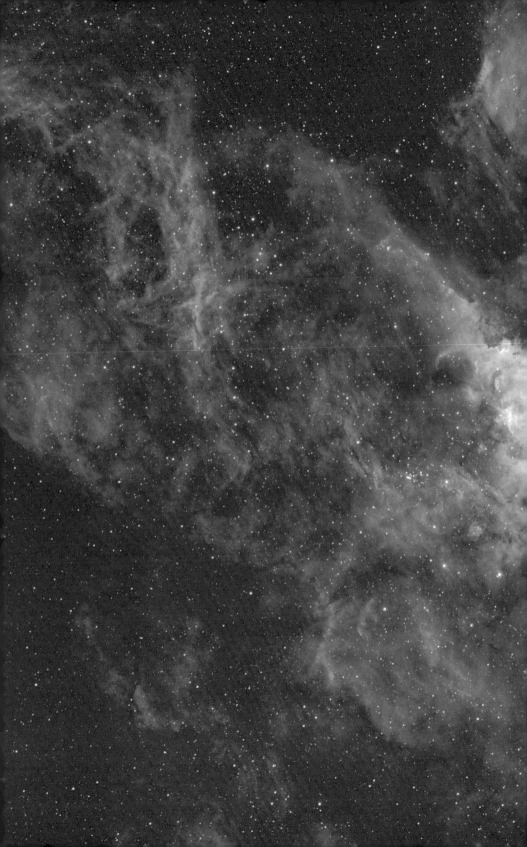

COSMOS

POSSIBLE WORLDS

앤 드루얀
코스모스

| 가 능 한 세 계 들 |

김명남 옮김

Acknowledgments and Permissions

Page 439: grateful acknowledgment is made to the following publishers for permission to reprint
portions of the "Encyclopedia Galactica" from Carl Sagan, Cosmos. New York: Random House, 1980;
London: Little, Brown Book Group Ltd., 1980. Copyright © 1980 by Carl Sagan Productions, Inc.
Copyright © 2006 by Druyan-Sagan Associates, Inc

별을 향해 출항하는

세라,

조이,

노라,

헬레나에게

| 한국어판 서문 |

과학의 소리

친애하는 한국 독자 여러분께.

이렇게 여러분과 이야기 나눌 기회가 생겨서 기쁩니다. 왜 하필 여러분이냐고
요? 이 책은 전 세계 여러 나라에서 번역·출간될 텐데, 제가 굳이 그중 한 나
라만을 위해서 특별 서문을 쓰는 이유가 무엇이냐고요?

이 책, 『코스모스: 가능한 세계들(Cosmos: Possible Worlds)』은 다채로
운 주제를 다룹니다. 앞선 다큐멘터리들과 책과 마찬가지로, 이 책은 우리가
경이로운 자연을 이해하고 불가능에 가까울 만큼 어려운 꿈을 이루려고 할
때 과학적 관점이 다른 무엇보다 큰 힘이 되어 준다는 것을 이야기합니다. 또
우리 조상 세대의 탐구자들이 얼마나 담대한 모험을 펼쳐 왔는지, 그럼으로
써 망망대해와도 같은 우주의 시공간에서 우리가 어느 시점과 장소에 있는
어떤 존재인가 하는 문제에 대답해 왔는지를 이야기할 텐데, 이중에는 분명
여러분이 처음 듣는 일화도 있을 것입니다. 이 책은 인간의 의식이란 무엇인지
를 살펴볼 테고, 이 작은 행성에서 인간과 더불어 살아가는 다른 생명체들의
의식도 살펴볼 것입니다. 그리고 그 밖의 다른 생명체들도 찾아볼 텐데, 그중
에는 영원히 사라진 생명체도 있고, 이윽고 발견된 생명체도 있고, 엄청나게
멀리 있는 생명체도 있고, 아주아주 가까이 즉 우리 몸속에 있는 생명체도 있

습니다. 그런데 이 다채로운 이야기들을 잇는 하나의 주제가 있습니다. 인류가 획득한 이런 능력이 실로 눈부신 성과를 낼 수도 있겠지만, 한편으로는 우리가 아직 존재조차 모르는 생물 종들과 지구 문명 전체에 치명적인 위험을 가할 수도 있다는 사실 말입니다.

자칫 인류를 파멸로 이끌 수도 있는 그 어두운 힘에 대한 이야기는 여러분도 많이 들었겠지요. 그러니 제가 이 자리에서까지 인류의 결함을 하나하나 늘어놓지는 않겠습니다. 이미 여러분도 아는 내용일 테니까요. 다만 이 말을 해 두고 싶습니다. 제 생각에는 그 여러 결함 중에서도 핵심적인 문제가 하나 있다는 것, 그것이 우리가 직면한 여러 위기를 전부는 아니라도 많이 해결해 줄 만한 열쇠라는 점에서 그렇다는 것입니다. 만약 우리가 자신의 여러 문제 중에서도 바로 그 문제를 풀 수 있다면, 우리는 아마 미래를 좀 더 낙관적으로 바라볼 수 있을 것입니다.

제가 생각하는 그 문제란, 최대한 많은 사람이 과학을 지금과는 사뭇 다른 방식으로 받아들여야 한다는 것입니다. 우리가 과학을 받아들이는 태도는 인간의 여느 신념 체계들을 내면화하는 태도와 좀 더 비슷해져야 합니다. 과학은 그저 놀라운 사실들이 잡다하게 쌓인 무더기만이 아닙니다. 실용적 지식, 이를테면 우리가 즐겨 가지고 노는 장난감들에 점점 더 많은 기능과 재미를 부여하는 데 쓰이는 지식만을 말하는 것도 아닙니다. 누군가는 쉽게 이해하지만 다른 누군가는 통 이해하지 못하는 어려운 과목만을 말하는 것도 아닙니다.

과학은 우리가 세상의 모든 것을 보는 데 쓰는 한 방법입니다. 과학은 시간을 꿰뚫어 봅니다. 인간이 다른 어떤 방면에서 기울이는 노력의 힘도 과학의 힘에는 미치지 못합니다. 과학자들은 어느 머나먼 천체가 지금으로부터 수

7

백만 년 뒤 어디에 있을지, 그 위치를 정확히 예측할 줄 압니다. 여러분의 까마득히 먼 선조가 누구였는지, 그가 수천 년 전에 어디에서 살았으며 어떻게 살았는지까지도 말해 줄 줄 압니다.

그런 특별한 힘을 가진 과학자들이 오늘날 유례없이 단합된 목소리로 우리에게 경고하고 있습니다. 우리가 최근 들어서야 깨닫게 된 지구적 재앙을 과학자들은 어언 70여 년 전부터 예측했습니다. 지금 과학자들은 우리 인류가 자초한 대멸종의 시대에 접어들었다는 것, 이번 대멸종은 지구에 인간이 존재하기 전에 벌어졌던 대멸종들과는 차원이 다른 재앙이리라고 경고합니다.

아직 너무 늦지는 않았습니다. 하지만 어떻게 하면 우리가 과학자들의 말을 귀담아듣고 스스로에게 이로운 방향으로 행동할 수 있을까요? 어떻게 하면 우리가 이 사안의 무서움과 시급성을 실감할 수 있을까요? 어떻게 하면 우리가 아이들과 그 후손들의 삶을 자신의 현실처럼 가깝게 느끼고 그럼으로써 몽유병자처럼 무심히 파국으로 향하는 발걸음을 멈출 수 있을까요?

저는 이렇게 생각합니다. 우리 중 충분히 많은 수가 전 세계 과학자들의 말을 마음에 새긴다면, 그리고 행동한다면, 이 재앙을 충분히 멈추고 되돌릴 수 있다고요. 하지만 그렇다면 그것은 또 어떻게 가능할까요?

우리는 우리 세대가 앞선 세대의 인간들과 뒤이을 세대의 인간들에게 진 책임을 깨달아야 합니다. 우리 세대는 지구에서 약 40억 년 동안 끊이지 않고 이어져 온 생명의 사슬에서 가장 결정적인 고리입니다. 우리는 가장 강한 고리가 되어야 합니다. 우리 앞에 왔던 인간들의 용기와 재능을 기리기 위해서, 또한 우리가 아이들과 그 후손들에게 진 가장 중요한 의무를 이행하기 위해서.

우리는 생명이 살아가는 데 필요한 기본 요소들, 이를테면 공기와 물과 환경과 같은 요소들을 돈만큼, 아니, 돈보다 더 아껴야 합니다. 이 세상이 깡그리 망가져 버린다면, 인공물에 불과한 돈 따위가 대체 무슨 소용이 있겠습니까.

우리는 이제부터라도 과학자들처럼 장기적인 관점으로 생각해야 합니다. 우리의 이른바 지도자들은 다음 선거 혹은 사분기 평가까지의 시간에만 신경 씁니다. 우리에게는 그런 근시안적 사고를 지속할 여유가 더는 없습니다. 우리가 직면한 위기는, 우리가 제대로 해결해 내지 못할 경우, 지구 문명 전체를 파괴할 위기이니까요.

제가 한국의 독자들에게 특별히 글을 쓰는 것은 이 때문입니다. 한국은 혁신에서 세계를 선도해 온 나라이고, 혁신이야말로 인류 역사의 이 위험한 순간에 필요한 것이기 때문입니다. 여러분에게 바랍니다. 세계를 지속 가능한 미래로 이끌어 주십시오. 여러분이 지금까지 여러 과제를 맞닥뜨렸을 때 그랬던 것처럼, 이 과제도 이겨 낼 수 있다는 것을 보여 주십시오.

과학자들의 말에 귀를 기울이고, 행동에 나서 주십시오.

2020년 1월 1일
앤 드루얀

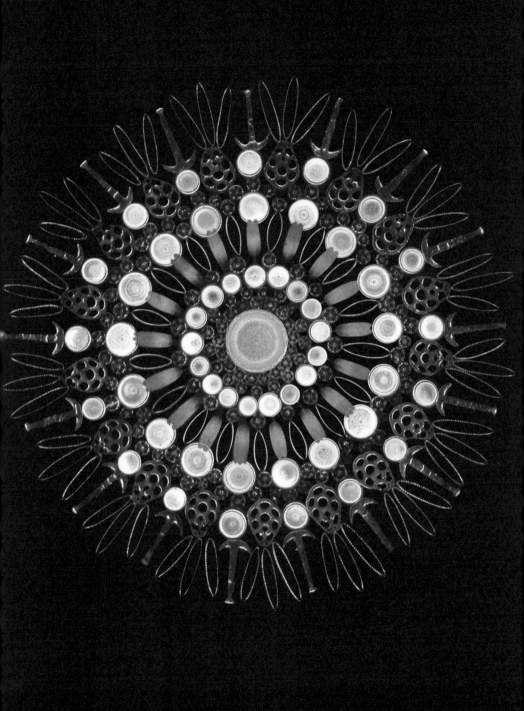

차례

1쪽: 500광년 넘게 떨어진 곳에 있는 한 가능한 세계의 상상도. 2014년 발견된 케플러-186f는 최초로 지구와 비슷하다고 확인된 외계 행성이다. **2~3쪽**: 우리 은하의 용골자리 성운. 지구로부터 7,500광년 떨어진 곳에 있는 별들의 요람이다. **10쪽**: 현미경이 만들어 낸 빅토리아 시대의 예술. 이 그림은 규조류(규산질 껍질을 지닌 단세포 조류)와 나비 인편으로 이뤄져 있다.

MAY   JUN

SEPT   OCT

| 우주력(THE COSMIC CALENDAR) |

우주의 진화 과정 전체를 한눈에 보여 주는 달력. 지난 138억 년 중 가장 두드러진 사건들을
1년으로 압축해 넣었다. 우주력의 1년은 138억 2000만 년, 1개월은 11억 3600만 년, 1주는 2억 6500만 년,
1일은 3786만 년, 1시간은 157만 8000년, 1분은 2만 6294년, 1초는 438.23년이다.

2039년 뉴욕 세계 박람회

낙관주의 상징과 미래 사회에서 발견한 경이로 가득 찬 2039년 세계 박람회 상상도.
타원형 풀을 둘러싼 5동의 파빌리온(pavilion)을 관람객이 가득 메우고 있다.

| 2039년 뉴욕 세계 박람회 |

2039년 세계 박람회에는 '가능한 세계들' 파빌리온이 세워질 수 있다. 그곳에는 아마
우리 은하의 나선팔을 형상화한 전시물이 설치될 것이다. 우리는 은하의 나선팔을 따라 걸으며
외계 문명의 존재 가능성을 음미하게 될 것이다.

NEW YORK WORLD'S FAI

THE WORLD OF TOMORROW 193

꿈은 지도

나는 희망의 시대에 유년기를 보냈다. 학교에 들어간 지 얼마
지나지 않아서부터 나는 과학자가 되고 싶었다. 결정적 계기가 된
순간은 밤하늘의 별들이 우리 태양과 같은 태양들이라는
사실을 처음 이해했을 때, 그 태양들이 대체 얼마나 멀리 떨어져
있기에 한낱 밤하늘의 작은 점으로만 보이는가 하는 생각이
처음 떠올랐을 때였다. 당시 나는 '과학'이라는 말의 의미조차
몰랐던 것 같지만, 어쨌든 그런 근사한 세계에 빠지고 싶었다.
우주의 광채에 마음이 사로잡혔다. 어쩌면 내가 세상의 실제
작동 방식을 이해하고, 깊은 신비를 밝히는 데 한몫하고,
새로운 세계를 탐구할 수 있을지도 모른다는 — 심지어
비유적으로만이 아니라, 말 그대로 탐사할 수 있을지도 모
른다는 — 생각에 홀렸다. 그 꿈을 부분적으로나마 이룬 것은
행운이었다. 과학이 주는 낭만은 내가 1939년 세계 박람회에서
경이로운 것들을 보았던 날, 이미 반세기 넘게 지난 그날처럼
지금도 여전히 호소력 있고 새롭다.

—칼 세이건(Carl Sagan),
『악령이 출몰하는 세상(*The Demon-Haunted World*)』에서

1939년 뉴욕 세계 박람회를 상징하는 구조물이었던 트릴론(Trylon)과 페리스피어(Perisphere)가
그려진 당시 포스터. (지름 55미터의 구형 페리스피어에는 미래 도시 디오라마와 당시 최장 길이를 자랑하는
에스컬레이터가 설치되어 있었고, 높이 190미터의 첨탑인 트릴론이 연결되어 있었다. — 옮긴이)

어느 비 오는 날 밤 퀸스, 미래는 장소가 되었다. 사람들이 가 볼 수 있는 공간이 되었다. 1939년 뉴욕 세계 박람회 개막식을 구경하려고 모인 20만 명의 인파는 해 질 녘 플러싱 메도스에 내리는 폭우에도 아랑곳하지 않았다. 박람회의 주제는 "내일의 세계"였다. 1940년 가을 막을 내릴 때까지, 4500만 명의 관람객이 찾아와서 그 정교한 미래 세계를 구경할 터였다.

관람객 중 다섯 살 소년이 하나 있었다. 소년의 부모는 가난했기 때문에, 가족은 종이 봉투에 점심 도시락을 싸 왔다. 휘핑크림을 풍성하게 올린 20센트짜리 초콜릿 아이스크림은 가족에게 사치였고, 소년이 탐냈던 파란색과 주황색의 베이클라이트 손전등과 열쇠 고리도 마찬가지였다. 디저트는 집에서 가져온 사과로 대신해야 했다. 소년은 떼를 써 봤어도 결국 빈손으로 돌아왔지만, 그 대신 그곳에서 인생의 좌표를 얻었다. 소년은 '전기 생활 홀(Hall of Electrical Living)'에 있던 놀이터에서 적외선 레이저로 음악 소리를 내는 장치를 직접 만져 보고 홀딱 빠졌다. 소년은 미래라는 장소에 매료되었고, 그곳에 갈 방법은 과학뿐임을 깨달았다. 꿈은 지도다.

1939년 뉴욕 세계 박람회에 설치되었던 1960년의 도시 모형.
현대적인 입체 고속 도로와 옥상 정원이 조성된 고층 건물을 예견했다.

그 가능한 세계는 과학적 포부 못지않게 평등주의적 포부도 품고 있었다. 그곳에 전시된 모형 사회 중 하나는 이름이 아예 '민주주의 도시'라는 뜻의 데모크라시티(Democracity)였다. 그 도시에는 빈민가가 없었다. 대신 텔레비전, 컴퓨터, 로봇이 있었다. 많은 관람객은 앞으로 자신의 삶을 바꿀 그런 물건들을 그곳에서 처음 보았다.

하지만 그 4월 30일 밤 사람들이 모인 것은 아이작 뉴턴(Isaac Newton) 이래 최고의 과학 천재가 하는 말을 듣기 위해서였다. 박람회장의 수상 쇼에서 공연되던 수중 발레처럼 교묘한 안무로 자연의 힘을 조정해서 펼쳐 보일 극적인 개막식 무대의 소개를 다름 아닌 알베르트 아인슈타인(Albert Einstein)이 맡기로 되어 있었다. 아인슈타인이 개막 연설을 짧게 하고 나서 스위치를 올리면 박람회장 전체가 밝아질 예정이었다. 그것은 인류 기술 역사상 최대의 인공 점등 행사가 될 터였다. 그 빛은 무려 반지름 64킬로미터까지 뻗어 나갈 터였다. 놀라운 일이었다. 하지만 유례없는 규모의 빛을 즉각적으로 만들어 낼 에너지원은 그것보다 훨씬 더 놀라웠다.

맨해튼 이스트 강 건너편, 미국 자연사 박물관의 헤이든 플라네타륨에서는 W. H. 바턴 주니어(W. H. Barton, Jr.) 교수가 우주의 미지 영역에서 오는 신비로운 번갯불을 사로잡아 빛으로 바꿔낼 도구를 조정하고 있었다. 프로메테우스가 신들로부터 불을 훔쳤던 것처럼 코스모스로부터 에너지를 훔쳐낼 도구였다.

1910년대 초반, 빅토르 헤스(Victor Hess)라는 과학자는 우주가 하루에도 여러 번 지구로 와서 접촉한다는 사실을 발견했다. 전하를 띤 입자로 된 방사선이 줄기차게 지구를 때리고 있었다. 그 양성자 하나만 해도 시속 97킬로미터로 던져진 야구공의 에너지를 갖고 있다. 이 방사선은 우주선(宇宙線,

cosmic ray)이라고 불리게 되었다. 헤이든 플라네타륨에는 대형 가이거 계수기가 3대 설치되어 있었다. 그 계수기들이 우주선을 10줄기 포착해 박람회장 개막식을 멋지게 밝힐 예정이었다.

가이거 계수기에 포착된 우주선 에너지는 진공관을 통과한 다음 증폭된 뒤 전선망을 통해서 아인슈타인과 군중이 기다리는 퀸스로 보내질 터였다. 우주선이 제공한 에너지가 밤을 낮으로 바꿀 터였고, 과학 덕분에 가능해진 새로운 세계를 눈부신 빛으로 채울 터였다.

하지만 그 전에 우선 아인슈타인이 사람들에게 우주선이 뭔지 설명해야 했다. 아인슈타인은 **700단어** 이내로 설명하라는 요청을 받았다. 처음에 그는 거절했다. 불가능하다고 생각했기 때문이다. 우주선은 아인슈타인과 그 동시대인들에게는 물론이고 내가 이 책을 쓰기 시작한 시점의 과학계에도 수수께끼였다. 하지만 과학의 탐구란 어찌나 끈질긴지, 내가 이 책의 초고를 마칠 즈음에는 우주선이 우리 은하 밖 먼 은하들에서 일어나는, 우주에서 가장 격렬한 사건들에서 생겨난 뒤 지구로 날아오는 것이라는 사실이 밝혀졌다.

아인슈타인은 이 신비로운 현상을 정확하게 설명하는 데 700단어로는 턱없이 부족하다고 여겼다. 하지만 그는 대중과 소통하는 것이 과학자의 의무라고 믿는 사람이었다. 그래서 연설을 수락했다.

1939년 4월 마지막 날의 그 밤은 어느 영화보다 더 영화적인 불길한 조짐으로 가득했다. 세계는 불과 몇 달 뒤에 일어날 독일의 폴란드 침공을 앞두고 있었다. 그 일로 제2차 세계 대전이 시작되어, 인류 역사상 가장 참혹한 유혈 사태가 벌어질 터였다. 다섯 살 소년 칼 세이건이 멋진 디저트와 탐나는 박람회 기념품을 갖지 못한 것은 그의 부모를 비롯한 전 세계 인구가 사상 최악의 경제 불황에서 채 빠져나오지 못한 탓이었다. 1930년대 독일에서는 초인플레

이선 때문에 빵 한 덩이를 사려면 지폐를 손수레로 실어갈 만큼 잔뜩 가져가야 했다. 절박한 사람들은 선동가에게 쉽게 넘어갔다. 그런데 곧 자기 국민 수천만 명을 죽이고 또 다른 수천만 명에게 상상을 뛰어넘는 고통을 안길 세계에서, 인류 역사상 앞날이 가장 어두운 순간 중 하나였던 세계에서, 박람회장에 모인 수많은 사람이 칭송하고 심지어 숭배했던 것은 바로 …… **미래**였다.

해가 지자, 아인슈타인이 마이크 앞에 나섰다. 한 달 전에 예순이 된 그는 벌써 수십 년 동안 온 세상이 다 아는 유명 인사로 살아왔는데, 특이하게도 그 명성은 우주적으로 가장 거대한 규모에서, 동시에 가장 미세한 규모에서 새로운 물리적 현실을 발견해 낸 업적으로부터 비롯했다.

고대 그리스의 천재 데모크리토스 이래 2,400년 동안 과학자들은 더 이상 쪼갤 수 없는 물질의 최소 단위인 '원자'가 존재할 것이라는 이론을 세워 왔다. 하지만 아무도 원자의 실체를 증명하지는 못했다. 그 원자와 원자들의 집합체인 분자에 관한 결정적 증거를 제공한 것이 바로 25세의 아인슈타인이었다. 그는 심지어 원자의 크기도 계산해 냈다. 아인슈타인은 또 빛을 파동으로 해석했던 당시의 지배적 이론에 맞서 빛이 광자라는 꾸러미 단위로 존재한다는 이론을 제안해 양자 역학의 기초를 닦았으며, 가만히 있는 입자 자체에 에너지가 간직되어 있다는 사실을 밝힘으로써 고전 물리학을 확장했다.

그리고 그는 중력이 빛을 휠 수 있다는 사실을 깨달았다. 그가 그 생각을 표현하기 위해서 만들어 낸 공식은 세상에서 가장 유명한 과학적, 수학적 진술이니, 내가 굳이 적지 않아도 여러분도 알 것이다. 아인슈타인은 뉴턴이 말했던 보편 중력을 시공간의 속성으로 이해함으로써 중력 법칙을 더 높은 차원으로 끌어올렸다. 그 업적은 현대 천체 물리학으로 가는 관문이자, 우주에서 가장 어두운 장소, 중력이 빛조차 가두어 둔 장소를 탐구할 수 있게 해 주

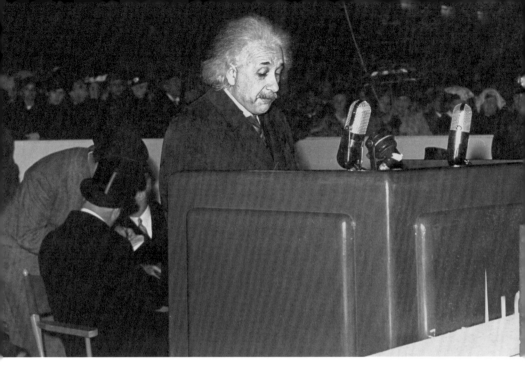

지구에서 가장 존경받는 정신의 소유자가 1939년 뉴욕 세계 박람회에서
과학이 풀어야 할 과제를 말하고 있다.

는 관문이었다.

드디어 아인슈타인이 입을 열었다. 그날 밤 그의 말을 들으려고 빗속에
서 있던 사람들보다 훨씬 더 많은 사람이 미국과 전 세계에서 라디오로 행사
중계를 듣고 있었다. 아인슈타인은 사람들에게 빅토르 헤스를 소개했다. 오
스트리아 물리학자였던 헤스가 1911년과 1913년 사이에 위험천만한 열기구
비행을 여러 차례 감행함으로써 우주선을 발견했음을 소개했다. 아인슈타인
은 빠듯한 700단어의 일부를 할애해 헤스가 이민자였다는 사실을 알렸고,
"여담이지만 그도 최근 다른 많은 사람처럼 여기 이 환대의 나라로 망명해야
했습니다."라고 말했다. 아인슈타인은 이어 우주선에 관해서 과학자들이 아
는 바를 설명했고, 우주선이 "물질의 가장 깊은 구조"를 알아내는 열쇠가 되
어 주리라 예상한다고 말했다.

그다음 진행자의 쩌렁쩌렁한 목소리가 퀸스의 밤공기를 울렸다. "이제 그 행성 간 메신저들에게 '내일의 세계'를 밝혀 달라고 부탁하겠습니다. 우리가 포착할 첫 번째 우주선은 아직 800만 킬로미터 밖에서 초속 30만 킬로미터의 속도로 우리에게 날아오고 있습니다." 사람들은 일제히 하나, 둘, 셋을 세면서 우주선이 차례차례 가이거 계수기에 기록되는 것을 헤아렸다. 마침내 열 번째가 되어 아인슈타인이 스위치를 올렸다. 그런데 배선에 부하가 지나치게 걸렸던지, 그만 전등 일부가 퍽 꺼졌다. 그래도 충분히 근사했다. 미래로 가는 길이 열렸다.

이튿날 《뉴욕 타임스》는 아인슈타인의 알아듣기 힘든 영어 억양과 윙윙 울리는 앰프 때문에 참석자들은 그의 연설 중 첫 몇 마디만을 들을 수 있었다고 보도했다. 이런 말이었다. "과학이 예술처럼 그 사명을 진실하고 온전하게 수행하려면, 대중이 과학의 성취를 그 표면적 내용뿐 아니라 더 깊은 의미까지도 이해해야 합니다."

저 말은 예나 지금이나 우리 「코스모스」 프로젝트의 변함없는 꿈이다. 나는 어느 날 밤늦게 유튜브에서 이것저것 구경하다가 아인슈타인이 그날 밤 했다는 저 잘 알려지지 않은 말을 우연히 들었을 때, 내가 지난 40년 동안 해 온 일을 한마디로 압축한 문장을 얻은 듯했다. 아인슈타인은 우리에게 과학을 둘러싸서 보통 사람들을 배제하거나 겁주는 높은 벽을 무너뜨리라고 촉구했다. 과학의 통찰을 내부자들만이 아는 전문 용어에서 모두가 아는 평범한 언어로 번역하라고 촉구했다. 그럼으로써 모두가 그 통찰을 마음에 새기고 그 통찰이 보여 주는 세상의 경이를 직접 경험함으로써 변할 수 있도록 해 주라고 촉구했다.

칼 세이건과 나는 1977년에 미국 항공 우주국(National Aeronautics

and Space Administration, NASA)의 보이저 성간 메시지 작성 작업을 함께
하던 중 사랑에 빠졌다. 칼은 그때 이미 유명 천체 물리학자이자 과학 커뮤니
케이터였고 보이저 호의 탐사 계획을 짜는 데도 참여한 수석 연구원이었다. 우
리는 이전에 다른 텔레비전 작업을 함께한 적 있었다. 그 프로그램은 결국 제
작되지 못했지만, 그때 함께 고민했던 경험이 좋았던지 칼이 내게 나중에 "골
든 레코드(Golden Record)"라고 불릴 메시지의 기획을 맡아 달라고 청했다.

보이저 1호가 한때 외행성계라고도 불렸던 영역에 대한 역사적 정찰을
마치고 마지막으로 해왕성의 이미지를 보내온 뒤 카메라를 지구 쪽으로 돌려
서 우리를 찍게 하자는 것은 칼의 생각이었다. 칼은 몇 년 동안 NASA를 상대
로 혼자 설득 작업을 벌였으나, 완강한 반대에 부딪혔다. 사람들은 그런 사진
에 무슨 과학적 가치가 있겠느냐고 생각했다. 하지만 칼은 그 이미지에 사람
들을 바꿔 줄 충격적인 힘이 있을 것이라고 확신했다. 거절에도 물러설 줄 몰
랐다. 결국 보이저 1호가 태양계 공전 궤도면보다 더 높은 지점에 도달했을
때, NASA가 항복했다. 그렇게 해서 우리는 우리 태양계의 행성들이 다 함께
찍힌 가족 사진을 갖게 되었다. 그 속의 지구는 너무 작아서, 눈을 부릅뜨고
찾아봐야만 보인다.

"창백한 푸른 점(Pale Blue Dot)"이라고 불리는 그 사진과 그 사진에 대
한 칼의 글은 이후 지금까지 전 세계에서 사랑받고 있다. 나는 그것이 과학에
대한 아인슈타인의 희망을 모범적으로 충족시킨 사례라고 본다. 우리 인간
은 64억 킬로미터 밖으로 우주선을 보내어 지구 사진을 찍어 보내라고 명령
할 만큼 똑똑해졌다. 그런 우리의 지구가 광활한 어둠 속 한 점으로만 보이는
모습은 코스모스에서 우리의 진정한 처지가 무엇인지를 알려준다. 그리고 그
의미는 누구나 즉각 이해할 수 있다. 고급 학위 같은 것은 필요 없다. 그 사진

에서는 지난 400년간 이뤄진 천문학 연구의 **더 깊은 의미**가 모두에게 한눈에 밝혀진다. 그 사진은 과학 데이터인 동시에 예술 작품이다. 우리 영혼을 파고들어 의식을 바꾸는 힘이 있기 때문이다. 여느 훌륭한 책, 명작 영화, 걸작 회화 작품과 다르지 않다. 현실을 부정하려는 마음까지 꿰뚫고, 우리로 하여금 현실을 느끼게 만든다. 설령 우리 중 일부가 오래 저항해 온 현실일지라도.

그토록 작은 세계가 온 코스모스의 중심일 리 없을 테고, 하물며 창조주의 유일한 관심사일 리 없을 것이다. 창백한 푸른 점은 근본주의자, 국가주의자, 군국주의자, 오염자를 말없이 질책한다. 우리 행성과 그 행성이 이 방대하고 차가운 어둠 속에서 지탱하는 생명을 보호하는 일을 최우선으로 여기지 않는 모든 이들을 질책한다. 이 과학적 성취의 더 깊은 의미를 외면할 도리는 없다.

칼과 내가 1980년에 천문학자 스티븐 소터(Steven Soter)와 함께 『코스모스』의 첫 원고를 쓰기 시작했을 때는 아인슈타인의 저 말을 몰랐다. 우리는 그저 과학의 멋진 힘을 알리고, 과학이 우주에 대해서 밝힌 것들이 우리의 정신을 얼마나 고양하는지를 알리고, 칼과 스티븐을 비롯한 많은 과학자가 인간이 지구에 가하는 충격을 우려해 울리기 시작한 경고를 알려야 한다는 절박한 사명감을 느꼈다. 『코스모스』는 그런 불길한 예감을 널리 알렸다. 하지만 그 속에는 희망도 배어 있었고, 인간의 자긍심도 배어 있었다. 자긍심의 한 원천은 우리가 우주에서 자신의 위치를 알아냈다는 사실, 그리고 그 숨은 진실을 밝히고 알려 온 과학자들의 대담한 용기였다.

1977년 발사된 NASA의 보이저 1호와 2호에는 우리 은하 저편까지, 앞으로 50억 년 뒤까지 우리의 메시지를 전할 골든 레코드가 실려 있다. 케이스에 새겨진 그림(위)은 우주에서 지구의 위치를 알리고 레코드 재생 방법을 알려주는 과학적 상형 문자다.

여러 상을 받았던 1980년의 첫 「코스모스」 텔레비전 시리즈와 책은 이후 전 세계 수억 명의 사람들에게 가 닿았다. 미국 의회 도서관은 『코스모스』를 토머스 페인(Thomas Paine)의 『상식(*Common Sense*)』, 알렉산더 해밀턴(Alexander Hamilton) 등이 쓴 『연방주의자(*The Federalist*)』, 허먼 멜빌(Herman Melville)의 「모비딕(*Moby-Dick*)」, 월트 휘트먼(Walt Whitman)의 『풀잎(*Leaves of Grass*)』, 랠프 엘리슨(Ralph Ellison)의 『보이지 않는 인간(*Invisible Man*)』, 레이철 카슨(Rachel Carson)의 『침묵의 봄(*Silent Spring*)』 등과 나란히 "미국을 만든 88권의 책" 중 한 권으로 꼽았다.

그러니 칼이 죽은 지 13년이 지난 뒤 내가 스티븐과 함께 추가로 13부작의 다큐멘터리 「코스모스: 스페이스타임 오디세이(Cosmos: A SpaceTime Odyssey)」를 만들려고 했을 때 적잖이 겁났던 것은 당연한 일이었다. 그 대본을 쓰고 제작하는 6년 동안, 나는 나라는 사람의 한계 때문에 내가 무한히 사랑하고 존경하는 칼이 나쁜 소리를 듣게 되면 어쩌나 하는 생각으로 자나 깨나 노심초사했다.

또 한 번 **상상의 우주선(Ship of the Imagination)**과 함께하는 이번 세 번째 여행은 내가 칼과 함께 『코스모스』를 쓰기 시작한 지 딱 40년이 되는 시점에 펼쳐진다. 상상의 우주선과 **우주력(Cosmic Calendar)** 외에도 이전 두 비행에서 가져온 요소들이 더 있다. 몇몇 비유, 일화, 이야기 도구는 달리 비길 데 없는 설명력을 발휘하는 것 같기에, 이번 여행에도 가져와서 썼다. 따라서 칼과 내가 이전에 표현했던 생각들이 일부 중복되어 등장하겠지만, 그 생각들은 과거보다 지금 더 시급한 문제가 되었다.

앤 드루얀과 칼 세이건. 로스앤젤레스에서 「코스모스」를 제작하던 1980년 사진이다.

이번에도 나는 훌륭한 공동 작업자들과 함께하는 행운을 누렸고, 이번에도 내가 그들의 수준에 걸맞지 못하면 어쩌나 걱정된다. 그래도 어쨌든 시대는 나를 앞으로 떼민다.

우리는 누구나 우리 존재가 미래에 미칠 영향을 오싹하게 느낀다. 누구든 마음 한구석에서는 우리가 당장 깨어나서 행동하지 않으면 우리 아이들이 우리 스스로는 감당할 필요가 없었던 위험과 고난을 맞이하게 된다는 사실을 안다. 우리는 어떻게 하면 깨어날 수 있을까? 기후 변화와 핵 재앙이 인류 문명과 수많은 다른 종들을 돌이킬 수 없게끔 파괴하는 미래로 몽유병자처럼 걸어 들어가는 일을 어떻게 하면 그만둘 수 있을까? 어떻게 하면 우리 삶에 없어서는 안 될 것들을 — 공기, 물, 지구의 생명을 떠받치는 구조, 미래를 — 돈과 단기적 편리보다 귀하게 여기는 법을 배울 수 있을까? 지구의 모든 사람이 각성하는 것만이 우리가 마땅히 되어야 할 존재로 탈바꿈할 유일한 방법이다.

과학은 사랑처럼 그런 초월을 가능케 하는 수단이다. 우리가 하나 되어 온전하게 살아가는 벅찬 경험을 가능케 하는 수단이다. 과학이 자연에 접근하는 방식과 내가 이해하는 사랑의 방식은 같다. 사랑은 우리에게 자신의 바람과 두려움을 상대에게 유치하게 투사하는 대신 상대의 현실을 받아안으라고 말한다. 그런 강인한 사랑은 계속 더 깊이 파고들고 더 높이 오르려고 애쓰기를 멈추지 않는다.

과학이 자연을 사랑하는 방식이 꼭 그렇다. 최종 목적지, 즉 절대적 진리를 가정하지 않는 태도야말로 과학이 성스러운 탐색에 걸맞은 방법론이 되어 주는 이유다. 방대한 우주는 — 그리고 그 방대함을 견딜 만하게 만들어 주는 사랑은 — 교만한 자에게는 자신을 열지 않는다. 코스모스는 자신이 틀렸을

지도 모른다는 사실을 수시로 상기시키는 내면의 목소리에 귀 기울일 줄 아는 자만을 온전히 받아 준다. 우리는 우리가 현실로 믿고 싶은 것보다는 진짜 현실을 더 중요하게 여겨야 한다. 하지만 어떻게 그 둘을 분간할까?

나는 우리가 자연을 완전히 경험하지 못하도록 막는 어둠의 커튼을 살짝 들추는 방법을 하나 안다. 그것은 바로 과학의 기본 규칙들이다. 어떤 발상이든 실험과 관찰로 확인해 볼 것. 시험을 통과한 발상만 받아들일 것. 통과하지 못한 발상은 버릴 것. 어디든 증거가 이끄는 대로 따라갈 것. 그리고 **모든 것을 의심할 것**. 권위에 대해서도. 이 규칙들만 지킨다면, 코스모스는 우리 것이다.

우주에서 우리의 진정한 처지, 생명의 기원, 자연의 법칙을 이해하고자 하는 이 여정은 영적인 탐구다. 이것을 영적인 탐구로 부를 수 없다면, 달리 무엇이 그럴까?

나는 과학자가 아니라, 이야기의 수렵 채집인이다. 그런 내가 가장 소중하게 여기는 이야기는 우리가 드넓고 어두운 바다에서 길을 찾도록 도와준 옛 탐구자들의 이야기, 그리고 그들이 우리에게 남긴 빛의 섬들 이야기다.

여기, 코스모스라는 깊이 모를 바다로 용감하게 나섰던 탐구자들의 이야기가 있다. 그들이 발견한 세계로 함께 여행해 보자. 지금은 사라진 세계들, 여전히 번영하고 있는 세계들, 미래에 올 세계들로.

지금부터 여러분은 50년 뒤 미래로 보내는 편지를 띄움으로써 아폴로 달 탐사 사업을 성공으로 이끌었던 무명의 천재를 만날 것이다. 인간처럼 기호 언어로 소통하는 지구의 또 다른 오래된 생명체와 처음 접촉했던 과학자의 이야기를 들을 것이다. 물리학과 천문학에 바탕을 둔 수학 계산을 본능적으로 해낼 줄 아는 그 생명체들의 합의 민주주의에 비하면, 인류의 민주주의는 창피한 수준이다.

여러분은 우리가 과학 덕분에 상상할 수 있고, 되살릴 수 있고, 심지어 방문할 수 있게 된 세계들도 찾아갈 것이다. 다이아몬드 비가 내리는 세계도 있고, 지구 생명의 기원지였을지도 모르는 해저 고대 도시도 있다. 별들의 지극히 친밀한 모습, 즉 두 별이 1300만 킬로미터 길이의 불의 다리로 이어진 채 서로를 얼싸안고 영원히 춤추는 모습도 볼 것이다.

지구 땅속 곳곳에 숨어 있는 통신망도 도청해 볼 것이다. 그것은 지구 생명들이 고대부터 협력해 만들어 온 통신망이다. 여러분은 또 사라진 고대 세계의 비밀을 해독할 열쇠를 알아낸 과학자의 이야기도 들을 것이다. 그 무명의 과학자는 지금으로부터 200년도 더 전에 우리의 물리적 현실에 존재하는 논리적 허점을 드러냈는데, 이후 아인슈타인이 각고의 노력을 기울였음에도 그 허점은 아직 미해결 문제로 남아 있다.

그중에서도 가장 가슴 미어지는 이야기는 역사상 가장 끔찍한 살인자 중 하나였던 사람의 손에서 느리고 비참한 죽음을 맞기로 선택했던 한 남자의 이야기다. 그는 과학적 거짓을 말하면 목숨을 건질 수 있었는데도 그러지 않았다. 그와 함께한 그의 사도들도 그와 함께 기꺼이 순교자가 되었다. 그들이 그랬던 것은 그들에게는 그저 추상적 관념일 뿐이었던 무언가를 보호하기 위해서였다. 그 추상적 관념이란 바로 미래 세대, 즉 **우리**였다.

우리가 마지막으로 가 볼 세계는 가장 기대되는 세계다. 우리가 이 행성에서 계속해서 삶을 영위하는 미래 세계다. 과학을 오용하는 것이 인류 문명을 위협하기는 해도, 과학은 구원의 힘도 가지고 있다. 과학은 이산화탄소를 지나치게 많이 품은 지구 대기를 청소할 수 있다. 인간이 칠칠맞지 못하게 마구 내버린 독성 물질을 생명의 힘으로 중화시킬 줄 안다. 민주주의를 추구하는 사회에서 의식과 의욕을 갖춘 대중이라면 가능성으로 존재하는 이 세계를 현실에 존재하는 세계로 만들어 낼 수 있다.

　이 이야기들은 우리 미래를 좀 더 낙관하게 만든다. 나는 이 이야기들을 통해서 과학의 낭만과 살아 있다는 사실의 경이로움을 좀 더 강렬하게 느끼게 되었다. 우리가 바로 지금, 방대한 시공간에서도 하필 이 좌표에서, 외롭기보다는 집처럼 편안하게 느끼면서, 이 코스모스에서 살아간다는 사실에.

1장

별로 오르는 사다리

모든 것은 하나다. 이것은 내가 아니라 세상이 하는 말이다.

—헤라클레이토스(Heraclitus), 기원전 500년경

인류는 살아온 시간의 99퍼센트 기간 동안 방랑하는 수렵
채집인이었다. …… 우리를 제한할 수 있는 것은 오로지 지구의
한계와 바다와 하늘뿐이었다. …… 우리는, 우리가 사는 지구조차
제대로 간수하지 못하는데 …… 그런 우리가 외계로 진출하여
천체들을 움직이고 행성들을 재조성하고 이웃의 행성계로 뻗어
나가려 한단 말인가? …… 우리가 가장 가까운 다른 행성계에
정착할 때만 되어도, 우리는 지금과는 달라져 있을 것이다. 그동안
흐른 긴 세월만으로도 바뀔 수밖에 없을 것이다. …… 우리가
처한 처지 때문에 달라지기도 했을 것이다. 우리는 적응을 잘하는
종이니까. …… 수많은 결함, 한계, 쉽게 잘못을 저지르는 약점에도
불구하고 우리 인간은 위대한 일을 해낼 능력을 갖추고 있다. ……
방랑하는 우리 종은 다음 세기말까지 얼마나 멀리 나아갈까? 다음
1,000년 동안에는?

— 칼 세이건, 『창백한 푸른 점(Pale Blue Dot)』에서

근사한 토성 고리들, 중력의 무지개다. NASA의 카시니 우주선이 찍은 이 사진에는
거의 15억 킬로미터쯤 떨어진 창백한 푸른 점, 지구가 저 멀리 찍혀 있다.

우리는 이 광막한 우주에 출현한 지 얼마 안 된 어린 존재다. 우리는 어린아이답게 우주라는 바다가 우리 발치에 밀려든 해변에서만 머물고, 가끔 어머니로부터 멀리 나아갔다가도 이내 두려워져서 허둥지둥 안전한 어머니 품으로 돌아온다.

　50년 전 우리는 달을 몇 차례 짧게 방문했다. 하지만 그 뒤로는 죽 탐사에 로봇을 대신 내보냈다. 1977년에는 보이저 1호를 내보냈다. 가장 대담한 로봇 사절인 보이저 1호는 인간이 접촉해 본 모든 것으로부터 멀리멀리 벗어나서 태양이 내뿜는 태양풍조차 미치지 않는 곳까지, 별들 사이로, 심우주로 나아갔다.

　하지만 태양은 우리와 가장 가까운 별일 뿐이다. 시속 6만 킬로미터로 움직이는 보이저 1호가 그다음으로 가까운 별인 센타우루스자리 프록시마까지 가려면 8만 년 가까이 걸릴 것이다. 그것도 우리 은하 내에 있는 한 별로 가는 여행일 뿐인데, 우리 은하에는 그 외에도 수천억 개의 별들이 중력으로 한데 모여 있다. 그런 우리 은하조차도 **1조 개**의 은하 중 하나에 불과하다. 서로

칠레의 아타카마 사막으로 가는 길이 은하수, 즉 우리 은하를 가리키고 있다.
왼쪽 위 밝은 별이 안타레스다.

합쳐져서 우리 은하 같은 더 큰 은하를 이룬 왜소 은하까지 헤아린다면 **2조** 개나 될 수도 있다. 따라서 코스모스에는 별이 수십해 개는 있는 셈이고, 행성 은 아마 그것보다 1,000배 더 많을 것이다.

그런데 그것도 우주에서 우리가 볼 수 있는 부분만 말한 것이다. 코스모 스의 나머지 대부분은 시간과 공간의 커튼에 가려서 우리에게 보이지 않는 다. 초기에 시공간이 빛보다 빠르게 급팽창했던 사건 때문에, 방대한 우주가 우리의 가장 강력한 망원경으로도 볼 수 없을 만큼 멀리 뻗어 나갔다. 게다가 말문이 막힐 만큼 거대한 우리 우주조차도 어쩌면 우리의 이해와 상상을 뛰 어넘는 다중 우주의 작은 입자 하나에 불과할지 모른다. 그러니 우리가 두려 움을 느끼고 스스로 우주의 중심이라는 망상에, 창조주의 유일한 자녀라는 소중한 지위에 집착하는 것도 무리가 아니다. 이토록 압도적인 현실을 대면했 을 때, 창백한 푸른 점에서조차 곧잘 길을 잃는 미미한 존재인 우리가 어떻게 우주에서 편하게 느낄 수 있단 말인가?

우리는 인간으로 존재하게 된 이래 늘 어둠에의 두려움을 극복하기 위해 서 이야기를 지어냈다. '어둠'은 양(量)의 문제가 아니라 질(質)의 문제다. 아이 의 방에 깃든 캄캄한 밤은 그 자체가 하나의 코스모스다. 인간은 이야기를 지 어내는 종이라, 어둠도 갖가지 이야기로 해석해 다뤄 냈다. 하지만 과학이 등 장하기 전에는 그런 이야기가 현실에 정말로 부합하는지 시험해 볼 방법이 없 었다. 우리는 자신이 있는 곳이 **어디인지** 혹은 **언제인지** 모르는 채 시공간의 바 다를 떠돌았지만, 여러 세대에 걸친 탐구자들의 노력 덕분에 마침내 스스로 의 좌표를 알아내기 시작했다.

우주의 나이에 대한 최신 정보는 유럽 우주국(ESA)의 플랑크 위성이 알 아낸 것이다. 플랑크 위성은 1년 넘게 온 하늘을 훑어서 우주가 갓 태어났을 때, 그러니까 대폭발(big bang, 빅뱅)로부터 겨우 38만 년 흐른 시점이었을 때 처음 방출된 빛을 꼼꼼하게 측정했다. 그 데이터는 우리에게 코스모스의 나이가 138.2억 년이라는 사실을 알려주었는데, 이것은 과학자들이 기존에 생각하던 것보다 1억 년 더 많은 숫자였다.

과학의 멋진 점 중 하나가 이것이다. 약간 더 나이 든 우주의 증거가 발견되었을 때, 그 정보를 은폐하려고 한 과학자는 아무도 없었다. 새 데이터가 사실로 확인되자마자, 온 과학계가 수정된 지식을 받아들였다. 이처럼 언제까지나 혁명적인 태도, 변화에 대한 열린 태도가 과학의 핵심에 있기 때문에 과학이 이토록 효과적인 것이다.

시간에 대한 과학의 이야기는 까마득히 오래전부터 시작되기 때문에, 인간의 규모로 쪼개어 살펴볼 필요가 있다. '우주력'은 138.2억 년에 걸친 과학의 시간 이야기를 모두가 익숙한 체계인 지구의 1년으로 번역한 것이다. 시간은 달력의 맨 왼쪽 위 1월 1일의 대폭발에서 시작되고, 맨 오른쪽 아래 12월 31일 자정에서 끝난다. 이 척도에서 한 달은 10억 년이 좀 넘는다. 하루는 3786만 년이다. 1시간은 158만 년 가까이 된다. 1분은 2만 6294년이다. 우주력의 1초는 438.2년으로, 갈릴레오가 처음 망원경을 들여다보았던 때부터 지금까지 흐른 시간보다 더 길다.

우주력의 의미는 바로 그 점에 있다. 시간이 시작된 뒤 첫 90억 년 동안 지구라는 행성은 존재하지 않았다. 우주력이 3분의 2는 지난 늦여름인 8월 31일이 되고서야 비로소 태양을 둘러싼 기체와 먼지 원반으로부터 우리 작은 행성이 형성되기 시작했다. 우주 역사의 대부분에 우리에 관련된 것들은 존재하지도 않았다. 우리를 한없이 겸손하게 만드는 사실이다.

지구는 첫 10억 년 동안 줄기차게 얻어맞았다. 처음에는 새로 생긴 행성들끼리 충돌하느라 그랬다. 그러면서 행성들의 궤도에서 부스러기가 대부분 청소되었다. 그다음에는 아마 거대한 목성과 토성이 궤도를 살짝 바꾸면서 중력으로 소행성들을 잡아당겼고 그래서 원래 궤도를 벗어난 소행성들이 다른 행성들과 위성들과 마구 충돌하면서 태양계 전체에서 혼란이 벌어진 탓이었을 것이다.

후기 대충돌기(Late Heavy Bombardment, 후기 대폭격기)라고 불리는 이 시기가 끝나기도 전에, 지구 바다 밑에서 생명이 탄생했다. 이 사실은 우주에서 다른 생명을 찾기를 바라는 사람들에게 희소식이다. 우리 태양과 그 행성들이 겪었던 일은 아마 코스모스 어디서나 흔히 벌어지는 일일 테니까. 지구를 때렸던 천체들은 생명에 필요한 재료를 정기적으로 배달해 주었을 수도 있고, 생명이 만들어지는 데 필요한 열을 제공했을 수도 있다.

지구의 모든 생명체는 하나의 기원에서 유래했다. 우리는 그 기원이 우주력으로 9월 2일에, 컴컴한 바다 밑에서, 지금은 사라진 지 오래인 돌탑들의 도시에서 나타났다고 생각한다. 이 이야기는 나중에 더 하겠다. 최초의 생명 속에는 더 많은 생명을 만들 수 있는 복제 메커니즘이 담겨 있었다. 원자들로 이뤄진 분자, 비비 꼬인 사다리처럼 생긴 분자, 즉 DNA였다. DNA의 장점 중 하나는 완벽하지 않다는 것이었다. DNA는 가끔 복제 오류를 일으켰고, 아니면 지구를 때린 우주선에 맞아서 훼손되었다. 그런 돌연변이는 무작위적인 사건이었지만, 일부 돌연변이는 뜻밖에 더 성공적인 개체를 낳았다. 그것이 바로 **자연 선택(natural selection)을 통한 진화**라고 불리는 과정이었다. 사다리는 점

좀 더 많은 발판을 새로 붙이면서 갈수록 길어졌다.

단세포 생명체가 진화해서 우리가 맨눈으로 볼 수 있는 식물이 되기까지는 이후 30억 년이 더 걸렸다. 하지만 물론 실제로 그것을 볼 눈은 아직 없었다. 다만 그때부터도 의식은 있었다. 논쟁의 여지는 있겠지만, 단세포 생명체도 "나 너를 먹어, 나 나를 먹지 않아." 하는 사실은 알았을 테니 이미 의식의 편린을 드러냈다고 볼 수 있을 것이다.

생명이 인간이 된 과정도 그 연속선 위의 이야기다. 하지만 우주력의 마지막 주에 생겨난 발전은 제법 극적이었다. 만약 우주력에서 명절을 지정한다면, 12월 26일은 틀림없이 포함될 것이다. 약 2억 년 전인 그날의 어느 시점에 포유류가 출현했기 때문이다.

최초의 진정한 포유류는 작은 땃쥐를 닮은 생명체였다. 작아도 여간 작은 게 아니었다. 겨우 클립만 했다. 그 생물은 밤에만 돌아다녔는데, 그 시절 대낮의 세상은 그들의 포식자인 공룡 등이 지배했기 때문이다. 우리가 당시 트라이아스기에 보았다면 그 작은 생물이 살아남을 확률은 낮아 보였을 테고, 괴물처럼 강한 공룡들이 살아남을 확률이 더 높아 보였을 것이다. 하지만 결국 지구를 물려받은 것은 이 미약하고 온유한 존재들이었다.

포유류는 뇌에 새겉질(신피질)이라는 새로운 요소를 갖고 있었다. 새겉질도 처음에는 포유류의 덩치처럼 작았지만, 그 속에 놀라운 성장과 발전의 잠재력이 담겨 있었다. 포유류가 이뤄낸 혁신이 또 있었다. 포유류는 새끼에게 젖을 물렸다. 새끼를 양육했다. 우주력에서 어버이날은 당연히 12월 26일이다.

위: 오스트레일리아 샤크 만의 썰물에 드러난 미생물 군체는 30억 년도 더 전에 살았던 최초의 미생물 군체를 닮았다. **오른쪽:** 2011년 중국에서 발견된 1억 6000만 년 전 화석을 보면, 최초의 태반 동물은 땃쥐처럼 생겼던 것 같다.

자연 선택을 통한 진화란 환경에 더 잘 적응하는 개체가 더 잘 살아남고 더 많은 후손을 남긴다는 뜻이다. 그 과정에서 지능은 엄청난 선택적 이점이 될 수 있다. ― 물론 제대로 쓴다면 말이다. ― 새겉질은 여러 층으로 겹겹이 접힘으로써 표면적이 더 넓어졌고, 따라서 정보 처리 능력도 더 향상됐다. 뇌엽에도 고랑이 파여서 역시 표면적이 넓어졌고, 뇌의 연산력도 강화되었다.

뇌는 형태가 바뀌고 점점 더 커지고 주름이 점점 더 많이 잡히면서 계속 진화했다. 그러다가 12월 31일 저녁 7시경, 우리는 가장 가까운 친척인 보노보와 침팬지와 진화의 길에서 갈라졌다. 그들은 이후 숲에서 살면서 서로 털을 골라 주고, 친구와 친척의 죽음을 슬퍼하고, 갈대를 써서 개미를 잡아먹고,

새끼들에게도 그 방법을 가르치고, 저녁이면 하던 일을 멈추고 다 함께 해넘이를 감상하는 존재로 진화할 터였다. 하지만 그들과 우리의 마지막 공통 조상이 어떤 모습이었는지는 거의 알려져 있지 않다.

현재 우리는 그들과 유전자 대부분을, 약 99퍼센트를 공유한다. 그러면 우리가 침팬지와 다른 것은 무엇 때문일까? 지구에 지금껏 살았던 약 50억 종의 생물 중에서 왜 우리만 문명을 건설하고, 세상을 바꾸고, 우주를 여행하는 생명체로 진화했을까? 얼마 전까지만 해도 우리는 불에 미혹되는 존재였지만, 지금은 광속으로 통신할 줄 아는 존재로 탈바꿈했다. 분자와 원자와 세포를 들여다볼 수 있는 존재로, 시간이 시작된 순간을 돌아보고 수십억 광년 떨어진 영원의 가장자리에 있는 먼 은하들의 빛을 발견해 낸 존재로.

어쩌면 겨우 다음과 같은 작은 차이 때문이었는지도 모른다. 약 700만 년 전, 무한히 작은 규모에서 어떤 사건이 벌어졌다. 그로 인한 변화가 결국 전 지구에 영향을 미치고 다른 행성들까지 건드리게 될 사건이었다. 사람 세포 중 가장 큰 난자는 맨눈에 가까스로 보일 정도다. 부피가 가장 작은 정자는 너무 작아서 보이지 않는다. 하지만 우리의 거의 모든 세포에는 30억 개 염기쌍이 발판이 되어 비비 꼬인 사다리를 이룬 이중 나선 DNA가 들어 있고, 그 속에는 암호화된 메시지가 간직되어 있다.

지구의 운명이 영영 바뀐 것은 그 **사다리 발판 중 딱 하나**, 겨우 원자 13개로 구성된 발판 하나에 일어난 변화 때문

이었다. 원자 13개는 얼마나 작은 규모일까? 소금 한 알의 1000조분의 1에 해당하는 크기다. 겨우

소금 한 알의 1000조분의 1에 해당하는 규모의 돌연변이가 수백만 년 전 우리 선조 중 한 명의 DNA에서 발생했기 때문에 지금 여러분이 지금 이 모습으로 이 순간 이 글을 읽게 된 것이다.

인간이 자긍심을 느낄 만한 모든 성취는 ─ 인류가 배우고 만들어 온 모든 것들은 ─ 그 30억 개의 발판으로 이뤄진 사다리에서 딱 하나의 발판, 딱 하나의 유전자에서 딱 하나의 염기쌍이 변한 덕분이었다. 그것은 새겉질이 더 커지고 주름이 더 많이 잡히도록 명령하는 돌연변이였다. 그 돌연변이는 우주선에 맞아서 생겼을 수도 있고, 한 세포에서 다른 세포로 복사될 때 생긴 작은 오류 탓일 수도 있다. 어떻게 생겨났든, 그 돌연변이는 결국 우리 종을 바꿨고 그로써 지상의 다른 모든 생물 종에게도 영향을 미쳤다. 우주력의 12월 31일 늦저녁에 벌어진 사건이었다.

생각해 보라. 우리가 집단에 충성심을 느끼고 공감의 반경을 넓힐 줄 아는 것, 특정 신념 체계에 집착하는 것, 미래를 상상할 줄 아는 것, 세상을 바꿀 줄 알고 답을 찾아 코스모스를 탐색할 줄 아는 것 등등 ─ 우리는 바로 이 점을 자신의 고유한 특징으로 여겨서 라틴 어로 '슬기로운 사람'이라는 뜻인 호모 사피엔스(*Homo sapiens*)를 자신의 종 이름으로 삼았다. ─ 좋든 싫든 이 모든 특징이 현미경으로만 보이는 작은 사다리, 별로 오르는 사다리에서 딱 하나의 발판이 바뀐 탓이라니.

우리 선조들은 우주력의 마지막 1시간 중 대부분을, 다시 말해 총 60분 중 59분 이상을 원인에서 진화한 수렵 채집인으로 살아갔다. 작은 무리를 지어 "오로지 땅과 바다와 하늘"에만 제약받는 방랑자로 살아갔다.

나는 요즘 사람들이 어깨를 으쓱하면서 "다 인간 본성 탓이죠." 하고 말할 때마다 말문이 막힌다. 사람들은 보통 인간의 탐욕, 교만, 폭력을 가리켜서 그렇게 말한다. 하지만 우리는 인간으로 존재해 온 50만 년 이상의 세월 중 대부분 시간에 전혀 그렇지 않았다. 어떻게 아느냐고? 지난 400년 동안 여러 탐험가와 인류학자가 세상에 살아남은 수렵 채집인 사회들을 접하고 남긴 기록이 있기 때문이다. 물론 예외는 있다. 결핍은 늘 최악의 모습을 끌어내기 마련이다. 하지만 나머지 압도적인 증거는 인류가 서로, 또한 환경과 비교적 잘 조화하며 살아가는 존재였음을 알려준다.

우리는 변변치 않으나마 가진 것을 남들과 나눴다. 집단이 살아남아야 자신도 살아남는다는 것을 알았기 때문이다. 부(富)를 필요 이상으로 탐내지 않았다. 더 가져 봐야 이동할 때 짐만 되니까. 다른 영장류 선조들의 사회는 우두머리 수컷이 남들을 괴롭혀서 우위를 점하는 사회였지만, 인류는 그렇지 않았다. 남아 있는 증거를 보면, 인간 사회는 양성이 평등하고 자원을 공평하게 나누고자 애쓰는 분위기가 지배적인 사회였다. 대부분의 사회는 우리가 타인 없이는 살 수 없는 존재라는 사실을 아는 것처럼 행동했다.

수렵 채집인 선조들이 최고의 미덕으로 여긴 특성은 겸손이었다. 그들은 자만심에 도취한 사냥꾼은 오히려 집단에 해롭다는 사실을 아는 듯했다. 만약 사냥꾼이 모두가 먹을 동물을 잡아 와서 너무 뻐기는 듯하면, 사람들은 고기가 질겨서 맛없다고 말하고는 했다. 그런데도 그가 적절하게 처신하지 않으면, 사람들은 그가 가장 두려워하는 처분을 내렸다. 그를 외면하는 것이었다. 그가 무슨 짓을 하든, 없는 사람인 양 취급했다. (요즘 가끔 누군가 지나치게 유명해졌다가 그만 명예가 실추되어 공인의 삶을 접는 모습을 보면, 인간의 먼 과거에서 비롯한 무언가가 우리 내면에 남아 있다가 의례적으로 되살아난 결과가 아닌가 싶기도 하다.)

그러면 신은 어디에 있었을까? 모든 곳에 있었다. 돌과 강에, 나무에, 새들에게, 살아 있는 모든 것들에. 50만 년 동안 인간 본성은 그랬다.

우주력으로 12월 31일 밤 11시 52분, 즉 지금으로부터 수십만 년 전에는 아프리카가 지구에 거주하는 모든 호모 사피엔스들의 집이었다. 그 수는 약 1만 명이었다. 어떤 종의 개체수가 1만으로 줄었다는 말을 들으면, 그 종의 생존이 걱정된다. 만약 여러분이 그 시절에 지구로 정찰 온 외계인이었다면, 인간을 멸종 위기종으로 여겼을지도 모른다. 그런데 지금 우리의 수는 수십억이다. 그동안 무슨 일이 있었을까?

우리 선조들은 블롬보스(Blombos) 동굴이라는 곳에서, 그리고 아마 그밖에도 우리가 아직 발견하지 못한 다른 많은 장소에서 장족의 발전을 이뤘다. 아프리카 남단 인도양 해안에 있는 블롬보스 동굴은 지금까지 살아남은 유적 중에서 가장 오래된 화학 실험실이자 인간이 가진 최고의 적응적 이점, 즉 주변 환경에 있는 것을 새로운 용도로 활용할 줄 아는 능력을 확연히 보여 주는 가장 오래된 증거다.

자연 동굴의 높은 천장 밑에는 재료를 섞는 용기로 쓰였던 조개껍데기, 창끝 조립 공정의 흔적, 황토 가공 도구, 무늬가 새겨진 뼈, 크기가 같은 구슬을 골라서 세심하게 엮은 것, 거북과 타조 알의 껍데기, 잘 손질된 석기와 골기(骨器) 등이 있다. 최초의 화학자들은 어떤 모습이었을까? 우리와 같은 모습

최초의 예술 작품일까? 남아프리카 공화국 블롬보스 동굴에서 발견된 이 황토 덩어리는 지금까지 발견된 것 중 가장 오래된 인류 문화의 인공물로, 약 7만 년 전에 만들어졌다.

이었다. 블롬보스 동굴에서 선조들의 뼈는 발견되지 않았다. 인간의 이가 7점 발견되었을 뿐이다. 하지만 그 이것만으로도 그들의 몸 구조가 우리와 같았음을 알 수 있다. **몸만 같은 것도 아니었다.**

크기와 색깔이 비슷한 고둥 껍데기 70개가 모두 같은 지점에 구멍이 뚫려 있다는 것은 블롬보스 장인들이 그것을 엮어서 장신구를 만들었다는 뜻이다. 그들은 내가 떠올리기만 해도 놀라워서 소름이 돋는 일을 하나 더 했다. 철 산화물을 함유한 황토로 화학 실험을 했다. 그들은 전복 껍데기를 시험관처럼 써서 황토를 동물 뼛가루와 숯과 섞었다. 그다음 그것을 길쭉한 벽돌 모양으로 빚었다. 황토는 아마 그 붉은색으로 물체나 사람을 장식하는 데도 쓰였을 것이고, 그 밖에도 동물 가죽 보존제라든지 약이라든지 도구 연마제라든지 곤충 퇴치제 같은 용도로도 쓰였을지 모른다.

그리고 이 대목에서, 우리가 아는 한 지구에서 이전까지는 듣도 보도 못했던 일이 벌어졌다. 그들이 그 황토 덩어리에 기하학적 무늬를 그려 넣었던 것이다. 예술 작품이었다. 먹으려고 만든 게 아니었다. 쉴 곳을 마련하거나, 먹잇감을 잡거나, 짝을 유혹하려고 만든 것도 아니었다. 무언가를 상징하기 위해서 만든 것이었다. 아니면 그것도 아니고 그냥. 교차한 빗금무늬는 사다리같아 보이기도 하고, 혹은 …… 이중 나선 같아 보이기도 한다. 원래 의미가 무엇이었든, 그 물체는 우리에게 남겨진 가장 오래된 인류 문화의 유물이다. 인간은 누가 봐도 인간적인 무언가를 후대에 남길 방법을 찾아냈다. 비록 수수께끼 같은 메시지이기는 해도, 10만 년 뒤 여러분과 나한테까지 소통할 방법을 찾아낸 것이다. 그 대단한 힘이, 여기 블롬보스 동굴에서 처음 발견되었다.

이후 수만 년 동안, 선조 중 일부는 아프리카를 떠나 지구 각지에 정착하면서 역시 후대에 기억되고 싶은 마음을 드러낸 자취를 남겼다. 그중에서도 특히 인간의 창의성을 잘 보여 주는 인상적인 증거는 오늘날 스페인 발렌시아 지방의 이른바 거미 동굴(Cave of the Spider)에 있는 벽화다. 그림 속 사람은 연기가 나는 단지를 들고 밧줄 혹은 사다리를 올라서 벌집에서 꿀을 훔치려 한다. 여러 문헌에서는 이 사람을 늘 남자로 가정하지만, 그것은 '남자(man)' 라는 단어에 모든 인간이 포함되는 것처럼 여겼던 옛 시절의 잔재가 아닐까 싶다. 내가 보기에 벌꿀 도둑은 오히려 여자 같다. 동굴 벽화의 다른 요소들도 내 생각을 반박하지 않는다.

그림이 그려진 지 8,000년이 지났는데도 벽화 속 벌들은 아직 연기를 피해 날면서 초기 인류가 인간의 가장 큰 적인 시간을 이기는 데 성공했음을 언제까지나 보여 주고 있다. 하지만 그 그림이 아무리 오래되어 보여도, 우주력에서는 마지막 날 자정으로부터 겨우 20초 전에 그려진 것일 뿐이다.

불과 몇 천 년 전, 지구 곳곳에서 사람들은 또 다른 대단한 힘을 발견했다. 우리 선조들이 수렵 채집을 하거나 이동하는 동물 떼를 따라다니는 대신 땅에서 먹을거리를 기르고 야생 동물을 길들이는 방법을 알아냈던 것이다. 그 사건은 모든 것을 바꿔 버렸다. 선조들은 전에는 하지 않았던 일을 하게 되었다. 한곳에 정착해 실내에서 사는 일이었다. 사람들은 식물을 심어 땅에서 먹을 것을 얻는 수단을, 즉 기술을 발명했다. 그 후로 인간과 자연의 관계, 나아가 인간과 인간의 관계는 영영 달라졌다.

농업 혁명(agricultural revolution), 즉 동식물을 길들인 사건은 다른 모든 혁명의 어머니였다. 다른 모든 변화의 기원을 거슬러 올라가면 결국 농

업 혁명에 다다르기 때문이다. 농업 혁명의 영향은 현재 우리의 시대를 넘어서까지 미친다. 그리고 대개의 혁명이 그렇듯이, 농업 혁명도 좋은 변화와 무서운 변화를 둘 다 가져왔다. 이제 '집'이라는 말이 새로운 의미를 띠었다. 이전에는 인간이 지상에서 떠도는 장소가 어디든 모두 집이었지만, 이제는 집이 지상의 특정 지점을 뜻하게 되었다. 정착지는 세월이 흐를수록 점점 커졌고, 그러다 우주력에서 자정 전 20초쯤 되는 순간에 또 한 번 도약이 일어났다.

이때 나타난 것은 모든 도시의 어머니인 차탈회위크(Çatalhöyük)였다. 차탈회위크는 현재 터키 영토인 아나톨리아 평원에 세워진 마을이었다. 자, 나와 함께 9,000년 전 그곳의 모습을 상상해 보자. 저녁이 되어 주민 모두가 집으로 돌아간 시각이다. 이날 밤 이런 초기 도시에 모여 사는 사람의 수는 한때 아프리카 전역에 흩어져 살았던 인구 전체에 맞먹었다. 차탈회위크는 13헥타르의 땅에 다닥다닥 붙은 집들로 이뤄진 마을이었다. 인류가 블롬보스 동굴에서 화학 실험을 시작한 뒤 9만 년이 흐르는 동안 세상이 정말 많이 바뀐 것이다.

당시 도시는 정말로 갓 발명되었기 때문에, 길은 아직 발명되지 않았다. 창문도 발명되지 않았다. 주민들이 집으로 들어가는 방법은 이웃집 지붕을 넘어 들어가는 것뿐이었다. 집마다 밤하늘로 열린 현관에 사다리가 하나씩 세워져 있었다.

차탈회위크에는 길이나 창문보다 더 중요한 무언가가 또 없었다. 왕궁이 없었다. 이곳에는 아직 인간 사회가 농업 발명으로 치르게 된 가혹한 대가인

스페인 발렌시아 근처에 있는 이 동굴 벽화는 기원전 5000년경에 그려졌다. 사람이 연기 나는 단지를 들고 벌들을 쫓으면서 꿀을 훔치고 있다. 화가는 벽에 뚫린 구멍을 벌집으로 응용했다.

불평등이 없었다. 아직 소수가 다수를 지배하지 않았다. 인구의 1퍼센트가 막대한 부를 거머쥐고 나머지 모두는 근근이 먹고살거나 그조차도 못 하는 사회가 아니었다. 수렵 채집 사회에 흔했던 나눔의 기풍이 아직 살아 있었다. 차탈회위크는 평등 사회였다. 약자도 강자와 같은 음식을 먹었다. 유골을 과학적으로 분석한 결과를 보면, 그곳에서는 여자와 남자와 아이의 영양 상태가 놀랍도록 비슷했다. 그리고 그곳에서는 모두가 비슷한 집에서 살았다. 게다가 그 집들은 절대 칙칙하지 않았다. 크고 뾰족한 뿔이 달린 들소 머리가 산뜻하게 색칠된 벽에 큼지막하게 걸려 있었다. 벽에는 또 다른 동물들의 이빨, 뼈, 가죽도 한껏 장식되어 있었다.

차탈회위크의 집들은 대단히 현대적이다. 구조는 무척 실용적이고 규격적이며 집집이 균일하다. 일하는 공간, 식사하는 공간, 노는 공간, 자는 공간이 나뉘어 있다. 노출된 나무 서까래가 천장을 떠받친다. 7~10명의 대가족이 살도록 지어진 집이었다.

그로부터 약 10만 년 전에 아프리카에서 우리 선조들이 쓰기 시작했던 황토가 차탈회위크에 와서는 실내 장식 재료가 되었다. 차탈회위크에는 들소, 표범, 달리는 남자, 머리 없는 시신의 살을 쪼아 먹는 독수리, 사슴을 약 올리는 사냥꾼들을 그린 벽화가 많다. 황토는 동물을 그리는 데만 쓰인 것도 아니었다. 그곳 주민들이 사랑하는 망자를 기려서 행하는 의례적 관습에서도 중요하게 쓰였다.

시신을 떠멘 장례 행렬이 차탈회위크를 떠나 드넓은 아나톨리아 평원으

차탈회위크 유적에서는 오른쪽 사진과 같이 앉아 있는 여성의 모습이나 서 있는 여성의 모습을 표현한 작은 조각들이 발견되었다. 어떤 고고학자들은 이들을 풍요의 여신으로 해석하지만, 또 어떤 사람들은 차탈회위크 주민들이 자기네 공동체의 여성 장로들을 기린 것이라고 해석한다.

로 나갔을 것이다. 그곳에는 높은 좌대가 기다리고 있었다. 사람들은 좌대에 시신을 올리고, 맹금과 비바람이 그것을 먹어 치우도록 내버려 두었다. 한 사람 정도는 남아서 뼈까지 다 없어지진 않도록 망보았을 것이다. 독수리들이 좌대를 맴돌았고, 비바람이 불어닥쳤다. 시간이 흘렀다. 이윽고 유골만 남았을 때, 사람들의 행렬이 돌아왔다. 이제 유골을 붉은 황토로 장식해 태아처럼 웅크린 자세로 배치한 뒤 자신들이 사는 집 거실 바닥에 묻을 차례였다. 아마도 의례적인 행동이었을 텐데, 사람들은 이따금 발밑의 무덤을 열어 사랑하는 망자의 해골을 꺼낸 뒤 자신들이 사는 공간에 보관했다. 그들이 망자와 맺었던 관계는 아마 우리보다 더 평화롭지 않았을까.

붉은 황토에는 또 다른 중요한 용처가 있었다. 그곳 사람들은 황토로 두 가지 새로운 예술 형식을 창조했다. 역사와 지도 제작이었다. 한 화가는 집들의 옥상을 둥글둥글한 윤곽으로 그리고, 한 덩어리처럼 다닥다닥 붙은 집들 근처에 화산을 그려 넣었다. 역사상 최초로 인간이 시공간에서 자신의 위치를 반영한 2차원 재현을 남긴 것이다. 화가는 "화산이 여기 있다면, 내 집은 여기다." 하고 말한 셈이다. 화가는 또 몇 번의 마술적인 붓질로 가녀린 연기를 그려 넣어, 9,000년 뒤 우리에게 이런 메시지를 남겼다. "화산이 깨어났을 때, 나는 여기 있었다."

차탈회위크를 비롯한 초기 도시들의 실험은 성공했다. 그래서 이후 몇 천 년 만에 지구 곳곳에 도시가 생겨났다. 서로 다른 문화의 사람들이 한 장소에서 어울리면, 생각이 교환되고 새로운 가능성이 생겨난다. 도시는 일종의 뇌다.

인류 최초의 원형 도시(proto-city) 중 하나인 차탈회위크의 모습. 9,000년 전 거리와 정문이 만들어지기 전 인간 공동 거주지의 모습을 미술가가 재현했다.

새로운 생각이 탄생하는 인큐베이터다.

그런 도시 중 하나였던 17세기 암스테르담에서는 구세계 사람들과 신세계 사람들이 전에 없이 자유롭게 섞여 살았다. 그 교류로부터 과학과 예술의 황금기가 탄생했다. 불과 얼마 전 이탈리아에서는 조르다노 브루노(Giordano Bruno), 갈릴레오 갈릴레이(Galileo Galilei)가 지구가 아닌 다른 세계들의 존재를 선언했다가 이단으로 몰려 고초를 겪었는데, 고작 50년

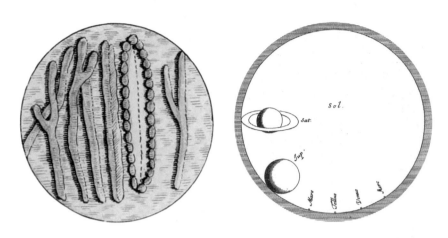

왼쪽: 현미경으로 처음 생명을 관찰했던 안톤 판 레이우엔훅은 자신이 본 생명체들을
그리고 그것들을 "극미 동물(animalcules)"이라고 불렀다.
오른쪽: 크리스티안 하위헌스는 1698년 펴낸 『우주 이론(*Cosmotheoros*)』에서 태양(Sol)이
중심에 있고 행성들이 그 주변을 도는 모습을 그렸다.

뒤 네덜란드에서는 천문학자 크리스티안 하위헌스(Christiaan Huygens)가
똑같은 믿음을 품고도 오히려 상을 받았다.

그 시대를 대표하는 모티프는 빛이었다. 빛은 사상과 종교의 자유를 추
구한 계몽주의의 상징이었고, 지상의 인류가 모두 하나의 유기체 위에서 살고
있다는 사실을 잔혹한 방식으로 깨닫게 한 탐사의 시대를 뜻했으며, 얀 페르
메이르(Jan Vermeer)의 작품에서 두드러지듯이 그 시대의 회화를 유달리 아
름답게 밝혔다. 빛은 또 과학 탐구의 대상이었다.

그 시절 암스테르담에는 빛에 대한 열정에 이끌려서 빛으로써 언뜻 불가
능해 보이는 일을 해내는 도구를 발명하고 완성한 세 남자가 살았다. 그들은
굴곡진 유리 조각에 불과한 렌즈로 빛을 집중시키거나 퍼뜨리는 방법을 알
아냈다. 직물 상인이 정교하게 바느질된 태피스트리의 품질을 검사할 때 쓰던

도구가 숨은 세계를 들여다보게 해 주는 창이 되었다.

안톤 판 레이우엔훅(Anton van Leeuwenhoek)은 렌즈 하나를 써서 미생물의 코스모스를 발견했다. 그는 현미경으로 침, 정액, 연못 물을 관찰해 그 속에 사람들이 꿈에도 상상하지 못했던 생물이 잔뜩 있다는 것을 알아냈다.

그의 친구 크리스티안 하위헌스는 렌즈 2개를 써서 별, 행성, 위성을 눈앞으로 가져왔다. 하위헌스는 토성의 고리들이 토성에 붙어 있지 않다는 사실과 그 성질을 처음 이해한 사람이었다. 토성의 위성이자 태양계에서 두 번째로 큰 위성인 타이탄을 발견했다. 또 추시계를 발명했고, 그 밖에도 최초의 영사기와 애니메이션을 비롯해 다양한 것들을 발명했다. 하위헌스 이야기는 우리 여정의 뒷부분에서 더 자세히 하겠다.

하위헌스는 별들이 다른 태양들이고 그 곁에 다른 행성들과 위성들을 거느리고 있음을 깨달았다. 우주에 무한히 많은 세계가 있다고 상상했고, 그 중 생명이 사는 세계도 많을 것이라고 상상했다. 하지만 그렇다면 왜 성서에는 그 다른 세계들과 생물들에 대한 언급이 한마디도 없을까? 신이 왜 그 내용을 빠뜨렸을까? 신은 그 점에서 분명했다. 인간 외에 다른 자녀가 있다는 말은 일절 없었다.

이 모순은 계몽주의를 이끌었던 사람들의 마음과 정신을 동요시키는 것이었을 테지만, 그 문제를 거침없이 정면으로 다룬 사람이 한 명 있었다. 그 역시 빛의 마술사였다. 그는 작고한 아버지의 건어물 수입 사업이 망하자 크고 작은 숨은 세계를 발견하게끔 해 주는 렌즈를 가는 일로 생계를 이었다.

1632년 태어난 바뤼흐 스피노자(Baruch Spinoza)는 10대까지 암스테르담 유태인 공동체의 일원이었다. 하지만 20대 초부터 그는 새로운 형태의 신에 대한 생각을 공공연히 말하기 시작했다. 스피노자의 신은 우리가 어떤 의식을 치르는지, 무엇을 먹는지, 누구를 사랑하는지에 집착하며 화내고 실망하는 폭군이 아니었다. 그의 신은 우주의 물리 법칙 그 자체였다. 그의 신은 사람들의 죄에는 흥미가 없었고, 그의 성서는 자연의 책이었다.

암스테르담 시나고그의 다른 유태인들은 자신들의 눈에 불경함으로 비치는 스피노자의 의견에 불안해했다. 이해할 만한 일이었다. 그 유태인들은 대개 스페인이나 포르투갈의 악독한 종교 재판을 피해서 이주한 사람들이었다. 과거에 고문당하거나, 개종을 강요당하거나, 사랑하는 이가 살해되는 모습을 무력하게 바라봐야만 했던 이들이 많았다. 암스테르담은 그들에게 피난처가 되어 주었으니, 그들은 스피노자의 급진적인 생각이 자신들이 네덜란드에서 어렵사리 얻은 안전을 위협한다고 여겼을 것이다. 그들은 젊은 반항아를 파문했고, 과거에 우리 수렵 채집인 선조들이 전혀 다른 이유에서 그랬음직한 방식대로 모든 공동체 구성원들에게 그를 영원히 외면하라고 명했다.

1656년 7월의 그 명령문은 「신명기」 6장 4, 6, 7절의 기도문을 뒤집은 문장이다. 그 대목은 유태인들과 그 조상들에게 성심성의껏 주님을 사랑하라고 이르는 내용이다. 나도 어릴 때 외워서 아직 기억한다.

너, 이스라엘아 들어라. 우리의 하느님은 야훼시다. 야훼 한 분뿐이시다. …… 오늘 내가 너희에게 명령하는 이 말을 마음에 새겨라. 이것을 너희 자손들에게 거듭거듭 들려주어라. 집에서 쉴 때나 길을 갈 때나 자리에 들었을 때나 일어났을 때나 항상 말해 주어라.

암스테르담 유태인 공동체의 랍비들은 저 기도문의 표현을 살짝 비틀어서 스피노자의 "사악한 의견"과 "끔찍한 이단 행위"에 대한 분노를 표현했다.

"그는 깨어 있을 때나 잠잘 때나 저주받으라. 누워 있을 때나 일어나 있을 때나 저주받으라. 나갈 때나 들어올 때나 저주받으라."

유태인 공동체의 불안은 이해할 수 있다. 그들은 스페인과 포르투갈에서 자신들이 살아온 세상이 악몽처럼 뒤집히는 꼴을 목격했으니, 무엇보다도 지역 사회에 받아들여져서 평온하게 살기만을 바랐을 것이다. 그래도 여기에는 얄궂은 면이 있다. 구약의 기도문은 사람들에게 매일 일상을 영위하는 모든 행동에서 주님을 떠올리라고 가르쳤다. 그런데 스피노자가 한 일이 바로 그것 아니었는가? 그는 사방에서, 만물에서 신을 보지 않았던가? 자신이 무엇을 하는 중이든 자연의 모든 곳에 신이 있다고 보지 않았던가?

스피노자가 기적이라면 질색한 것도 그 때문이었다. 그는 1670년 출간한 『신학-정치론(*Theological-Political Treatise*)』의 6장을 통째 이 주제에 할애해서, 사람들이 기적에 부여하는 의미를 인정할 수 없는 이유를 꼬치꼬치 설명했다. 스피노자는 이렇게 말했다. 기적에서 신을 찾지 마라. 기적이란 자연 법칙의 위반인 셈이다. 그런데 만약 그 자연 법칙을 쓴 것이 신이라면, 신이야말로 그 법칙을 가장 잘 이해하지 않겠는가? 기적은 자연적인 사건을 인간이 오해한 것뿐이다. 지진, 홍수, 가뭄에 개인적인 의미를 부여해서는 안 된다. 신은 인간의 희망과 두려움이 투사된 존재가 아니라 우주를 존재하게끔 한 창조력일 뿐이고, 우리는 자연 법칙을 연구할 때 그 창조력을 가장 잘 접할 수 있다.

농업 발명 직후부터 수천 년 동안, 우리가 생각하는 신성함이란 자연에 뿌리내린 것이 아니었다. 사람들은 인간이 나머지 자연과는 차별되는 존재로 창조되었다는 가르침을 듣고 자랐다. 신은 인간들에게 타고 난 자아를 부정하고 억누르라고 명했는데, 신이 보기에 그 자아가 대체로 사악하기 때문이라고 했다. 반면 스피노자의 신을 숭배한다는 것은 자연 법칙을 공부하고 경배하는 것이었다.

스피노자는 유태인 공동체의 파문과 추방을 담담히 받아들였다. 지금도 그렇지만 그때도 스피노자처럼 신을 해석하는 견해를 위협으로 느끼는 사람들이 있었다. 그런 자 중 하나가 칼을 휘두르며 스피노자에게 덤벼들었지만, 망토만을 베는 데 성공하고 달아났다. 스피노자는 갈가리 베인 망토를 수선하지 않고 계속 걸치고 다니면서 명예의 징표로 여겼다. 그는 암스테르담을 떠났고, 결국 헤이그 근처에 정착해 현미경과 망원경에 쓰일 렌즈를 연마하는 일을 계속했다.

『신학-정치론』에는 기적을 부정하는 것보다 더 대담한 내용도 있다. 스피노자는 성서는 신이 불러 준 내용이 아니라 인간들이 쓴 내용이라고 말했다. 그가 볼 때 국가 공인 종교란 정신적 강압일 뿐이었다. 주요한 전통 종교들이 중요하게 여기는 초자연적 현상은 조직화된 미신일 뿐이었다. 그는 그런 마술적 사고가 자유로운 사회의 시민들에게는 위험하다고 믿었다.

이전에는 누구도 그런 생각을 입 밖으로 꺼낸 사람이 없었다. 스피노자는 비록 사상의 자유가 허락되는 네덜란드라고 할지라도 자신이 너무 급진적이라는 것을 알았다. 『신학-정치론』에는 이후 미국 혁명을 비롯한 많은 혁명이 핵심적으로 내세울 사상들이 담겨 있었다. 이를테면 민주 사회는 기본적으로 정교 분리 사회여야 한다는 생각이 그랬다. 그 책에는 저자 이름이 적혀 있지 않고, 발행 도시도 가짜로 적힌 데다가 출판사도 가공의 출판사였다. 그런데도 스피노자가 저자라는 소문이 온 유럽에 퍼졌고, 그는 대륙 전체에서 가장 악명 높은 인물이 되었다. 스피노자는 1677년에 44세의 나이로 죽었다. 렌즈를 연마하느라 미세한 유리 먼지 입자를 너무 많이 마신 탓이었을 것이다.

1920년 11월, 역시 빛에 대한 열정으로 넘치는 또 다른 남자가 스피노자의 철학이 미친 영향력을 기념해 박물관으로 보존된 헤이그의 초라한 작업실을 찾았다. 새로운 자연 법칙을 발견한 업적으로 세계적으로 유명해진 그 과학자는 사람들로부터 종종 신을 믿느냐는 질문을 받았다. 그때마다 그는 이렇게 대답했다. "제가 믿는 신은 만물의 조화에서 그 모습을 드러내는 스피노자의 신입니다." 아인슈타인의 말이다.

자연 법칙에 대한 우리의 지식은 스피노자가 꿈도 꾸지 못했을 만큼 발전했다. 하지만 자연 자체와의 망가진 관계는 어떻게 수선할까? 여러분에게 다른 이야기를 하나 더 들려드리겠다. 생명계에서 가장 굳건한 협력 중 하나로 꼽히는 이야기다. 우주력에서 12월 29일 오후로 돌아가 보자.

까마득한 그 옛날, 지구에는 두 왕국이 있었다. 두 왕국은 동맹을 맺었고, 그리하여 둘 다 이루 헤아릴 수 없는 풍요를 누렸다. 아름다운 관계는 1억 년 가까이 지속되었는데, 그러던 중 한쪽 왕국에서 새로운 존재가 생겨났다. 그 존재의 후손들은 그 동맹을 훼방했고, 풍요를 약탈했다. 그리고 그 교만함 때문에 두 왕국 모두에게 치명적으로 위협적인 존재가 되었고……, 자기 자신에게도 위협적인 존재가 되었다.

이 이야기는 사실이다. 지상의 생명을 나누는 여섯 영역 중 두 영역, 식물계와 동물계의 이야기다.

식물로 산다는 것은 절대 쉽지 않다. 한자리에 뿌리 박고 있는 존재에게

는 섹스가 만만찮은 과제다. 데이트는 불가능하다. 그냥 가만히 앉아서 바람에 씨앗을 날릴 뿐. 말 그대로 손 놓고 앉아서, 바람이 불어오기만을 기다려야 한다. 운이 좋다면, 당신이 날려 보낸 꽃가루가 다른 식물의 암 생식기에 해당하는 암술에 가 닿을지도 모른다.

식물은 이렇게 무턱대고 운에 맡기는 방식을 2억 년 동안 써 왔다. 그러던 중 드디어 큐피드 역할을 해 줄 곤충이 진화했다. 그 결과는 생명 역사상 가장 훌륭한 공진화(coevolution)였다. 곤충은 단백질이 풍부한 꽃가루를 먹으려고 꽃을 찾는다. 그러다 보면 자연히 곤충의 몸에 꽃가루가 좀 묻고, 곤충이 다음 식사를 하려고 다른 꽃으로 옮길 때 몸에 묻은 꽃가루도 따라가기 마련이다. 그 꽃가루가 다음 꽃을 수정시켜서, 식물의 번식을 돕는다.

이것은 꽃에게도 곤충에게도 좋은 거래였고, 여기에서부터 또 다른 진화적 발전이 이어졌다. 식물은 꽃가루 외에 달콤한 꿀도 생산하게 되었다. 이제

위: 어리호박벌의 몸에 황금색 꽃가루가 묻어 있다.
오른쪽: 벌의 눈으로 본 베르가모트 꽃. 자외선 유도 형광 촬영 기법으로 찍은 사진이다.

곤충은 꽃가루 식사뿐 아니라 디저트까지 먹을 수 있었다. 곤충은 더 통통해 졌다. 몸에 복슬복슬 털이 났고, 매일 꽃을 돌아볼 때 다리에 꽃가루를 더 많 이 붙일 수 있도록 작은 주머니까지 진화시켰는데, 그것이 바로 꿀벌이었다.

이 일은 동물계의 또 다른 종에게도 횡재였다. 우리 인간 말이다. 연기 나 는 단지를 들고 꿀 따는 사람을 그린 스페인 동굴 벽화를 비롯해 고대의 다른 많은 그림이 알려주듯이, 우리 선조들은 꿀을 좋아했다. 꿀 자체를 즐겼을 뿐 아니라 꿀을 발효시켜서 벌꿀 술로 만들어 취하는 방법까지 알아냈다.

새와 박쥐도 꽃가루받이 사업에 끼고 싶어 했지만, 곤충만큼 특히 꿀벌 만큼 성공하지는 못했다. 우리가 꿀벌에게 고마워해야 할 이유는 그 밖에도 많다. 아름다움도 한 이유다. 식물은 꿀벌의 번식 대행 서비스를 누리려고 경 쟁하다가 꿀 이외의 다른 전략도 진화시켰고, 그것이 바로 향기와 색이었다.

꿀벌의 눈에는 사람처럼 세 가지 광수용체가 있다. 단 기능이 좀 다르다. 우리 눈은 빨강, 파랑, 초록을 인지하는 데 비해 벌의 눈은 자외선, 파랑, 초록 을 인지한다. 주황빛이나 노란빛 파장은 붉은빛으로 인지한다.

우리는 아름다움 외에도 우리의 생존에 더 긴요한 요소를 벌에게 빚지 고 있다. 여러분이 어떤 음식을 먹든, 이것은 육식 애호가에게도 마찬가지인 데, 셋 중 하나는 벌 덕분에 존재할 수 있었던 음식이다. 벌은 우리가 먹을 식 량의 총량을 늘려 주기만 한 게 아니었다. 우리의 안정적인 식량 수급을 돕는 생물 다양성도 벌에게 빚진 바가 크다.

그리고 우리는 이제 이 우화의 슬픈 대목으로 접어들었다. 동물계의 새 구성원이 몰지각하고 욕심 사납고 근시안적인 행동으로 그 오래된 동맹을 망 가뜨리는 대목이다. 내가 더 말하지 않아도 여러분은 무슨 말인지 알 것이고, 그 범인이 누구인지도 알 것이다.

수렵 채집인의 생활 양식은 자연과의 조화를 잃지 않으면서 50만 년에 걸쳐서 진화했다. 그때도 남획으로 인한 멸종은 있었지만, 우리 선조들이 지구적 규모로 재앙을 일으키지는 않았다. 그러나 지금으로부터 1만 년 전 혹은 1만 2000년 전에 발명된 농업은 우리를 바꿔 놓았다. 어떤 의미에서 우리는 이후 '농업 후 스트레스 증후군(post-agricultural stress syndrome)'이라고 부를 만한 병을 계속 앓아 왔는지도 모른다. 우리에게는 자연과 또한 다른 인간과 조화롭게 살아갈 전략을 진화시킬 시간이 부족했다. 농업 혁명, 그리고 우리가 식량 공급의 양과 질을 향상할 수 있게 된 일에서는 축복과 저주가 둘 다 따랐고, 그 덕분에 인구가 폭증했으며, 역시 그 때문에 우리가 지금 직면한 위기도 생겨났다.

나는 이런 상상을 해 본다. 생명의 나무에서 중간에 꺾인 모든 가지를 추념하는 기념관이 어딘가 있다는 상상. 나는 그곳을 '멸종의 홀(Halls of Extinction)'이라고 부른다. 그곳으로 가려면 생명 없는 황무지를 건너야 한다. 그러면 꾸밈없고 엄숙하고 당당한 건물이 나타난다. 창문은 없고, 종말을 증언하는 그 건물의 딱딱함을 누그러뜨릴 조경도 없다. 안으로 들어가면, 둥근 화강암 방의 바닥에 흩뿌려진 모래 위로 둥근 창에서 새어든 한 줄기 빛이 으스스하게 떨어진다. 그 방에는 6개의 복도로 이어지는 6개의 큰 문이 나 있다. 각각의 복도에는 지구 생명의 존립 자체가 위태로웠을 만큼 대대적이었던 여섯 번의 대멸종에서 사라져 간 생명체들이 디오라마로 재현되어 있다.

몇 년 전만 해도 그곳에는 이름이 붙은 대멸종 사건이 5개뿐이었다. 그래서 여섯 복도 중 다섯 곳에만 이름이 붙어 있었다. 아치 위에 새겨진 이름

들은 오르도비스기 대멸종, 데본기 대멸종, 페름기 대멸종, 트라이아스기 대
멸종, 백악기 대멸종인데, 그토록 많은 죽음을 일으켰던 격렬한 화학적, 지
질학적, 천문학적 사건들을 추념한다. 이제 여섯 번째 복도에도 이름이 붙
어 있는데, 이 이름은 좀 다르다. 거기에는 우리 이름이 붙어 있다. 인류세
(Anthropocene)라고. *Anthro*는 그리스 어로 '인간'을 뜻하는 단어에서 왔
고, *cene*은 '최근'을 뜻하는 그리스 어 접미사다. 우리는 이제 인류가 일으킨
'인류세 대멸종'의 시대를 공식적으로 살고 있는 것이다.

지금은 그 복도로 들어가지 말자. 그것은 다음으로 미루자. 우리는 이제 막 발
견의 여정에 나선 참이고, 인간은 이전에도 불가능해 보이는 일을 몇 번이나
해낸 적 있다. 정말로, 얼마 전에는 아인슈타인이 불가능하다고 단언했던 일
마저 해냈다. 아인슈타인이 잘못 짚었던 것은 인간의 잠재력을 과소 평가했기
때문이었는데, 우리는 그러지 말자.

　코스모스가 시공간의 바다라는 사실을 처음 꿰뚫어 본 사람은 아인슈
타인이었다. 그는 물질이 시공간에 물결을 일으킬 수 있다는 것도 깨달았다.
1916년, 아인슈타인은 우주 먼 곳에서 물질이 대규모로 폭발할 경우 시공간
에 잔물결보다 훨씬 큰 파도가 출렁일 것이라는 생각을 떠올렸다. 그것이 '중
력파(gravitational wave)'다.

　바로 이 대목이 그 뛰어난 아인슈타인의 상상력마저 실수를 저지른 보
기 드문 대목이었다. 그는 우리가 중력파의 존재를 증명할 실험을 설계하고 실
행할 가능성은 영영 없다고 딱 잘라 말했다. 왜? 먼 은하까지의 거리를 건너

서 사람 머리카락 굵기만 한 길이를 측정한다고 상상해 보라. 아인슈타인은 중력파가 너무 미약하므로 방대한 코스모스를 가로질러서 감지하기는 어려울 것이라고 추론했다. 가뜩이나 미약한 그 중력파가 가장 넓은 바다를 건너 우리에게 도달했을 무렵에는 더한층 미약해져서, 우리가 알아차릴 수 없을 것이라고 여겼다.

이후 100년 동안 이론 물리학자들과 실험 물리학자들은 중력파의 존재를 입증할 수 있는 직접 증거를 찾으려고 애썼다. 그들이 포착하려는 것은 얼마나 작은 규모의 현상이었을까? 원자 하나, 심지어 아원자 입자 하나보다 작았다. 정확히 말하자면 양성자 지름의 1만분의 1이었다. 그렇게 미세한 현상을 포착할 수 있다면, 과학자들은 그 근원을 추적해 가령 10억 광년 떨어진 곳에서 두 블랙홀이 충돌했던 사건으로 거슬러 올라갈 수 있을 터였다.

1967년, 과학자들과 공학자들은 레이저 간섭계 중력파 관측소(Laser Interferometer Gravitational-Wave Observatory) 또는 LIGO라고 불릴 사업에 돌입했다. 그들에게 필요한 것은 두 블랙홀의 충돌 같은 시공간을 교란할 대규모 사건과 10억 광년 떨어진 곳에서도 그 영향을 포착할 수 있을 만큼 민감한 검출기 한 쌍이었다. 두 블랙홀이 충돌하면, 시공간에 쓰나미가 발생해 공간이 사방으로 늘어난다. 시간은 느려지고 다시 빨라졌다가 또다시 느려진다.

두 검출기는 왜 길이가 4킬로미터나 되어야 했을까? 그토록 희미한 소리를 듣기 위해서는 귀가 정말 커야 하기 때문이다. 검출기가 왜 2대여야 했을까? 그래야 중력파와 단순한 소음을 구별할 수 있기 때문이다. 두 번째 검출기는 확인용이다. 루이지애나 주 리빙스턴과 워싱턴 주 핸퍼드처럼 대륙 끝에서 끝까지 멀리 떨어진 두 검출기가 있다면, 신호가 두 검출기에 도달하는 시각

곧 합쳐지려는 두 블랙홀을 그린 화가의 상상도. 2017년, LIGO 관측소들은
11억 년 전에 발생했던 이런 충돌로 생겨난 중력파를 감지하는 데 성공했다.
그 사건으로 태양 질량의 20배나 되는 블랙홀이 만들어졌다.

에 작은 차이가 발생한다. 과학자들은 그 차이를 계산함으로써 신호의 근원
을 추적할 수 있고, 그래서 10억 광년 넘게 떨어진 곳에서 두 블랙홀이 충돌
했다는 사실을 알아낼 수 있다.

바다에 이는 높은 파도처럼, 중력파는 이동하면서 차츰 사라진다. 아인
슈타인이 혁명적 생각을 떠올렸던 100년 전만 해도 이 중력파는 아직 지구에
서 약 100광년 떨어진 곳에 있었다. 우리 은하의 HD 37124라는 황색 왜성과
그 행성들과 위성들을 부드럽게 적시고 있었다. 혹 그 세계에도 중력파를 검
출할 존재가 있었을까?

그 중력파가 라이고 검출기들에 도달했을 무렵에는 원래의 강렬했던 모습은 온데간데없고 아주 희미했다. 아주 작은 지저귐에 지나지 않았다. 하지만 그것만으로도 과학자들이 중력파의 존재를 증명하고, 처음으로 블랙홀의 직접적인 증거를 얻고, 사업에 관여한 사람들이 2017년 노벨 물리학상을 받게 되기에는 충분했다.

이처럼 여러 세대 사람들이 50년에 걸쳐서 가장 야심 찬 과학 프로젝트 중 하나를 해내는 모습에서는 그 옛날 하늘을 찌르는 대성당을 건설했던 사람들이 떠오른다. 인류의 사업이라는 더 큰 목표에 자신을 바치는 그들의 모습에서 나는 희망을 본다.

현재 과학자들과 공학자들은 인류가 가장 가까운 별로 처음 정찰을 떠나게 될 브레이크스루 스타샷(Breakthrough Starshot) 사업을 준비하고 있다. 자신들이 살아서 그 사업이 완료되는 모습을 볼 수 없으리라는 것을 알면서도.

약 20년 뒤, 1,000대의 우주선 함대가 지구를 떠날 것이다. 레이저 빛을 돛에 받아서 움직일 성간 우주선은 무게가 1그램밖에 안 된다. 크기가 콩알만 하지만, 그 속에는 우리의 첫 성간 우주선이었던 NASA의 보이저 호들이 갖춘 장치는 물론이고 그것보다 훨씬 더 많은 것들이 담겨 있다. 모든 나노(nano) 우주선에는 다른 별에 딸린 세계들을 정찰한 뒤 시각적, 과학적 정보를 지구로 보내는 데 필요한 도구가 다 들어 있다.

보이저 1호는 시속 6만 킬로미터의 속도로 40년 넘게 여행하고 있다. 우리에게는 인상적인 속도이고, 보이저 1호가 항해 초기에 거대한 목성을 근접

브레이크스루 스타샷 프로젝트는 빛을 타고 시속 1.6억 킬로미터가 넘는 속도로 날아갈
초경량 나노 우주선을 구상하고 있다. 그 기술을 쓴다면, 우리와 가장 가까운 이웃 행성계인
센타우루스자리 프록시마까지 20년 만에 갈 수 있다.

비행하면서 얻었던 단 한 번의 중력 도움만으로 지금껏 날고 있다는 점을 생
각하면 더 대단하다. 하지만 그저 은하 하나의 규모에서라고 해도 그것은 꿈
속에서 달리는 것처럼 몽롱한 속도다. 빠르기는 해도, 어딘가에 다다르기에는
턱없이 느리다.

　　스타샷 나노 우주선은 보이저 호를 **나흘** 만에 앞지를 것이다. 놀랍지 않
은가? 하지만 그 속도마저도 광속의 20퍼센트에 불과하다. 별들은 정말 멀다.
우리에게 가장 가까운 별인 센타우루스자리 프록시마까지의 거리는 4광년
이다. 스타샷 우주선이 가는 데만 20년이 걸린다는 계산이다.

우리가 알기로 센타우루스자리 프록시마의 생명 거주 가능 영역에는 행성이 있다. 어쩌면 그곳에는 물이 흐를지도 모른다. 생명이 꽃피었을지도 모른다. 우리가 미처 발견하지 못한 다른 행성들이 더 있을지도 모른다. 우리의 로봇 사절들은 그 새로운 세계(들)로부터 놀라운 이야기를 보내올 것이다. 데이터는 전파의 형태로 광속으로 날아오므로, 우리에게 도착하기까지 4년이 걸릴 것이다. 지금으로부터 40여 년 후에 그들은 고향에 어떤 이야기를 보내올까?

여러분 중 일부는 분명 그때까지 기다려서 자연의 책에 더해지는 새 페이지를 읽을 수 있을 것이다.

인류가 블롬보스 동굴에서 시작해 빛을 타고 별로 항해하게 되기까지 우주력으로 겨우 몇 분밖에 안 걸렸다니. 그렇다. 우리는 인류 역사에서 위험천만하리만치 결정적인 분기점에 와 있다. 하지만 아직 너무 늦지는 않았다. 우리는 가장 뛰어난 정신들이 품었던 가장 터무니없는 희망들마저 거뜬히 달성할 수 있는 존재라는 사실을 스스로 증명해 왔다. 여러분이 이 책에서 곧 만날 과거와 미래의 가능한 세계들, 그리고 곧 듣게 될 영웅적인 탐구자들의 이야기는 우리에게 말해 준다. 우리에게는 기술적 사춘기를 극복하고, 우리의 작은 행성을 보호하고, 시공간의 망망대해를 항해할 안전한 항로를 찾아냄으로써 "땅과 바다와 하늘"에 매인 처지에서 벗어날 능력이 있다는 사실을.

2장

오, 위대한 왕이시여

사람들의 마음은 무력이 아니라 사랑과 이상으로만 정복할 수 있다.

— 바뤼흐 스피노자, 『에티카(*The Ethics*)』(1677년)에서

사람들이 지금 굶주리는데도 더 비싸게 팔겠다고
곡식을 쟁이고 있지 마라.

— 조로아스터가 했다는 말

오늘날의 이란 중부에 있는 조로아스터교의 석굴 신전, 피르에 사브즈(Pir-e Sabz) 입구.
전설에 따르면, 페르시아 사산 왕조 마지막 왕의 딸이었던 니크바노우(Nikbanu)가
이곳으로 피신했다고 한다. 동굴에 맺히는 물방울은 니크바노우가 흘리는 슬픔의 눈물이라고 한다.
신전의 또 다른 이름인 착 착(Chak Chak)이 거기에서 왔다. '똑똑'이라는 뜻이다.

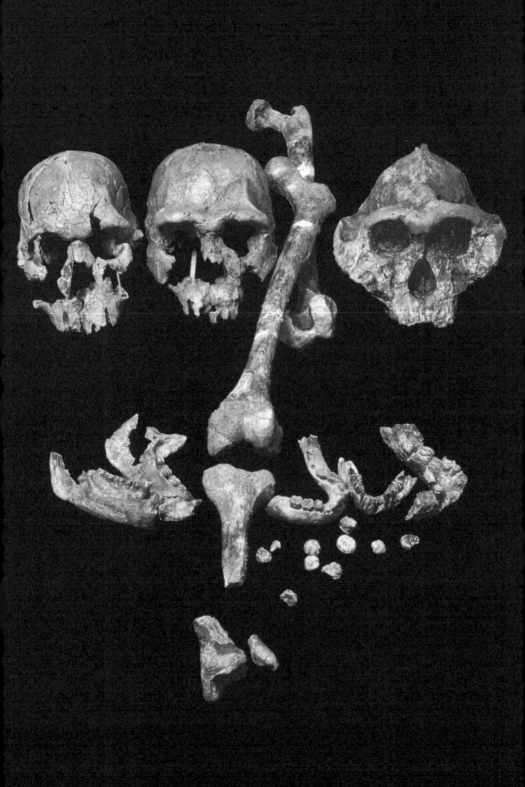

지금 우리의 처지는 이렇다. 농업이 발명된 지 약 1만 년이 흘렀다. 우리는 코스모스를 알게 되었고, 그곳을 탐험하고자 아장아장 발걸음을 내딛기 시작했다. 동시에 우리는 근시안적 사고와 욕심으로 우리 문명을 깡그리 무너뜨릴 수도 있는 상황이다. 그런 결과를 피하려면 스스로 변해야 한다는 것을 알지만, 변할 수 있을까? 우리 종에게는 스스로를 바꿀 능력이 있을까? 아니면 우리 내면에는 어쩔 수 없이 자기 파괴로 내모는 무언가가 있는 것일까?

이것은 칼 세이건과 나를 괴롭힌 질문이었다. 우리는 증거가 이끄는 대로 어디든 따라가서 해답을 찾아보자고 다짐했다. 그래서 몇 년 동안 조사하고 고민한 뒤 쓴 책이 『잊혀진 조상의 그림자(*Shadows of Forgotten Ancestors*)』였다. 이 장의 내용은 그 책에서 일부 가져왔다. 굳이 따지자면, 우리에게 저 책을 쓰게 했던 저 질문은 그때보다 지금 더 시급한 문제로 느껴진다.

이 머리뼈들은 서로 다른 세 종의 인류가 같은 시기에 같은 장소에서 살았음을 알려준다.
왼쪽부터 호모 하빌리스(*Homo habilis*), 호모 에렉투스(*Homo erectus*),
오스트랄로피테쿠스 로부스투스(*Australopithecus robustus*)다.
고인류학자 리처드 리키(Richard Leakey)의 탐사대가 케냐에서 발견한
이 머리뼈들의 주인공은 모두 약 150만 년 전에 살았다.

남아프리카 공화국의 본데르베르크 동굴은 최초의 불자리 중 하나다. 우리 선조들은 100만 년 전에
이런 곳에서 모닥불을 둘러싸고 모여서 요즘도 우리에게 그 흔적이 남아 있는 사회 구조를 만들어 냈다.

만약 인류의 기억이 생명의 시초까지 중단 없이 거슬러 올라간다면, 저
질문에 답하기가 훨씬 더 쉬웠을지도 모른다. 하지만 우리는 불과 얼마 전에
야 우리의 먼 과거에 눈떴다. 불과 얼마 전부터야 인류의 의식적 기억이 시작

되기 전에 우리 종에게 어떤 일이 있었는지를 재구성해 보기 시작했다. 우리
가 종으로 존재하기도 전에 벌어져서 어쩌면 우리에게 선천적 결함을 남겼을
수도 있는 일들까지도.

나는 인류를 기억 상실에 걸린 가족으로 여긴다. 그래서 우리는 과거에 관한 이야기를 끊임없이 지어냈고, 그러다 마침내 과거를 재구성하도록 도와주는 수단인 과학을 알아냈다. 우리는 아직도 흙을 체로 거르며, 인류의 유년기에서 살아남은 몇 안 되는 인공물인 부싯돌이나 동물 뼛조각을 찾고 있다.

만약 지구에 우리 종의 성소(聖所)라고 할 만한 장소가 있다면, 남아프리카 공화국 노던 케이프 주의 쿠루만 산맥에 있는 본데르베르크(Wonderwerk) 동굴은 틀림없이 그중 하나일 것이다. 본데르베르크 동굴은 우리가 아는 한, 인류가 특수한 용도로 불을 길들였음을 보여 주는 최초의 유적지 중 한 곳이다. 100만 년 전 그곳에 모였던 선조들은 처음으로 인류 문화의 불씨를 지핀 사람들이었다.

동굴은 널찍한 무도회장처럼 생겼다. 키가 아주 큰 사람이라도 똑바로 서서 가장 깊은 구석까지 120미터 넘게 걸어 들어갈 수 있다. 여러 분야의 과학자들이 그곳에서 각자의 방식으로 복잡한 경배 의식을 올린다. 레이저로 동굴을 훑고, 광 자극 발광 장치나 우주 기원 방사성 동위 원소를 활용한 연대 측정법으로 작디작은 꽃가루나 침전물 알갱이를 하나하나 조사한다. 모두 그 오래된 장소의 잊힌 역사를 알아내어 결국에는 우리가 과거에 어떤 존재였는지 밝히고자 하는 일이다.

과학자들은 재의 미립자가 이 방향으로 말렸는지 저 방향으로 말렸는지 확인함으로써 자연 발화한 불과 누가 일부러 피우고 지핀 불을 구별할 수 있다. 본데르베르크 동굴 깊숙이 남은, 꺼진 지 수십만 년이나 된 불의 잔재는 우리 선조들이 그 불을 난방용과 요리용으로 일부러 피웠음을 알려준다.

오늘날 지상의 모든 인간은 호모(*Homo*, 사람) 속에 속한다. 우리는 그중에서도 '슬기로운 사람', 즉 호모 사피엔스다. 본데르베르크 동굴의 선조들은 '일어선 사람', 즉 호모 에렉투스였다. 그들은 아직 '우리'가 아니었지만, 우리 안에는 그들이 남아 있다. 우리는 그들을 잘은 모른다. 그들은 아마 노인과 병자를 돌봤던 것 같다. 그들은 또 솜씨 좋은 도구 제작자였다.

태양계의 어떤 세계를 다녀 봐도 ─ 모든 혜성, 소행성, 위성, 행성 들을 다 가 봐도 ─ 불을 피울 수 있는 곳은 딱 한 곳, **지구**뿐이다. 그것은 겨우 지난 4억 년 동안, 우주력으로는 지난 열흘 동안 대기에 산소가 적당히 많아졌기 때문에 가능해진 일이다. 본데르베르크 동굴에서 불을 길들였던 선조들은 그 창의성에 대한 보상을 두둑이 받았다. 우리는 그런 모닥불에서 음식을 익혀 먹기 시작했다. 익힌 음식은 부드러워지므로, 사람들은 이제 훨씬 더 질긴 날고기를 한없이 씹는 데 에너지를 쓰지 않아도 되었고 그러느라 허비하는 에너지보다 훨씬 더 많은 에너지를 섭취할 수 있었다. 불은 또 우리를 따뜻하게 지켜 주었고, 무서운 포식자들을 쫓아 주었다. 우리는 밤이면 불 가에 모여 함께 먹고 이야기 나누었다. 그런 이야기를 통해서 친족과 공유하는 정체성을 형성했으며, 아이들은 어른들에게 유대감을 느꼈다.

불을 길들인 것은 동물계를 통틀어 인간만이 해낸 일이다. (식물도 산불을 활용해서 경쟁자를 무찌르는 생존 전략을 진화시켰지만, 직접 불을 피우거나 끄지는 못한다.) 불이 인간의 의식과 문화에서 핵심적인 요소라는 인식이 정점에 올랐던 것은 지금껏 살아남은 가장 오래된 종교 중 하나의 교리와 관습에서였다.

옛 히브리 선지자 아브라함이 살았던 때와 비슷한 시기에, 오늘날의 이 란에 해당하는 페르시아 땅에 또 다른 예언자가 살았다. 아브라함처럼 그도 정확한 출생 연대는 알려져 있지 않지만, 우리는 이런저런 정보에 근거해 두 족장이 지금으로부터 약 4,000년 전에 살았으리라고 추측한다. 선지자의 이 름은 조로아스터(Zoroaster)였고, 불은 그의 화신이었다. 모든 조로아스터교 신전은 불에 봉헌되었다. 불을 수백 년 동안 꺼트리지 않고 관리하는 것은 조 로아스터 신자들에게 주어진 몇 안 되는 의무 중 하나였다. 불은 신의 신성함 과 계몽된 정신의 빛을 뜻했다. (조로아스터의 탄생 연대를 기원전 660년으로 보 기도 한다. ─ 옮긴이)

조로아스터교의 신 아후라 마즈다(Ahura Mazda)는 요구가 많지 않았 다. 그는 인간들에게 희생 의례도, 제물도 요구하지 않았다. 그가 요구한 것은 불을 잘 지킬 것, 그리고 좋은 생각과 좋은 말과 좋은 행동을 할 것뿐이었다. 하 지만 어째서인지 사람들은 그 간단한 요구마저도 지키지 못했다. 우리는 종종 나쁜 생각을 했고 나쁜 짓을 했다. 일부는 사악한 범죄까지 저질렀다. 대체 **왜**?

우리는 아직 이 질문에 대한 정답을 모른다. 인간이 떠올린 최초의 답 중 하나는 조로아스터교의 답이었다. 조로아스터교는 세상의 모든 나쁜 사건과 인간이 저지르는 범죄, 나아가 천재지변과 질병도 아후라 마즈다의 대척점에 해당하는 사악한 쌍둥이 앙그라 마이뉴(Angra Mainyu)의 쉼 없는 말썽 탓 이라고 여겼다. 아후라 마즈다는 인간들에게 앙그라 마이뉴를 물리치는 일에 힘을 보태 달라고 요청했다. 모든 인간이 자신의 행동으로 우주의 미래가 달 린 저울을 선(善) 쪽으로, 혹은 악(惡) 쪽으로 기울게 할 수 있다고 말했다.

지상의 유일한 초강대국이 페르시아뿐이었던 기원전 6세기에 그 황제

조로아스터교에서 악의 원형으로 여기는 앙그라 마이뉴가
소를 덮치는 모습이 새겨진 고대 페르세폴리스 부조.

들이 지었던 장대한 복합 단지 페르세폴리스에는 쌩쌩한 근육질 몸매를 지금
까지 자랑하는 앙그라 마이뉴의 부조가 있다. 앙그라 마이뉴는 뭉툭한 뿔, 길
고 뾰족한 꼬리, 발굽이 갈라진 발을 갖고 있다. 어쩐지 익숙한 묘사인가? 기
독교의 악마가 앙그라 마이뉴를 약간 닮았기 때문이다. 조로아스터교는 장장
1,000년 동안 그리스에서 인도까지 아우르는 넓은 지역에서 지배적인 종교였
다. 당연히 이후 생겨난 종교들에 영향을 미쳤다.

아후라 마즈다는 개를 좋아했고, 고양이를 싫어했다. 조로아스터교 신자
가 실수로 개를 죽인다면 속죄할 방법은 고양이 1만 마리를 죽이는 것밖에 없
다고 했다. 반면 앙그라 마이뉴는 고양이를 아꼈다. 서구에서 고양이가 악마

의 시녀라고 불리는 마녀와 연관된 동물로 그려지는 것은 이 선호의 영향일까?

과학 이전 세상에서, 악이 추악한 머리를 쳐들었을 때 그것을 앙그라 마이뉴의 끈질긴 악의로 해석하는 것 외에 다른 방법이 있었을까?

당신이 고대 페르시아 사람이라고 상상해 보라. 순탄하게 살아가던 어느 날, 집에서 키우는 사랑하는 개, 오랫동안 가족을 충성스럽게 보호해 주었던 살루키 종의 개가 갑자기 험악한 괴물로 변했다. 개의 표정이 확연히 적대적이다. 개가 사납게 으르렁거리면서 송곳니를 드러낸다. 입꼬리에서 거품이 일고, 흡혈귀처럼 드러난 앞니에서 침이 뚝뚝 떨어진다. 앉아 있던 개가 벌떡 일어나더니, 목표물을 향해 움직이기 시작한다. 목표물은 당신의 막내딸, 요람에서 옹알이하고 있는 생후 일곱 달의 아기다. 그 무시무시한 순간, 당신은 개가 아기를 덮칠 작정이라는 것을 깨닫는다. 개의 이런 무서운 변신을 악령에 씌었다는 것 말고 달리 어떻게 설명하겠는가?

하지만 사실 이것은 선악의 이야기, 신과 악마의 대결 이야기가 아니다. 그것은 그저 포식자와 먹잇감의 이야기일 뿐이다. 이 경우 포식자는 미생물이다. 질병을 일으키는 미생물, 즉 병원체는 악마처럼 영리한 사냥꾼이다. 숙주의 몸에 깃들어서 자신이 일으키는 질병을 전달할 매개체로 쓰고 난 뒤에는 쓰러뜨린다. 가련하고 운 나쁜 개는 이전 3주에서 몇 달까지의 기간 중 언젠가 광견병(공수병)에 걸린 박쥐와 우연히 접촉했고, 그래서 비록 자신의 잘못은 아니지만 이제 좀비 공포 이야기의 주인공으로 탈바꿈해 버렸다.

총알처럼 생긴 광견병 바이러스는 개의 혈류로 들어가면 맨 먼저 뇌로 이동해 변연계를 공격한다. 광견병 바이러스(lyssavirus)의 이름은 고대 그리스에서 광기와 분노의 정령을 가리키던 이름에서 온 것으로, 이 바이러스는 과연 숙주의 분노 회로를 조종하는 데 일가견이 있다. 개는 먼 조상이었던 사나운 늑대로 퇴화한다. 개의 몸속에서 싸움이 벌어진다. 광견병 바이러스 부대는 개의 신경 세포로 침입해 신경계의 작동을 장악한다. 개의 신경 세포를 공격함으로써 그 가련한 동물을 충성심이나 애정 따위는 찾아볼 수 없는 무정한 괴물로 바꾸는 것이다. 광견병에 걸린 동물은 물불을 가리지 않는다.

그다음 한 무리의 바이러스가 개의 목에 있는 신경으로 향한다. 이제 변연계를 장악했으니, 다음으로 개의 침 생산을 늘리러 가는 것이다. 이 바이러스들의 임무는 개가 아무것도 삼킬 수 없도록 만드는 것이다. 그러면 바이러스에 감염된 침이 개의 몸을 떠나 다음번 표적으로 이동할 확률이 극대화된다. 개의 입에서 줄줄 흘러나온 침이 개의 가슴과 바닥을 적시면, 바이러스가 새 희생자에게 침투할 가능성이 커진다.

바이러스는 어떻게 그토록 정교하고 전략적인 단계별 공격을 해낼까? 다른 생명체의 뇌에서 어떤 부위가 분노를 일으키는 회로인지를 어떻게 알까? 인간도 겨우 얼마 전에야 알아낸 사실인데 말이다. 하지만 바로 이것이 자연 선택을 통한 진화의 힘이다. 충분히 긴 시간이 주어지면, 아무리 고도로 전문화된 기능이라도 — 가령 바이러스가 숙주의 목을 마비시키는 능력이라도 — 종 전체에 퍼질 수 있다. 그리고 만약 그 기능이 바이러스의 생존 확률을 높인다면, 기능은 후대로 계속 전해진다. 광견병 바이러스의 경우, 매 세대의 바이러스에게 필요한 것은 질병의 매개체가 되어 그 사악한 불꽃이 꺼지지 않고 전달되도록 도와줄 희생자뿐이다.

먹잇감의 신경 작동 방식에 대한 오싹한 지식부터 질서정연한 공격 계획까지, 광견병 바이러스는 뛰어난 조종자다. 바이러스가 희생자에게 침투해서 장악하는 모습은 인류 역사상 최고로 칭송받는 장군들이 구상했던 철두철미한 전쟁 계획을 떠올리게 한다. 광견병 바이러스는 정말로 기발한 전략가다.

바이러스, 미생물, 호르몬, 자신의 DNA까지, 우리는 보이지 않는 힘들의 손아귀에 들어 있다. 우리 선조들은 사랑하던 개가 갑자기 악마적인 행동을 하거나 멀쩡했던 딸이 20대부터 갑자기 자신만이 볼 수 있는 어떤 존재의 명령을 따르는 것처럼 행동하기 시작하면 자신들의 수중에 있는 유일한 설명을 채택했다. 그들에게 그것은 악마의 저주일 수밖에 없었다.

우리는 이제 한때 이해하지 못했던 생물학적 과정들을 알게 되었다. 그런데도 여전히 기존의 악 개념을 고수할 수 있을까? 물론 행동 자체는 악할 수 있겠지만, 보이지 않는 힘에 휘둘려서 그런 행동을 저지른 사람은 가련한 개처럼 결백할 수도 있다. 우리는 인간과 세상이 왜 이런 모습인가 하는 의문에 대한 설명으로 아후라 마즈다와 앙그라 마이뉴를, 혹은 그 밖에도 그와 비슷한 개념들을 끌어들이기를 그만두어야만 비로소 현실을 제대로 이해할 수 있다. 그런데도 대중 문화에는 악의 물리적 화신과 선의 초자연적 화신이 등장하는 이야기, 착한 편이 비록 밧줄에 매달려서 한참 고생하기는 해도 결국에는 거

총알처럼 생긴 광견병 바이러스는 컴퓨터로 재현한 왼쪽 그림에서
삐죽삐죽 튀어나온 당단백질 못으로 세포에 들러붙어서
운 나쁜 숙주의 성격을 바꾸고 망가뜨린다.

의 늘 승리하는 이야기가 넘친다.

여러분이 외계인이나 먼 미래의 고고학자로서 현대 인류 문명을 이해하려고 애쓴다고 상상해 보자. 21세기 들어 과학 기술은 유례없이 발전했다. 인간은 광대한 우주 시공간까지 전에 없이 넓게 느낄 수 있게 되었다. 물질의 가장 깊은 곳에 오래 숨어 있던 나노의 세계를 열어젖혔다. 과학이 아니라면 접근할 수 없었을 듯한 영역으로 진출해, 3차원 현실을 어느 한 군데 빠진 곳 없이 매끄럽게 경험하게 되었다. 그런데 그 새로운 힘을 과학이 알려준 다른 세계를 발견하는 여행에 나서거나 자연에 대한 대중의 이해를 북돋는 일에도 썼을까? 꼭 그렇지는 않았다. 주로 대대적이고 파괴적인 죽음의 전쟁터에서 활약할 거대하고 위협적인 로봇들을 만드는 데 썼다. 그것은 도시들과 수많은 생명을 깡그리 멸절시킬 아후라 마즈다와 앙그라 마이뉴의 검투사적 대결을 재현하는 짓일 뿐이지만, 그런 짓에 대한 우리의 욕망은 밑 빠진 독 같다.

그러는 동안 우리는 또 '멸종의 홀'에 여섯 번째 분관을 지어 왔다. 생명의 나무에서 도중에 끊어진 가지들을 기념하는 홀, 지난 40억 년 생명의 역사에서 벌어졌던 다섯 번의 대멸종 중 사라진 종들을 기념하는 홀 말이다. 그 홀에 지어진 새 분관에는 우리의 이름이 붙어 있다. 인류세 대멸종이라고.

우리 몸의 모든 세포에 들어 있는 40억 년 된 생명의 경전, 그것이 궁극의 지휘자일까? 우리 존재란 경쟁하는 생명체들의 유전 지침이 벌이는 대리전에 불과할까? 모든 동식물이 결국에는 유전자의 탈것보다 별로 더 나을 것 없는 존재, 혹은 그야말로 졸개에 불과할까? 모든 역사와 생명이 결국 그뿐일까? 그 이상은 불가능할까? DNA는 운명일까? 우리는 아직 이 질문에 대답하려고 애쓰는 중이다. 우리 자신과 우리가 소속된 더 큰 자연을 이해하는 일은 끝을 보려면 멀어도 한참 멀었다.

칼과 나는 인간이 아닌 다른 생물에게 특정 행위를 일으키는 어떤 화학 물질의 힘에 충격을 받은 적 있다. 죽어 가는 꿀벌은 올레산이라는 화학 물질을 낸다. 그 '죽음 호르몬' 냄새는 다른 벌들에게 신호가 되고, 그러면 벌들은 그 냄새를 풍기는 개체를 떠메어 집 밖으로 내보낸다. 놀랍게도, 건강한 벌도 올레산이 묻어 있다면 다른 벌들은 그 벌이 제아무리 몸부림치며 저항하더라도 역시 사체로 간주해 내보낸다. 벌집에서 더없이 중요한 존재인 여왕벌이라도 예외가 되지 못한다.

우리는 이 사실에 충격을 받았다. 이 사실이 우리 인간의 의례에 대해서도 말해 주는 바가 있을까? 벌들은 죽어 가는 벌이 벌집을 위험하게 감염시킬 수도 있음을 아는 것일까? 벌들에게도 죽음의 개념이 있는 것일까?

군집으로 살아온 지난 수천만 년 동안, 벌들은 죽음 직전에 이른 순간 외에는 올레산을 낼 일이 없었다. 그러니 우주력에서 지난 10분의 1초에 해당하는 그 시간 동안, 벌들에게는 올레산에 대해서 상황에 따라 미묘하게 다른 반응을 보일 이유가 없었다. 벌들이 올레산 냄새를 맡자마자 장례 행동을 하는 것은 벌들의 처지에 완벽하게 부합하는 행동이다.

이처럼 언뜻 뇌의 명령을 받지 않고 자동으로 이뤄지는 것처럼 보이는 행동은 다른 동물들도 많이 보인다. 어미 거위는 둥지에서 알이 굴러 나가면 그것을 재깍 안으로 밀어 넣는다. 이 행동은 분명 거위 유전자 보존에 도움이 된다. 그런데 어미 거위는 둥지 근처에 대충 알처럼 생긴 것만 있어도 그것도 둥지로 밀어 넣는다. 그런 행동을 보면 우리는 의문이 든다. 거위는 자기 행동을

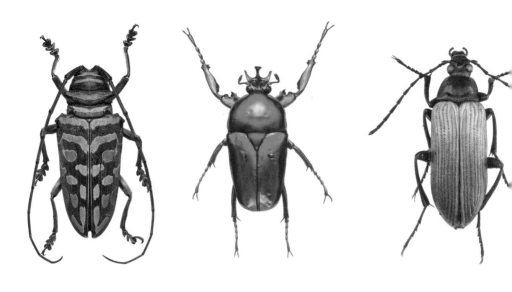

지구의 35만 종 딱정벌레 중 6종을 모았다. 자연 선택은 비길 데 없는 예술가다.
왼쪽에서 오른쪽으로: 아프리카 하늘소(*Sternotomis bohemani*),
넵투니데스 속 꽃무지(*Neptunides stanleyi*), 수컷 거저리(*Proctenius chamaeleon*),
잎벌레(*Donacia vulgaris*), 골리앗꽃무지(*Goliathus meleagris*), 청가뢰(*Carabus intricatus*).

이해하고 하는 것일까?

나방이 실내의 빛에 이끌려 자꾸 유리창에 와서 부딪히는 것은 또 어떤 가. 빛에 이끌리는 행동은 수백만 년에 걸쳐 형성된 타고난 행동이다. 투명 유리창은 약 1,000년 전에야 세상에 등장했으니, 나방에게는 유리창을 피하라고 알려주는 내면의 지침이 아직 진화하지 않았다.

딱정벌레에게는 마음이 있을까? 억겁의 시간 동안 보석 세공 장인처럼 무수한 종류의 딱정벌레를 빚고 꾸며 온 진화의 힘은 딱정벌레에게 의사 결정 능력을, 의식과 감정을 갖춰 주는 데는 실패했을까? 딱정벌레는 DNA 칩에 독창성이나 자발성이나 즉흥성 같은 능력을 빼앗긴 로봇에 지나지 않는 것일까? 우리 인간은 어떨까?

이 모든 사례에서 동물의 행동은 DNA에 이끌려 이뤄지는 것처럼 보인

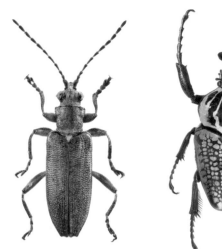

다. 그렇게 생각하면, 꿀벌과 딱정벌레가 — 심지어 거위도 — 아무 생각 없는 기계라는 명제에도 찬성할 수 있을지 모른다. 하지만 그렇다면, 호모 사피엔스라고 불리는 동물인 인간은 어떨까?

1619년 11월의 쌀쌀한 저녁, 바이에른 어느 도시의 후끈한 방에서 밤을 보내던 젊은 프랑스 군인이 고민한 것이 이 문제였다. 그는 잠자리를 마련하고 등불을 끄고 자리에 누웠지만, 잠이 오지 않았다. 어떤 생각이 그를 사로잡고는 놓아 주지 않았다. 오랜 시간이 지난 뒤 그 순간을 회고할 때, 그는 그때 성령이 자신을 찾아와서 새로운 생각의 방식을 알려주었다고 말했다. 그리고 그는 그 발상을 남들에게도 알리고 싶었다.

그 젊은이는 "*Cogito, ergo sum*.", 즉 "나는 생각한다, 고로 존재한다."라는 말로 유명한 르네 데카르트(René Descartes)였다. 그날 밤 데카르트에게 찾아든 생각은 이후에 펼쳐질 현대 문명의 특징이 될 터였다. 그의 말에 따르면, 성령은 그에게 철학과 과학을 하나로 통합하라는 지시를 내렸다. 그는 우리가 무엇이 실재인지를 알려면 모든 생각을 엄밀하고 오류 수정적인 과학의 점검에 맡겨서 수학적으로 표현되는 증거를 찾아내야 한다고 믿었다.

데카르트가 떠올린 그런 발상의 핵심에는 이후 현대 세계를 특징지을 요소가 있었다. **의심**이었다. 17세기 초에 이것이 얼마나 급진적인 생각이었을 지 상상해 보라. 불과 얼마 전, 갈릴레오는 수학적으로 증명할 수 있는 관측 결과인 지동설을 발설했다고 해서 재판을 받고, 유죄를 선고받고, 가택 연금 에 처해졌다. 교회는 1,000년 동안 대중의 담론을 성공적으로 통제해 왔다. 구약과 신약이 문자 그대로 진실이라는 교리에 대해 누구도 반론을 제기할 수 없었다. 의심의 여지가 없었다. 하지만 데카르트는 의심이야말로 지식의 출 발점이라고 여겼다.

데카르트는 무신론자가 아니었다. 적어도 공개적으로는 아니었다. 그는 신의 존재를 믿는다고 거듭 밝혔고, 인간에게만 불멸의 영혼이 있다고도 믿었 다. 꿀벌, 나방, 딱정벌레 따위는 작은 기계에 불과하다고 여겼다. 당시는 시계 가 놀라운 최첨단 기술에 해당하는 시절이었다. 데카르트는 곤충을 비롯한 다른 동물들은 시계 장치처럼 정교하고 효율적이기는 해도 영혼 없는 기계에 지나지 않는다고 보았다.

하지만 오늘날 우리는 의심이라는 데카르트의 원칙을 취하되 그보다 더 멀리 밀고 나가 볼 수 있다. 맨 먼저, 다른 동물들도 생각을 할까 하는 질문을 던져 보자. 동물들은 의식적인 결정을 내릴까? 동물들이 만약 말할 수 있다 면 뭐라고 말할까? 어미 거위는 공이 공인 줄 모르고 알들과 함께 둥지로 밀 어 넣지만, 새끼들이 부화한 뒤에는 오직 새끼들에게만 애착을 보인다. 어미 거위는 새끼 거위 특유의 냄새, 울음소리, 생김새를 다 갖춘 대상에게만 모성 적 관심을 보인다. 다른 물체와 새끼를 헷갈리지 않고, 심지어 다른 어미의 새 끼하고도 헷갈리지 않는다. 얼마나 탁월한 지능인지! 그에 비하면, 스스로 슬 기롭다 자처하는 우리 인간은 서로 다른 배에서 태어난 새끼 거위들을 구별할 줄 모른다.

딱정벌레 이야기로 돌아가자. 그 작은 생물은 꽤 많은 능력을 갖추고 있다. 딱정벌레는 느낄 줄 알고, 번식할 줄 안다. 걸을 줄 알고, 달릴 줄 알고, 심지어 날 줄도 안다. 주변 환경에 반응한다. 우리가 녀석에게 다가가면, 녀석은 뒷발로 일어서거나 반대 방향으로 꽁무니 뺀다. 작은 몸이지만, 이 모든 행동을 할 수 있는 능력과 전문화된 기관을 갖추고 있다.

우리가 곤충에게 의식이 있는가 하는 이야기를 꺼내면, 많은 과학자가 불안해한다. 거기에는 이유가 있다. 인간은 다른 종에게 자신을 투사해 의인화하려는 경향이 강하기 때문이다. 하지만 어쩌면 우리는 의인화를 지나치게 경계하다 보니 너무 그 반대로만 생각하는지도 모른다. 나는 로봇의 프로그램과 딱정벌레의 의식을 나누는 벽이 우리 생각보다 더 모호할지도 모른다는 직감이 든다. 딱정벌레는 무엇을 먹을지, 무엇으로부터 달아날지, 어떤 대상에게 성적 매력을 느끼는지를 스스로 결정한다. 그것은 그 작은 뇌에 일말의 의식이 있다는 뜻 아닐까?

이 질문은 그저 딱정벌레에게만 국한된 문제가 아니다. 더 큰 의미가 있다. 만약 우리가 이 문제를 신중하게 저울질해 본 뒤에도 딱정벌레를 그저 DNA의 프로그램에 따라 생사의 기능을 수행하는 로봇에 불과한 존재로 간주한다면, 이 결정이 우리 자신에게도 적용되지 않는다는 법이 있을까? 그리고 만약 우리가 인간의 행동마저도 우리 본성에 프로그래밍이 된 DNA의 지시에 따라 이뤄지는 것일 뿐이라고 인정한다면, 자유 의지는 어떻게 될까? 우리가 선악을 논할 수나 있을까? 아후라 마즈다와 앙그라 마이뉴가 인간의 좋고 나쁜 행동을 모두 통제할 뿐 자신들에게는 통제력이 없다고 보았던 조로아스터교 신자들보다 우리가 과연 더 나은 처지라고 할 수 있을까? 우리가 유전자가 아니라 이상에 따라 자신의 행동을 스스로 선택하고 운명을 빚어내겠다는 것은 가능성이 있는 생각일까?

나는 여기서 우리에게 희망을 주는 이야기를 해 볼까 한다. 인간 행동의 양극단을 모두 몸소 행했던 한 인간의 이야기다. 머나먼 과거의 이야기라서, 내용 중 얼마만큼이 진실인지는 알 수 없다. 경쟁하는 종교들이 만든 신화가 이 남자의 삶을 감싸고 어른거리고 있어서, 진실을 가리기가 어렵다. 하지만 진실이든 아니든, 후대가 이 남자의 이야기를 쉬쉬하고, 이 남자의 삶을 지우고, 그가 쓰고 건설했던 모든 것을 역사에서 지우려고 애썼던 것만은 사실이다. 그런데도, 그의 삶이 남긴 불꽃은 여전히 빛난다. 그리고 역사이든 신화이든, 꿈이 **정말로** 지도라면……

조로아스터교를 국교로 삼은 페르시아가 중동의 패권을 잡은 때로부터 약 200년 뒤인 기원전 4세기, 마케도니아라는 벽지 출신의 젊은이가 왕이 된 지 10년도 안 되어 아드리아 해에서 인도의 인더스 강 너머까지 아우르는 제국을 건설했다. 원정 중에 알렉산드로스 3세(Aléxandros III)는 무적으로 보였던 페르시아 군대를 완파했는데, 당시 역사상 최대 제국이었던 아케메네스 왕조를 삼키고도 더 많은 세계를 정복하고자 하는 그의 욕망은 줄지 않았다. 그는 인도도 차지하고 싶었다.

하지만 오늘날의 파키스탄에 해당하는 인도 대륙 북서부 일부를 점령한 뒤인 기원전 324년, 대왕의 군대가 반란을 일으켰다. 제국을 건설하려는 야심이 대왕만 못했던 군인들은 향수를 느꼈고, 짐을 싸서 떠나 버렸다. 그들이 떠난 뒤, 찬드라굽타 마우리아(Chandragupta Maurya)라는 인도 전사가 스스로 제국을 건설하기로 마음먹었다. 그는 3년 만에 마우리아 제국을 세웠고, 제국은 인도 북부 대부분과 오늘날의 파키스탄까지 포함할 만큼 커졌다.

한편 알렉산드로스의 총신(寵臣) 중 하나였던 셀레우코스 1세 니카토르(Seleucus I Nicator)는 죽은 주군이 실패한 일을 자신이 해내겠다고 생각했다. 셀레우코스가 이끄는 군대는 인더스 강을 넘어 찬드라굽타의 군대를 공격했지만, 그 인도 원정은 결국 끔찍한 실패로 끝났다. 셀레우코스는 곧 혼인으로 찬드라굽타와 동맹을 맺는 편이 훨씬 더 현명한 방법이라고 판단했다. 수백 마리 코끼리와 온갖 혼음제를 선물로 주고받으며 다져진 관계는 이후 여러 세대 동안 인도와 그리스를 잇는 든든한 통로가 되어 주었다.

찬드라굽타는 훌륭한 행정가였다. 그는 대규모 관개망과 현대적인 도로를 비롯한 인프라를 건설했다. 금속으로 강화해 내구성을 높인 그 시설들은 제국이 통상과 전쟁으로 하나가 되도록 만들어 주었다. 한편 찬드라굽타를 이은 아들 빈두사라(Bindusara)는 자신의 앞뒤 두 거인을 이어 주는 다리 역할 외에는 이렇다 할 업적이 없는 것 같다.

어떤 전설에 따르면 빈두사라의 아들로 기원전 304년경에 태어난 아소카(Ashoka)는 유년기에 앓았던 질병으로 외모에 흠이 남았다고 한다. 피부에 울룩불룩 마맛자국이 남았다는 것이다. 그래서 빈두사라가 아이를 왕궁에서 쫓아냈다고도 전한다. 어쩌면 이 이야기는 아소카가 후에 저지를 극악한 범죄를 설명하는 심리적 근거로 제공되었는지도 모른다.

빈두사라가 앓아눕자, 많은 부인들에게서 태어난 많은 아들들 사이에 왕권 쟁탈전이 벌어졌다. 역사에서는 아소카가 최대 99명의 형제를 죽이고 왕좌를 차지했다고 한다. 우리가 해석의 여지를 최대한 발휘해 그가 단 한 명의 형제만 살해했다고 가정하더라도, 그 살인은 더 잔인할 수 없는 방식으로 저질러졌다고 한다. 형제를 이글이글 타는 불구덩이에 몰아넣어 죽였다는 것이다.

적을 그냥 죽여서는 성에 차지 않고 형언할 수 없는 고통을 안겨야만 만족하는 것, 이것은 아소카 왕을 대표하는 특징이 될 터였다. 시작은 아소카가 제 아버지가 죽어 가고 있던 방으로 들이닥친 사건이었다고 한다. 빈두사라는 다른 아들을 후계자로 지명했는데, 아마 아소카가 불구덩이로 꾀어서 태워 죽인 형제가 그 아들이었을 것이다. 미움받던 아들인 아소카는 죽어 가는 아버지 앞에 황제만이 입을 수 있는 복장을 하고 나타나서 깔보며 선언했다. "내가 당신의 후계자다!"

일설에 따르면, 그러자 빈두사라는 분노로 시뻘게져서 베개에 풀썩 쓰러져 죽었다고 한다. 아소카가 아버지의 마지막 순간을 최대한 비참하게 만든 것에 흡족해하며 씩 웃는 모습을 상상해 보라. 아소카가 그토록 무정한 젊은 황제였다는 사실은 모든 전설과 역사 기록이 일치하는 바다.

몇 년 뒤에는 왕권을 다툴 경쟁자의 씨가 말랐다. 아소카의 분노는 이제 희한하게도 왕궁을 둘러싸고 선 풍요로운 과실수들로 향했다. 그는 나무를 남김없이 베라고 지시했다. 대신들이 주저하며 재고하기를 권하자, 아소카는 아니나 다를까 발작적 분노를 터뜨렸다. 그는 움츠린 대신들에게 외쳤다. "더 좋은 생각이 났다. 대신 자네들의 목을 베지." 무장한 호위 무사들이 대신들을 끌고 가서 목을 베었다. 하지만 아소카의 잔학 행위는 이제 겨우 시작이었다.

아소카는 5개의 널찍한 부속동을 갖춘 장대한 왕궁을 새로 지었다. 왕궁이 완성되자, 인도 아대륙 남단과 동해안의 두 군데 작은 지방을 제외한 거의 전부를 아우르는 제국 전역의 유력자들에게 공들인 초대장이 발송되기 시작했다. 초대받은 사람들은 얼마나 으쓱하고 기쁨과 흥분에 휩싸였을까. 새 왕궁의 호화로움에 얼마나 감탄했을까. 그 안을 처음 구경할 손님으로 뽑혔다는 사실이 얼마나 영광스러웠을까.

큼직한 중앙 홀로 들어간 손님은 그곳에 난 다섯 복도 중 한 곳으로 안내되었다. 부속동에 다다라서야, 더는 도망칠 수 없는 순간이 되어서야, 그들은 다섯 부속동이 아소카가 생각하기에 가장 고통스러운 다섯 가지 죽음의 방식에 바쳐진 공간임을 알아차렸다. 시간이 흐르자 소문이 새어나갔고, 왕궁은 "아소카의 지옥"으로 불리게 되었다. 아소카는 이 방법으로 잠재적 경쟁자들을 싹 제거했고, 사람들의 마음에 지울 수 없는 인상을 남겼다. 그의 극악무도함은 한계를 몰랐다.

그런데 어째서인지 아소카의 공포의 초대장은 칼링카(Kalinga) 사람들에게는 미치지 않았다. 인도 북동 해안가의 칼링가는 따로 왕을 두지 않고 번성하는 지역이었다. 칼링가는 개방적인 문화의 중심지로 알려졌는데, 아마 당시로는 민주주의에 가장 근접한 사회였을 것이다. 칼링가 사람들은 그곳 항구로 자유롭게 교역했다. 굳이 사디스트가 다스리는 제국의 멍에를 질 필요가 없었다.

칼링가 사람들은 아소카의 제국에 잡아먹히지 않고 용케 버텼다. 하지만 즉위 8년째, 아소카는 칼링가로 진격하기로 결심한다. 칼링가 사람들은 그런 미치광이와는 평화를 논할 수 없음을 알았다. 아소카는 칼링가에서 용감무쌍한 저항을 만났고, 그것은 결국 그의 가장 극악무도한 만행으로 이어졌다.

아소카의 군대는 칼링가를 1년간 포위하다가 마침내 성벽을 뚫는 데 성공해 굶주리고 쇠약해진 도시로 들이닥쳤다. 병사들은 집을 불태웠고, 잔인한 육박전을 벌였다. 비무장 시민들을 베었고, 온갖 야만적 행위를 자행했다.

ཁུ་ངང་ཟ་བ།

일이 다 끝났을 때는 10만 명의 시민들과 병사들이 죽은 뒤였다. 아소카는 또 독립심 강한 인구가 한곳에 모여 사는 것을 막기 위해서, 살아남은 칼링가 시민 15만 명을 산산이 흩어 추방했다.

아소카가 보상을 즐길 순간이었다. 그는 시체가 빼곡하게 널려 있어서 그와 호위 무사들이 발 디딜 틈조차 없는 전쟁터를 느긋하게 돌아보았다. 어디를 보나 죽음이 있었다. 아소카는 시체들 속에서 승리감을 만끽했다.

이때 멀리서 웬 남루한 행색의 남자가 겁도 없이 승리자들을 향해 걸어왔다. 장군들은 긴장하며 칼에 손을 얹었다. 다가오는 남자는 품에 뭔가 작은 보퉁이를 안고 있었다. 남자는 이상하게 태연해 보였다. 폭군에게 전혀 겁먹지 않은 듯했다. 경호원들이 남자를 죽일 태세를 취했지만, 아소카는 물러나라고 명했다. 그는 남자의 용기에 호기심이 들었고, 앙상한 거지를 두려워할 이유가 없다고 여겼다. 거지는 아소카에게 다가와서 제 팔에 안은 것을 내밀었다. 축 늘어진 아기의 시신, 아소카의 승리가 남긴 죽음이었다. 거지는 죽은 아기를 아소카에게 가까이 들이밀어 똑똑히 보게 했다. 그리고 살인자의 눈을 보면서 말했다. "오, 위대한 왕이시여. 수많은 사람의 목숨을 마음대로 앗아 갈 만큼 강한 분이시여. 제게 당신이 얼마나 강한지 보여 주십시오. 단 한 생명만이라도, 이 죽은 아기만이라도 되살려 주십시오." 아소카는 작은 시체를 보았다. 그 순간, 승리의 즐거움이 전혀 다른 것으로 바뀌었다. 마약처럼 그를 취하게 했던 힘이 전혀 다른 것으로 바뀌었다.

아소카에게 자신의 범죄를 대면시킨 그 용감한 거지는 누구였을까? 정

티베트 불화에 그려진 개종 후 아소카. 부처의 손짓과 복장을 따라 한 모습이다.
동시대에 인도에서 그려졌던 그림들은 아소카에게 적개심을 품은 후대 사람들에 의해
몽땅 파괴되었기 때문에 지금까지 남은 게 없다.

확한 정체는 알 수 없지만, 그가 그로부터 거의 200년 전에 살았지만, 당시만 해도 잘 알려지지 않은 사상가였던 부처의 제자였음은 분명하다. 부처는 비폭력, 깨달음, 자비를 설파했다. 부처를 따르는 제자들은 재물을 포기하고 세상을 떠돌면서 그의 가르침을 자신들의 삶으로 몸소 보여 주었다. 전쟁터의 승려도 그중 한 명이었던 듯하다. 그는 용기와 지혜로 비정한 남자의 마음에서 인정을 찾아냈다.

시체들이 널린 전쟁터를 다시 돌아보는 아소카의 얼굴에서 의기양양한 승리감이 빠져나갔다. 이제 그 광경은 그에게 역겹고 후회스럽게만 느껴졌다. 아소카는 이후 세울 많은 석주 중 하나를 자신이 저지른 최악의 범죄 현장에 세웠다. 석주 꼭대기에는 동서남북을 바라보는 사자 네 마리가 있었고, 브라흐미(Brahmi) 문자로 글이 새겨져 있었다. 아소카의 첫 칙령 중 하나가 거기 새겨져 있었다. "모든 백성이 내 자녀다. 나는 내 자녀들의 안락과 행복을 바라니, 모든 백성이 그러기를 바란다."

아소카는 열세 번째 칙령에서 자신의 죄책감을 토로했다. "칼링가 합병 직후부터 폐하께서는 경건한 법을 열성으로 따르고, 보호하고, 가르치기 시작하셨다. 칼링가 정복에 가책을 느끼셨으니, 이전까지 자유로웠던 그곳을 정복하기 위해서 살육을 자행하고 포로를 취했기 때문이다. 그 일은 폐하의 마음에 깊은 슬픔과 회한을 남겼다."

하지만 아소카가 자신의 숱한 범죄를 그냥 뉘우치기만 한 것은 아니었다. 그는 세상에 없던 새로운 형태의 지도자로 탈바꿈했다.

아소카는 한때 그의 이름만 들어도 벌벌 떨었던 이웃 소국들과 평화 협정을 맺었다. 이후 30년 더 제국을 다스리면서 학교, 대학, 병원, 심지어 호스피스(hospice, 임종 시설)를 지었다. 여성도 교육받도록 했고, 여성이 승려가

아소카는 자신의 혁명적인 생각을 방대한 제국에 퍼뜨리기 위해서 비석이나 석주에 새겼다.
지금까지 그런 비석이 약 150개 발견되었다. 사진의 조각도 그중 하나로,
그의 칙령이 옛 인도의 영향력 있는 문자 체계였던 브라흐미 문자로 새겨져 있다.

되지 못할 이유가 없다고 보았다. 모든 백성에게 무료로 의료 서비스를 제공했고, 당대의 의약품을 누구나 구할 수 있도록 했다. 우물을 파서 마을과 도시에 물을 제공했다. 온 나라의 도로에 가로수를 심고 쉼터를 지어서 여행자가 늘 환대받는 느낌을 받고 동물들이 그늘을 누릴 수 있게 했다. 아소카는 또 모든 종교를 똑같이 존중하라고 명령했다. 부당하게 옥살이하거나 가혹한 처벌을 받은 이들의 사정을 다시 검토하도록 명령했고, 사형을 폐지했다.

아소카의 연민은 인간을 넘어 모든 생명에게 미쳤다. 그는 동물을 바치는 희생 의례와 놀이로 하는 사냥을 금지했다. 인도 곳곳에 동물 병원을 세웠

고, 백성들에게 동물을 다정하게 대하라고 일렀
다. 그가 친족 선택의 법칙, 즉 우리는 누구나
자신과 유전자를 가장 많이 공유하는 개
체들의 생존을 우선적으로 돌보기
마련이라는 진화 법칙을 거스른 것
은 아니었다. 다만 그가 생각하는 친족의 범위가 모든 생명을 포함하도록 확
장된 것뿐이었다.

아소카의 생각 중 시대를 수천 년 앞선 생각이 또 있었다. 그는 왕의 아
들이 자동으로 다음 왕이 되어야 한다고 생각하지 않았다. 왕의 후계자가 아
니라 가장 계몽된 사람이 나라를 다스려야 한다고 믿었다.

그렇다고 해서 아소카가 이후에는 폭력과 만행을 전혀 저지르지 않았다
는 말은 아니다. 그가 36년의 재위 기간 중 말년에 청년 시절처럼 파괴적이고
살인적인 분노를 간헐적으로 터뜨렸을지도 모른다는 것을 암시하는 기록이
있다. 하지만 증거를 보자면, 계몽 군주로서 통치하고자 했던 그의 노력은 죽
이어졌던 것 같다.

아소카가 노령으로 죽은 뒤, 마우리아 왕조는 겨우 50년 더 이어졌다. 후대의
광신자들은 아소카를 신을 섬기지 않은 존재로 여겨, 그가 재위 중 지었던 사

아소카는 자신의 칙령을 새긴 석주 꼭대기에 종종 바큇살이 24개인 바퀴를 딛고 선
사자 네 마리를 올려두었다. 불교의 상징인 바퀴, 즉 법륜(法輪)은
나중에 독립 국가가 된 인도의 국기에 그려지게 되었다.

인도 북동부 화강암 언덕을 파고 지어진 네 석굴 사원 중 하나인 로마스 리시의 우아한 입구.
이 문으로 들어가면, 뛰어난 음향 효과를 내는 검박한 실내 공간이 나온다.
아소카는 기원전 3세기에 이곳을 찾았다.

원들과 궁전들을 — 더불어 그가 인도 전역에 세웠던 석주들을 — 파괴했다. 그들에게 신을 믿는다는 것은 세상의 위계 구조를 엄격하게 지키는 것을 뜻했다. 하지만 그를 비난했던 사람들의 노력에도 불구하고, 아소카의 유산은 살아남았다. 18세기와 19세기에 그의 칙령들이 재발견된 덕분이었다. 20세기에 현대 국가로 설립된 인도는 아소카의 사자들을 국장(國章)으로 채택했다.

아소카는 불교를 세계에서 가장 영향력 있는 종교로 만들었다고 이야기된다. 예수 탄생보다 200년 전에 이미 아소카의 칙령들은 예수가 썼던 언어인 아람 어를 비롯해 여러 언어로 새겨졌다. 그 칙령들은 연민, 자비, 겸손, 평화를 사랑하는 마음을 가르치는 로제타석이다. 아소카는 알렉산드리아와 중동의 다른 도시들로 사절을 파견했고, 그 사절들은 아마 스승의 가르침을 더 널리 퍼뜨렸을 것이다.

인도 바라바르 언덕에 있는 로마스 리시(Lomas Rish) 석굴은 지금까지 살아남은 몇 안 되는 아소카의 사원 중 하나다. 글귀가 좀 새겨져 있는 것을 제외하고, 석굴 내부는 놀랍도록 장식이 없다. 하지만 독특한 특징이 있다. 메아리가 보기 드물게 잘 울리고 길게 지속된다는 점이다. 반들반들한 석굴 벽에 부딪혀 반향을 일으킨 소리는 차츰 희미해지다가 벽에 완전히 흡수된다. 그 후에는 아무 소리도 들리지 않는다. 침묵뿐이다.

하지만 아소카의 꿈은 다른 듯하다. 그 메아리는 시간이 갈수록 점점 더 크게 울린다.

3장

사라진 생명의 도시

이 바다에 어떤 감미로운 신비가 숨어 있는지는 모르지만,
온화하면서도 무서운 파도 소리는 물속에 숨어 있는 어떤 영혼에
대해 말하고 있는 것 같다. …… 그리고 이 바다 목장, 드넓게
펼쳐진 바다의 대초원, 네 대륙의 공동 묘지 위에서 파도가 쉴 새
없이 넘실거리고 밀물과 썰물이 끊임없이 되풀이되는 것은 참으로
어울리는 일이다. 여기에는 수백만의 그늘과 그림자가 뒤섞여 있고,
꿈과 몽유병과 몽상이 가라앉아 있으며, 우리가 생명과 영혼이라고
부르는 모든 것이 누워서 여전히 꿈을 꾸고, 침대에서 자는
사람들처럼 몸을 뒤척인다. 파도가 계속 일렁이는 것은 그것들이
밑에서 끊임없이 움직이기 때문이다.

— 허먼 멜빌, 「모비딕」에서

미국 화가 엘리휴 베더(Elihu Vedder)의 1870년 작품
「기억(Memory)」. 바다의 신비가 모습을 드러냈다.

우리 은하가 젊었을 때는 — 나이가 고작 수십억 년이었을 때는 — 지금보다 생산력이 훨씬 더 높았다. 약 70억 년 전, 우리 은하는 지금보다 30배 많은 별을 만들어 냈다. 말 그대로 별을 탄생시키는 불길이었다.

우리 별 태양은 우리 은하가 비교적 나중에 낳은 자식이다. 어쩌면 그것이 우리가 지금 이렇게 존재하는 이유 중 하나인지도 모른다. 덕분에 그것보다 더 오래되고 큰 별들이 죽은 뒤 우리에게 무거운 원소를 물려줄 시간적 여유가 — 50억 년쯤 — 있었으니까. 그 원소들은 차차 형성되던 우리 태양계의 행성들과 위성들을 살찌워 주었다. 우리 인간도 그 별 물질로 만들어졌다.

갓 태어난 별들을 이글거리는 분홍색 수소 구름이 감쌌다. 중력의 포옹이 그들을 변화시켰다. 분홍 구름에 좀 더 오래된 별들로 구성된 밝은 푸른색 성단과 무정형으로 뭉친 기체와 먼지가 합쳐져서, 오늘날 우리가 우리 은하라고 부르는 은하가 만들어졌다.

천문학자들은 망원경 3대의 데이터를 합해 우리로부터 약 20만 광년 떨어진
이 젊은 성단 NGC 602를 포착했다. 우리 은하를 도는 왜소 은하인 소 마젤란 성운 안에 있다.
소 마젤란 성운 내에서도 이 구역은 금속을 덜 함유하고 있고 기체와 먼지와 별도 적은 편이기 때문에
초기 우주에서 별이 탄생했던 과정을 보여 주는 모형이 될 수 있다.

우주는 은하를 낳는다. 은하는 별을 낳는다.

별 중 하나가 초신성이 되어, 물질의 강력한 충격파를 터뜨려서 기체와 먼지 구름을 교란한다. 덕분에 성운은 응집하며 회전하기 시작하고, 금세 원반처럼 평평해진다. 그러더니 원반 중앙의 불룩한 부분이 갑자기 눈부시게 환해지면서 핵융합로가 된다. 우리 태양이 탄생한 것이다.

우리 별은 반짝이는 초록색 물질을 주변 원반으로 내뿜기 시작한다. 마치 반짝거리는 에메랄드 비가 쏟아지는 듯하다. 우리 별이 귀중한 광물질을 주변에 선사해 주는 것이다. 반짝거리는 다이아몬드를, 그리고 우리 이야기의 주인공인 초록 감람석을.

원반은 계속 회전하면서 차츰 동심원 고리들 모양으로 바뀐다. 그중 한 고리가 뭉치기 시작해 점점 커지더니 결국 둥근 행성이 된다. 우리 태양계의 행성 중 맨 먼저 탄생한 목성이 만들어진 것이다.

별은 행성과 위성과 혜성을 낳는다.

이제 기체와 먼지 구름으로부터 다른 덩어리들도 응집하기 시작하며, 자동차 박치기 경주처럼 마구 충돌한다. 형성된 행성들은 저마다 제 앞길에 있는 파편들과 부딪히면서 덩치를 불리고, 태양을 도는 공전 궤도에 산재했던 부스러기를 쓸어낸다. 이 미래의 행성들과 위성들에는 생명의 화학적 구성 단위인 유기 분자가 많다. 그것은 앞서 죽은 다른 별들이 남겨준 유산이다.

코스모스는 별과 행성을 만들어 내는 것처럼 생명도 자연스럽게 만들어 낼까? 나와 함께 어뢰처럼 과거로 깊이 잠수해 보자. 철분이 많아서 피처럼 붉

다시 발견된 사라진 생명의 도시? 캘리포니아에 우뚝 솟은 이 구멍 많은 석회 기둥들은 튜퍼(tufa)라고 불린다. 원래 호수에 잠겨 있던 탑들이 호숫물이 말라서 햇빛 아래 드러난 지는 1,000년도 안 되었다.

은 바닷물 속으로, 그런 바다의 바닥으로 들어가 보자.

　지구가 아주 어렸던 옛날 옛적, 40억 년도 더 전에 바닷속에는 해저에 단단히 뿌리 내리고 위로 15~30미터나 치솟은 탑들의 도시가 있었다. 그 도시가 지어지는 데는 수만 년이 걸렸다. 하지만 아직 그곳에는 생명이 없었다. 그렇다면 누가 그 해저 마천루들을 지었을까? 자연이 지었다. 자연이 이산화탄소와 탄산칼슘으로, 즉 조개껍데기나 진주를 재료로 지었다.

한시도 가만있을 줄 모르는 어머니 지구가 쩍 갈라지자, 뜨거운 암석 맨틀이 찬 바닷물 속으로 흘러나왔다. 바닷물은 유기 분자와 광물질을 점점 더 많이 함유하게 되었다. 그중에는 우리가 감람석이라고 부르는 초록 보석도 있었다. 물과 광물질의 혼합물은 점점 더 뜨거워졌고, 급기야 엄청난 힘으로 솟구쳐올랐다. 흘러나온 혼합물은 나중에 탑이 될 탄산염 바위의 구멍에 갇혔다. 그리고 그 구멍은 유기 분자들이 좀 더 농축될 수 있는 안전한 인큐베이터가 되어 주었다. 오늘날 과학자들은 바로 이런 과정을 통해서 바위가 생명의 첫 집이 되어 주었다고 생각한다. 바위, 그러니까 광물질과 생명의 오랜 협력이 이렇게 시작되었다. 적어도 코스모스의 우리 구역에서는 그랬다.

물과 이산화탄소가 유기 분자로 바뀌어 생명 탄생 과정의 연료가 되어 주면, 그로부터 수소와 메테인(CH_4, 메탄)이 생겨난다. 이때 바위에 뱀처럼 구불구불 갈라진 흔적이 남는데, 이것을 사문석화(蛇紋石化, serpentinization)라고 부른다. 다른 세계에서 생명을 찾는 과학자들은 종종 "물을 따라가면 된다."라고 말한다. 물이 생명에게 꼭 필요한 기본 조건이기 때문이다. 그런데 요즘 과학자들은 "바위를 따라가면 된다."라고도 말한다. 사문석화된 바위는 생명을 가능케 한 과정과 밀접한 연관이 있기 때문이다.

하지만 그 시작은 정확히 어땠을까? 과학은 미켈란젤로 부오나로티(Michelangelo Buonarroti)의 그림에서 하느님이 손을 뻗어 아담을 건드리는 모습처럼 극적이고 아름다운 생명 기원의 그림을 갖고 있을까? 생명의 기본 단위인 유기 분자들은 바닷속 석회 탑 내부의 작은 구멍 속에 모였다. 그 분자들뿐 아니라 세상의 모든 것이, 물론 여러분과 나도, 원자로 이루어졌다. 그리고 낱낱의 유기 분자들 틈에는 양성자라는 환한 에너지 덩어리들이 이리저리 달리고 있었다.

이 생명 없는 분자들이 살아 있는 것으로 바뀌기 위해서는 에너지가 필요했다. 그 에너지는 탑에 갇힌 알칼리성 물이 산성 바닷물과 만날 때 진행된 반응에서 생겨났다. 과학자들은 그 에너지 덕분에 최초의 자기 복제 분자, 즉 오늘날의 RNA와 DNA 분자의 선구 물질이 생겨났으리라고 본다. 한편 구멍의 내벽에는 또 다른 작은 분자들이 모였다. 오늘날 지질이라고 불리는 물질의 선구 물질이었던 그 분자들은 최초의 세포막을 형성했다.

시간이 흐르자, 수많은 구멍을 품은 열수 분출공 석회 탑들은 해체되어 무너졌다. 하지만 그 속에 있던 복잡한 분자들은, 그러니까 지구의 첫 세포들은 온전했다. 그들은 이제 재생산할 수 있는 미생물로 진화했다.

이것이 바로 오늘날 과학이 생명의 기원에 대해서 밝혀낸, 가장 그럴듯한 탄생 설화다. 과학자들이 이 가설을 세우기 위해서는 오랫동안 따로따로 떨어져 있던 과학의 네 분야, 즉 생물학, 화학, 물리학, 지질학이 하나로 통합되어야 했다.

과학자들은 이처럼 생명이 바위에 처음 정착했다고 믿는다. 하지만 생명은 태어난 순간부터 탈출 마술사였다. 늘 자유롭게 풀려나서 새로운 세계를 정복하려 들었다. 거대한 바다조차 생명을 가둘 수 없었다.

최초의 생명이 등장했을 때의 지구는 오늘날의 지구와는 전혀 달랐다. 철분이 많아서 붉은 바다가 지표면을 대부분 덮고 있었다. 하늘은 푸르지 않았고, 탁하고 불그레한 노란색이었다. 달도 아직 현재의 궤도로 지구를 돌지 않았다. 대기는 탄화수소가 가득한 스모그였다. 마실 수 있는 산소는 없었고, 산소를 마실 존재도 없었다. 땅에는 간간이 분출하는 보랏빛 화산들뿐이었다. 결국에는 생명이 그 세계와 바다와 하늘을 바꿔 놓을 터였다. 하지만 생명이 늘 자신에게 유리한 방식으로 움직인 것은 아니었다. 생명이 제 꾀에 속아 넘어간 시절이 있었다. 생명이 스스로를 거의 절멸시켜 버릴 뻔했던 시절이 있었다.

지구 역사에서 최대 격변 중 하나였던 그 시절을 보기 위해서, 우주력으로 돌아가 보자. 시간이 흐르기 시작한 뒤 약 30억 년이 흐르는 동안, 우주의 우리 구역에서는 별다른 일이 벌어지지 않았다. 우리 은하가 형성된 것은 우주력으로 3월 15일이 되어서였고, 우리 태양이 빛을 밝힌 것은 그로부터 또 60억 년이 더 지난 8월 말일이 되어서였다. 그 직후 목성과 지구를 비롯한 행성들이 뭉치기 시작했다. 그때로부터 불과 3주밖에 지나지 않은 9월 21일, 예의 바닷속 바위틈에서 생명이 시작되었던 것 같다. 그 후로 3주가 더 흘렀다. 그동안 화산들이 계속 솟아나서 바다 위로 고개를 내밀었고, 그 분출물로부터 땅덩어리가 생기기 시작했다.

우리는 생명이 지구를 얼마나 대대적으로 바꿔 놓았는지를 요즘에서야 차츰 깨닫기 시작했다. 생명이 지구를 바꿔 놓았다는 말에서 맨 먼저 떠오르는 장면은 드넓은 초록 숲과 확장하는 도시이지만, 사실 생명은 세상에 그런 것들이 존재하기 한참 전부터 지구를 바꿔 왔다. 바다 밑에서 최초로 생명의 불꽃이 일었던 시점으로부터 10억 년이 흐르자, 생명은 지구적 현상이 되었다. 그것은 오늘날까지 단 한 번도 패배하지 않은 생명의 놀라운 챔피언, 남세균(cyanobacteria) 덕분이었다.

시아노박테리아, 남조세균, 남조류라고도 불리는 남세균은 27억 년 동안 지구에 살아왔고, 지구의 어디서나 살 수 있다. 민물, 짠물, 뜨거운 온천, 암염 동굴 등등, 어디든 상관없다. 모두가 남세균의 집이다. 남세균은 연금술사다. 인간이 뛰어난 과학 기술을 가지고서도 해내지 못하는 일을 할 줄 안다. 햇빛을 당으로 바꾸는 광합성을 통해서 스스로 먹을 것을 만들어 내는 일을.

남세균은 지구에 출현한 뒤 4억 년 동안 — 이산화탄소를 섭취하고 산소를 내놓아서 — 노랗던 하늘을 파랗게 바꿔 놓았다. 하늘과 바다만 바꾼 게 아니었다. 바위도 바꿔 놓았다. 산소는 부식시키는 성질이 있다. 남세균이 내놓은 산소는 땅을 녹슬게 했고, 광물질에 마법을 부렸다. 지구에 존재하는 5,000종의 광물질 중 약 3,500종은 생명이 내놓은 산소가 작용한 결과로 형성되었다.

지구는 한때 남세균의 행성이었다. 그 작은 단세포 미생물은 그다지 대단해 보이지 않지만, 한때 그것들은 지구를 지배한 생물로서 가는 곳마다 제멋대로 판치면서 땅과 물과 하늘을 바꿔 놓았다. 지금으로부터 23억 년 전, 우주력으로 10월 말의 일이었다.

남세균은 다른 생물들과 지구를 공유했다. 남세균이 산소로 지구를 오염시키기 전에 이미 등장해 있었던 혐기성 미생물들이었다. 혐기성 미생물에게는 산소가 독이었지만, 남세균은 아랑곳없이 계속 대기에 산소를 뿜어냈다. 그것은 혐기성 미생물뿐 아니라 당시 지구의 거의 모든 생물에게 재앙이었다. 남세균은 말하자면 산소 대재앙을 일으킨 것이었다. 혐기성 미생물 중 살아남은 것은 바닷속으로 피신해 산소가 닿지 않는 침전물 속에 은신한 종류뿐이었다.

바닷속 바위가 사문석화해 수소와 메테인을 내놓았다는 이야기는 앞에서 했다. 메테인은 강력한 온실 기체이고, 당시에는 주로 그 메테인이 지구를 따뜻하게 지켜 주었다. 그런데 생명이 만들어 낸 산소는 이 상황도 뒤바꿨다.

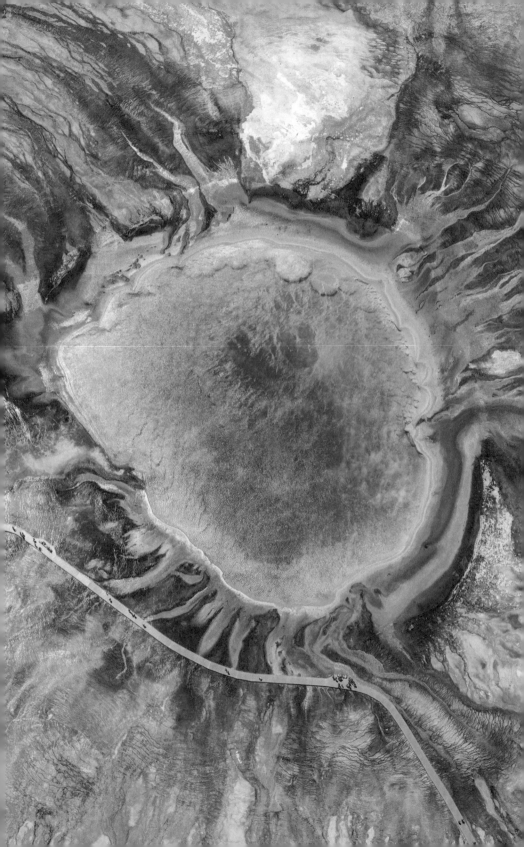

산소는 메테인을 먹어치운 뒤 이산화탄소를 내놓는데, 이산화탄소는 메테인보다 온실 기체로서의 효율이 훨씬 낮다. 지구 대기에 열을 붙잡아 두는 능력이 떨어진다는 뜻이다. 그 결과 지구는 점점 추워졌고, 지상의 초록 생명은 죽어 갔다.

극지방 얼음이 넓어졌고, 결국 온 행성이 얼음으로 뒤덮였다. 지구는 눈과 얼음에 단단히 갇힌 눈덩이가 되었다. 남세균의 활약이 지나쳤던 것이다. 지구의 지배적 생물이었던 남세균은 스스로를 절멸시킬 위기에 처했다. 그 남세균의 생태적 지위를 오늘날 차지하고 있는 종에게는 정신이 번쩍 드는 이야기가 아닐 수 없다.

최초의 전 지구적 겨울은 약 22억 년 전에 닥쳤다. 그 빙하기는 2억 년쯤 이어졌지만 ― 우주력으로는 11월 2일에서 6일까지였다. ― 그러다가 마침내 화산들이 얼음을 뚫고 거대하게 폭발해 지표면에 용암이 흐르기 시작했다. 덕분에 탈출 마술사인 생명은 온 행성을 뒤덮은 죽음의 싸늘한 손아귀를 벗어날 수 있었다. 얼음은 다시 극지방으로 물러났다.

죽은 남세균들의 사체는 지구 전체에 매장된 이산화탄소를 남겼다. 화산들은 분출하면서 그 이산화탄소를 대기로 뿜어냈다. 그래서 지구가 더워졌고, 얼음이 녹았다. 이후 10억 년 동안, 생명과 바위는 계속 정교하게 상호 작용하

미국 옐로스톤 국립 공원의 그랜드 프리즈매틱 스프링(Grand Prismatic Spring).
온천수 온도가 약 섭씨 70도에 달하는 한가운데에는 생명이 없고, 그래서 밝은 푸른색을 띤다.
광물질이 많은 온천 가장자리에는 미생물 매트가 형성되어 있어서, 선명한 노란색과 주황색을 띤다.

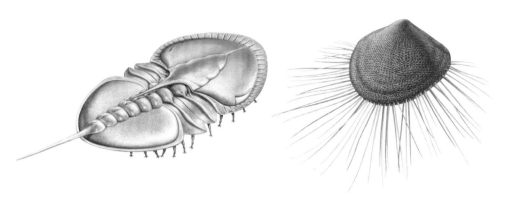

면서 지구에 빙하기와 해빙기를 번갈아 일으켰다.

　그러다가 5억 4000만 년 전에 — 우주력으로 12월 17일에 — 놀라운 일이 벌어졌다. 그즈음 지구는 푸른 하늘과 바다가 있고 바다에 큰 대륙 둘과 수많은 섬이 있는 행성이었다. 이전까지 미생물과 단순한 다세포 생명체로만 존재했던 생명이 이때 갑자기 이른바 캄브리아기 대폭발을 일으켰다. 갑옷을 입은 삼엽충, 아가미가 있는 조개처럼 생긴 고충동물(Vetulicolia), 머리 없는 벌레처럼 생긴 할루키게니아(*Hallucigenia*) 같은 수많은 캄브리아기 생물들이 지구 곳곳에서 융성하기 시작했다.

　그때 생명이 왜 그렇게 극적으로 분화할 수 있었는지 우리는 아직 잘 모르지만, 그럴듯한 가설은 몇 가지 세울 수 있었다. 어쩌면 화산 활동 때문에 바닷물에 칼슘 성분이 많아진 것이 계기였을 수도 있다. 덕분에 생명은 등뼈와 껍데기를 갖게 되었다. 그래서 덩치가 더 커질 수 있었고, 이전에는 아무도 거주하지 않던 영역인 뭍으로 진출할 수 있었다.

　아니면, 생명이 분화할 수 있었던 것은 남세균이 만들어 둔 하늘의 보호막 덕분이었을 수도 있다. 남세균이 대기를 산소화하자 대기에 오존층이 생겼

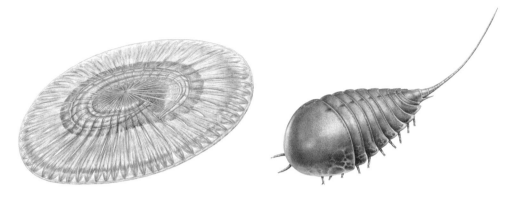

캐나다 로키 산맥에서 발굴된 버제스 셰일 화석군에는 약 5억 년 전 캄브리아기 생물 대폭발 때
탄생한 종들이 많다. **왼쪽부터 오른쪽으로:** 삼엽충(*Pagetia bootes*), 완족동물 마이크로미트라
부르게센시스(*Micromitra burgessensis*), 몸이 부드러운 조직으로 이뤄진
엘도니아 루드위길(*Eldonia ludwigii*), 절지동물 모랄리아 스피니페라(*Molaria spinifera*).

고, 그 오존층이 태양의 치명적인 자외선 공격을 막아 주었다. 덕분에 생명은
안전한 바다를 벗어나서 땅으로 올라올 수 있었다. 이전 수십억 년 동안 생명
이 할 수 있는 행동이라고는 질척거리는 행동뿐이었지만, 이제는 헤엄치고 뛰
고 점프하고 날 수 있게 되었다.

　혹은, 경쟁하는 생명체들 사이에서 진화의 군비 경쟁이 벌어진 것이 원인
이었을 수도 있다. 이를테면 이런 식이다. 한 종이, 가령 대형 새우처럼 생겼던
아노말로카리스(*Anomalocaris*)가 껍데기와 더 긴 집게발을 진화시켰다. 그
래서 먹이인 삼엽충을 번쩍 뒤집은 뒤 취약한 밑면을 공격할 수 있게 되었다.
이 공격 방법은 대단히 잘 통했겠지만, 이윽고 삼엽충도 방어 전략을 진화시
켰다. 삼엽충은 체절로 나뉜 유연한 껍데기를 갖게 되어, 위기에 처하면 몸을
말아 딱딱한 공으로 변신함으로써 방어할 수 있게 되었다. 이런 삼엽충은 공

격에서 살아남아 더 많은 후손을 남겼다. 아노말로카리스는 굶주리다가 끝내 멸종했다.

아니면, 캄브리아기 대폭발에서 새로운 생명체들을 만들어 낸 방아쇠는 바이러스였을지도 모른다. 우리는 바이러스를 보통 생명의 적으로 여기지만, 바이러스라고 해서 다 나쁜 것은 아니다. 바이러스는 좀 칠칠하지 못한 편이다. 그러니 바이러스가 숙주에서 숙주로 이동할 때 DNA 조각을 흘려서 일종의 배달부처럼 기능했을지도 모른다. 그렇게 바이러스가 흘리고 간 DNA 덕분에 어떤 숙주는 환경에 더 잘 적응하는 방식으로 변했을 것이다.

캄브리아기에 나타난 유례없는 생물 다양성 증가는 앞의 요인들이 다 함께 작용한 결과였을 수도 있고, 우리가 아직 알아내지 못한 다른 요인들 때문이었을 수도 있다. 이유가 무엇이었든, 구속에서 기어코 벗어나는 실력이 뛰어난 생명은 지구의 어떤 감옥에도 갇히지 않았다. 캄브리아기 대폭발로부터 수억 년이 흐른 어느 날에는 생명이 지구마저 벗어나는 날이 올 터였다. 생명은 절대 갇히지 않는다.

우리가 생명의 오디세이를 그 시작으로 거슬러 올라가려면, 과학의 여러 분야를 재통합한 새로운 과학이 필요했다. 그런 새로운 접근법의 기틀을 닦은 사람은 공교롭게도 그 자신이 탈출 마술사였다. 그는 역사상 가장 무자비한 살인자들로부터 달아났고, 자신을 괴롭히려는 이들을 고비마다 보기 좋게 가지고 놀았다.

빅토르 모리츠 골트슈미트(Victor Moritz Goldschmidt)는 어찌나 총명했던지 오슬로 대학교로부터 아무 시험도 치르지 않아도 좋고 학위도 채 따지 않았어도 좋으니 교수로 일해 달라는 요청을 받았다. 1909년, 그의 나이 21세 때였다. 3년 뒤에는 노르웨이에서 과학 분야 최고의 영예인 프리드쇼프 난센 상(Fridtjof Nansen Prize)을 받았다.

골트슈미트는 지구를 하나의 계(系, system)로 바라본 최초의 과학자 중 한 명이었다. 그는 우리가 전체 그림을 보기 위해서는 물리학, 화학, 지질학을 따로따로 알 것이 아니라 모두 다 알아야 한다고 생각했다. 당시는 원소 연구가 막 시작된 시절이었다. 주기율표에서 우라늄 너머의 불안정한 원소들, 이른바 초우라늄 원소들은 아직 발견되지도 않았다.

19세기 화학자들은 물질의 화학적 성질을 이해하는 일에서 장족의 발전을 이뤘다. 그 무렵에는 대부분 화학자가 ― 물질의 가장 기본적인 형태인 ― 원소는 더 쪼갤 수 없는 원자라는 단위로 이뤄진다는 이론을 믿었다. 서로 다른 원자는 서로 다른 화학적 성질을 띤다. 원자가 다른 원자들과 반응하고 결합해 분자를 이룸으로써 공기, 물, 금속, 광물, 단백질 같은 세상의 온갖 다양한 물질이 만들어지는 것이다. 분자 중에서도 가령 물 같은 분자는 형태가 단순하지만, 생명의 재료인 단백질 같은 분자는 엄청나게 복잡해서 원자 수백만 개로 이뤄지는 경우도 있다. 그야 어쨌든, 코스모스의 모든 물질은 궁극적으로는 겨우 몇십 가지의 기본 원소들이 다양한 방식과 개수로 결합해 만들어진다.

1860년대에 여러 과학자는 화학 원소들에 어떤 패턴이 있는지 찾아보기 시작했다. 러시아 화학자 드미트리 멘델레예프(Dmitri Mendeleev)도 그 중 한 명이었다. 멘델레예프는 원소들을 원자량 오름차순으로 정렬하면 자연스레 그 화학적 성질(반응성, 인화성, 독성 등등)이 비슷한 것들끼리 8개씩 묶이는 듯하다는 사실을 알아차렸다. 그 묶음들을 하나의 표에 배치했더니, 몇몇 줄에서 빈칸이 드러났다. 멘델레예프는 그 빈칸은 아직 발견되지 않은 원소의 자리일 것으로 추측했고, 그런 원소 중 여러 개의 화학적 성질을 그 원소가 채 발견되기도 전에 정확하게 예측해 냈다.

골트슈미트는 이 새로운 지식을 활용해서 자신만의 주기율표를 작성했다. 그의 주기율표는 오늘날까지 쓰인다. 하지만 골트슈미트에게 주기율표는 단순히 교실과 실험실 벽에 걸린 시대에 뒤떨어진 내용의 괘도를 대체할 물건만은 아니었다. 그는 주기율표를 통해서 어떻게 기본 원소들로부터 좀 더 복잡한 광물질과 결정이 형성되는지를 이해할 수 있었다. 그가 개량한 주기율표는 어떻게 기본 원소들로부터 지구의 가장 장엄한 지질 구조들, 이를테면 히말라야 산맥이나 도버 해협의 화이트 클리프나 미국의 그랜드 캐니언이 형성되는지를 알려주었다. 골트슈미트는 지구 화학의 기초를 발견해서, 우리에게 물질이 산맥으로 진화하는 과정을 이해시켜 준 것이다.

1929년, 그는 운명적인 결정을 내렸다. 독일 괴팅겐 대학교에서 오로지 그를 위해 지어 준 연구소로 옮기기로 했다. 동료들은 이후 몇 년 동안이 그의 인생에서 가장 행복한 시기였다고 회상했다. 그러나 1933년에 아돌프 히틀러(Adolf Hitler)가 권력을 잡으면서 그 행복은 끝났다.

골트슈미트는 유태인이었지만 종교를 믿지 않는 세속주의자였다. 하지만 히틀러가 그 상황을 바꿔 놓았다. 골트슈미트는 이제 자신도 괴팅겐의 유태인 공동체에 소속된 몸이라고 공공연히 밝혔다. 히틀러는 모든 사람에게 과

드미트리 멘델레예프는 1869년 2월에 쓴 이 메모에서 출발해 평생 원소 주기율표를 다듬었다. 그는 과학자들에게 놀라운 예측력까지 발휘하면서 물질을 이해할 수 있도록 해 주는 기본 틀을 제공했다.

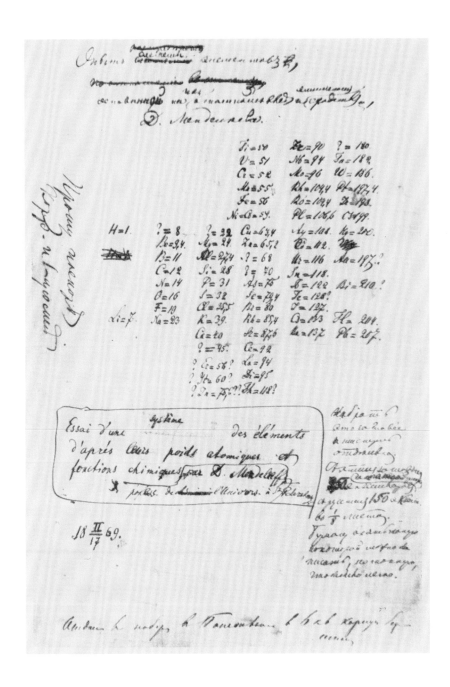

거 몇 세대 안에 유태인 선조가 있었다면 빠뜨리지 말고 다 기록할 것을 의무화했는데, 어떤 사람들은 유태인 할아버지가 있었어도 집단 수용소로 끌려갈까 봐 감추려고 했지만, 골트슈미트는 오히려 자신의 선조들은 **모두** 유태인이었다고 자랑스럽게 선언했다. 히틀러와 게슈타포(나치의 비밀 경찰) 창설자 헤르만 괴링(Hermann Göring)이 그 사실을 탐탁히 여길 리 없었다. 그들은 1935년에 골트슈미트에게 편지를 보내어 즉결 심판에 따라 그를 대학에서 해고한다고 알렸다. 골트슈미트는 맨몸으로 노르웨이로 도망쳤다.

골트슈미트는 태양계 형성 과정에서 남은 초록 보석, 즉 감람석 연구에 집중했다. 감람석이 고온을 잘 견딘다는 사실에 착안한 그는 그 물질이 생명 기원의 무대에서 한 역할을 맡았을지도 모른다는 가설을 제안했다. 연마해서 장신구로 만들었을 때는 페리도트(peridot)라고 불리는 귀금속 감람석을 다르게 활용할 방법도 생각해 냈다. 그는 감람석을 용광로와 가마 안을 대는 물질로 처음 활용했다. 감람석은 높은 열 저항성 덕분에 훗날 원자로와 로켓에도 쓰이게 되었다.

골트슈미트는 또 감람석이 코스모스에 널리 퍼져 있을지도 모른다는 생각을 떠올렸다. 이것은 우주 화학이라고 불릴 분야의 시작이었다. 하지만 당시 그에게는 좀 더 전통적이지만 훨씬 더 시급한 화학 작업이 있었다. 나치가 노르웨이를 쳐들어오기 전날, 골트슈미트는 보호복을 입고 사이안화물(청산가리) 캡슐을 몇 개 만들었다. 그리고 게슈타포가 잡으러 올 때를 대비해서 캡슐을 늘 몸에 숨겨 지니고 다녔다. 어느 동료가 그에게 자신도 하나 얻을 수 있겠느냐고 묻자, 골트슈미트는 이렇게 대답했다. "독약은 화학 교수를 위한 거라네. 자네는 물리학자니까 밧줄을 쓰게."

그리고 정말 게슈타포가 그를 찾아왔다. 1942년 어느 날 한밤중, 나치 친

생명의 기원과 화학적 진화에 결정적인 역할을
했을 것으로 여겨지는 광물질, 감람석.

위대가 문을 두드렸다. 골트슈미트는 캡슐을 주
머니에 챙겼다. 그는 우선 베르크 수용소로 보
내졌고, 그곳에서 아우슈비츠로 이송될 예정이
었다. 그가 특유의 무표정한 유머로 친구들에게 했던 말
을 빌리면, 아우슈비츠는 "썩 추천할 만한 곳은 못 되었다."

　쇠약하고 수척해진 그는 1,000명의 유태인들과 함께 부두에서 이송을
기다렸다. 그런데 그때, 나치 군인들이 그를 빼내려고 왔다. 군인들이 다가오
자 그는 주머니에 든 푸른 캡슐을 만지작거렸지만, 캡슐을 삼킬 기회는 앞으
로도 얼마든지 있다는 생각에 이번에는 운에 맡겨 보기로 했다.

　골트슈미트는 너무 중요한 과학자였기 때문에, 나치도 함부로 처형할 수
없었다. 대신 나치를 위해서 과학 활동을 한다는 조건으로 수용소 밖에서 살
수 있게 되었다. 그는 자신을 가둔 사람들에게는 없는 자신만의 이점인 과학
지식을 발휘할 기회로 여겼다. 애초에 가망 없는 과학적 활동으로 그들을 가
지고 놀았다. 존재하지도 않는 무슨 광물질을 찾아야 한다며 사람들을 잔뜩
내보냈고, 그 자원이 전쟁 승리에 결정적으로 이바지할 것처럼 믿게 했다. 그
의 계략은 언제라도 들킬 수 있었고, 들키면 그는 보나 마나 죽을 터였다.

　1942년 말, 노르웨이 레지스탕스가 골트슈미트의 위험한 상황을 알아차
렸다. 그들의 도움으로 골트슈미트는 밤중에 스웨덴 국경을 넘어 도망쳤다. 이
후 스웨덴에서 머물다가, 영국으로 옮겨서 연합국에 자신의 지식을 보탰다.
늘 쇠약했던 그는 전쟁 중 겪은 고초에서 회복하지 못했다. 빅토르 골트슈미

트는 1947년에 죽었다. 하지만 그는 말년에 논문을 한 편 썼다. 그가 지구의 생명 기원에 기여했을지도 모른다고 여긴 복잡한 유기 분자들에 관한 논문이 었다. 그 논문에 담긴 발상은 오늘날의 과학자들이 생명의 시작을 이해하는 데서 아직도 핵심적인 역할을 한다. 골트슈미트는 후대의 지구 화학자들이 자신을 그 분야의 창시자로 여기게 되리라는 사실을 전혀 몰랐다.

그의 마지막 바람 중에는 간단한 요청이 하나 있었다. 그는 자신의 유해 가 화장되기를 바랐다. 그리고 그 재를 그가 생명의 물질이라고 믿었던 물질 로 된 단지에 담아 주기를 바랐다. 사랑하는 감람석으로 된 단지에.

우주는 은하를 낳는다. 은하는 별을 낳는다. 별은 행성을 낳는다. 그렇다면 코스모스에는 사라진 생명의 도시들이 더 있을까? "꿈에서 책임이 시작된다."라는 문장은 아일랜드 시인 윌리엄 버틀러 예이츠(William Butler Yeats)가 처음 썼고, 델모어 슈워츠(Delmore Schwartz)의 단편 소설 제목으로 잘 알려져 있다. 나는 거의 평생 이 문장을 머릿속에서 되뇌었는데, 이 말은 특히 우리 은하에서 다른 가능한 세계들을 찾고자 하는 꿈에 꼭 들어맞는 말인 것 같다.

우리가 우주의 시민으로서 응당 치러야 할 세금이 있다. 우주를 여행하는 종으로서 우리가 방문할 다른 세계를 오염시킬지도 모른다는 문제, 거꾸로 외계의 밀항자를 지구로 가지고 들어와서 우리 세계를 오염시킬지도 모른다는 문제를 걱정해야 한다는 점이다.

스푸트니크 호의 충격이 가시지 않았던 1958년, 칼 세이건과 노벨상 수상자인 분자 생물학자 조슈아 레더버그(Joshua Lederberg)는 엄격한 행성

보호 규약을 국제법으로 제정해야 한다고 주장하기 시작했다. 그것은 주로 우리가 다른 세계들을 더럽히는 것을 막음으로써 그 세계들에서 생명의 기원이라는 문제를 해결할 단서를 찾을 수 있기를 바라는 마음에서였다. 하지만 세이건과 레더버그는 과거 유럽 인이 다른 대륙들을 정복했던 비극적 역사도 염두에 두고 있었다. 다른 과학자들은 일단 무조건 탐사해야 한다고 여겼기 때문에 두 사람의 걱정을 대수롭지 않게 보았지만, 결국 레더버그와 세이건을 지지하는 여론이 형성되었다. 그러나 NASA는 2005년 행성 보호 협약을 명문화하면서 다른 세계들이 아니라 탐사 임무를 중요시하는 방식을 채택했다. 다른 세계들을 — 더불어 우리 세계를 — 보호하는 것에 치중하기보다는 탐사 임무가 그곳에서의 생명 기원 연구를 얼마나 방해할 것인가 하는 점을 주로 고려해서 범주를 나누었다.

NASA는 크게 다섯 가지 범주를 두고, 범주마다 세세한 하위 범주를 또 두었다. 우리 달은 생명이 전혀 없으므로, "화학적 진화나 생명 기원 과정을 이해하는 문제에서 직접적인 관계가 없는" 장소로 분류되었다. 따라서 근접 비행이든, 궤도 선회든, 착륙이든 범주 1의 모든 임무를 수행해도 좋다고 여겨진다.

범주 2의 임무들은 생명 기원 문제에 "유의미한 관계"가 있는 세계를 대상으로 수행할 수 있는 활동들이다. 하지만 임무들의 속성상 해당 세계를 오염시킬 위험은 비교적 낮아서, 역시 어떤 종류의 활동이든 수행할 수 있다고 여겨진다. 지구 생명에게 적대적이기로 유명한 금성이 이 범주로 분류된다.

제한적 범주 5는 생명이 탈출의 명수라는 사실을 인정한 분류다. 이 범주는 생명이 시작되었을지도 모르는 세계, 즉 바닷속에 생명의 도시를 가지고 있거나 **한때 가지고 있었을지도 모르는** 세계를 대상으로 한 임무에 적용된다. 표본을 가지고 지구로 귀환하는 것을 목표로 한 임무도 여기 포함된다.

화성은 특수한 경우다. 화성 탐사 임무는 범주 5라는 고결한 지위를 가지고 있을 뿐만 아니라 여러 하위 범주도 가지고 있는데, NASA는 그런 임무에 대해 "지구 생명이 생존 가능할지도 모르는 천체를 대상으로 삼는 우주선은 엄격한 청소와 멸균 과정을 거쳐야 하고 활동에도 제약이 있어야 한다."라고 말한다. 하지만 어떻게 보면 우리가 내보낸 착륙선과 탐사선 같은 로봇 사절들이야말로 생명에게는 끊임없이 새 영토를 찾아 나서려는 충동이 있다는 사실을 잘 보여 주는 증거인지도 모른다.

NASA는 목성 궤도를 선회하며 다년간 정찰해 온 주노(Juno) 탐사선이 임무를 다 마친 뒤에는 그것을 목성 대기로 추락시킬 예정이다. (2021년으로 예정되어 있다. ─ 옮긴이) 주노는 대기와의 마찰로 환히 빛나다가 끝내 불덩어리가 되어 구름을 뚫고 깊은 망각 속에 빠질 것이다. NASA가 주노에게 자살 명령을 내리려는 것은 목성을 염려해서가 아니다. 인간의 우주선이 그 거대한 기체 행성에 대한 향후 조사를 훼방 놓을 가능성은 거의 없다. 혹시 지구에서 그곳까지 간 해로운 미생물이 있더라도, 목성 대기의 하강 기류에 빠지는 순간 인정사정없는 고온에 익어 버릴 것이다. 목성이 범주 2의 세계인 것은 그 때문이다. 하지만 목성의 79개 (그리고 지금도 계속 늘고 있는) 위성 중에는 제한적 범주 5의 세계가 있다. NASA는 주노가 혹시라도 그 세계와 충돌하는 일은 없기를 바란다. 태양계에 총 셋뿐인 제한적 범주 5 세계 중 하나는 유로파다.

목성에도 지구처럼 자기장이 있다. 우리도 전파로 관찰하면 볼 수 있다. 목성의 자기장은 지구보다 훨씬 더 강하고 부피도 100만 배 더 크다. 그 자기장은 태양풍의 하전 입자들을 가두는 거대한 덫이다. 목성 자기장도 지구 자기장처럼 그 하전 입자들을 북극과 남극으로 보내므로, 목성에서도 극지방에 기이하게 소용돌이치는 형광 오로라가 발생한다. 목성이 붙잡은 태양풍은 유로파로도 날려간다. 그래서 꼭 호랑이 발톱에 할퀴어진 것처럼 보이는 유로파 표면에도 태양풍이 감돈다.

목성은 우리 하늘을 지배하는 행성이다. 행성들의 왕으로부터 그렇게 가까이 살아가는 작은 유로파와 다른 위성들의 처지는 과연 어떨까? 거대한 목성이 엄청난 중력으로 유로파를 붙잡고 있어서, 유로파는 40억 년의 역사 동안 단 한 번도 목성으로부터 얼굴을 돌리지 못했다. 유로파를 붙잡은 목성의 힘은 유로파의 피부가 뜯겨나갈 정도로 강하다. 유로파 표면에 길쭉길쭉하게 난 상처를 뜻하는 선(lineae)은 폭이 19킬로미터, 길이가 1,500킬로미터나 되는 것도 있다. 선들은 눈에 띌 만큼 위로 솟았다가 도로 꺼졌다가 한다. 땅이 삐걱거리는 소리마저 들릴 듯하다.

이처럼 천체가 중력에 괴롭힘당하는 현상을 조석 유동(tidal flexing)이라고 부르는데, 유로파를 괴롭히는 범인이 목성만은 아니다. 유로파의 이웃 위성들도 유로파를 잡아당긴다. 유로파 표면에서 가장 두꺼운 부분은 유로파가 목성을 공전하는 데 걸리는 시간인 3.5일을 주기로 최대 30미터나 치솟는다. 유로파는 태양의 온기로부터 8억 킬로미터 떨어져 있다. 지구보다 5배 먼 거리다. 하지만 조석 유동 덕분에 유로파의 내부는 훈훈하다. 유로파가 제한적 범주 5의 세계인 것이 이 때문이다. 그 엉클어진 표면 밑에는 지구의 가장 깊은 바다보다 10배 더 깊은 바다가 있다.

우리가 유로파의 선 중 하나로 뛰어든다고 상상해 보자. 그 밑의 바다로 잠수해, 그곳에서 누가 헤엄치고 있는지 살펴본다고 상상해 보자. 그런 탐사는 충분히 가능하고, 과학자들은 NASA에 건의하고 있다. 우주선은 빠르게 하강해, 좁은 크레바스의 새파란 얼음벽 사이로 몇 킬로미터나 떨어진 뒤, 넓

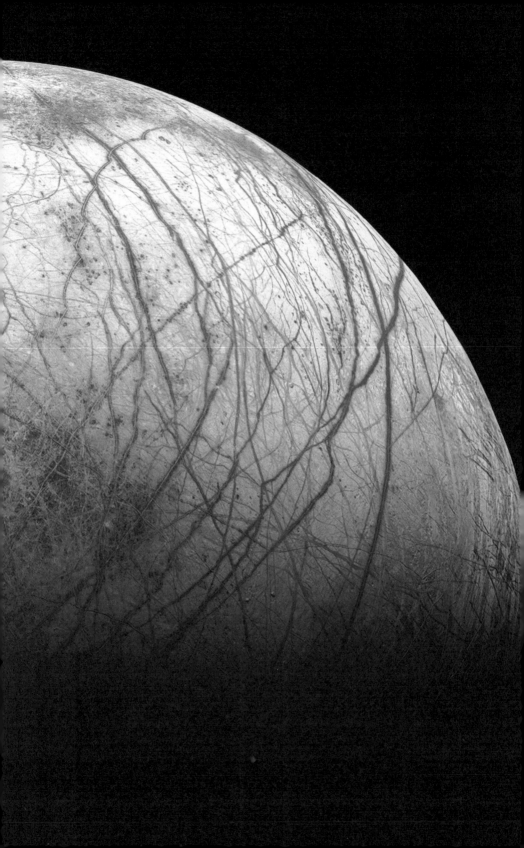

은 바다에 풍덩 빠질 것이다. 그러고는 지구에 있는 우리에게 사진과 데이터를 보내올 것이다.

그러면 우리 태양계에 있는 마지막 세 번째 제한적 범주 5의 세계는 어디일까?

토성은 아니다. 지구 생명이 토성 대기의 구름 띠를 통과한다고 해도 살아남을 가능성은 없다. 최상층 구름은 거의 암모니아 얼음으로 이뤄져 있기 때문이다. 그래서 토성은 범주 2의 세계다. 그리고 그 밑에는 수증기층이 있다. 토성 내부는 뜨겁다. 먼 태양에서 받는 열보다 2배 더 많은 열을 방출한다.

토성의 위성인 타이탄도 범주 2의 세계다. 역시 토성처럼, 타이탄도 어쩌면 그곳에 있을지도 모르는 생명을 우리가 훼방 놓을 가능성은 지극히 낮다. 물론 타이탄의 생명이 우리 상상보다 훨씬 더 기묘할 가능성은 배제할 수 없지만, 그렇더라도 지구 생명이 그것에 해를 끼칠 확률은 거의 없어 보인다.

하지만 토성의 62개 위성 중 다른 하나는 제한적 범주 5의 세계다. 그리고 그 위성은 우리가 본 다른 어떤 위성들과도 다르다. 남반구 전체에서 푸른 물질이 커튼처럼 나부끼며 흘러나와서 토성의 가장 바깥쪽 고리를 형성하는 재료를 대주기 때문이다. 이 위성을 발견한 사람은 우주의 가장 먼 바다를 처음 관찰한 사람이었다.

목성의 위성 유로파의 어지러운 표면. NASA의 갈릴레오 탐사선이 관측한 모습이다.
빨갛게 강조된 부분은 표면에 있는 선(갈라진 틈이다.)으로
그 밑에는 방대한 바다가 숨어 있다.

윌리엄 허셜(William Herschel)은 1739년 독일에서 태어나서 영국으로 이주한 음악가 겸 천문학자였다. 그는 1781년에 천왕성을 발견하고는 자신이 모시는 군주인 조지 3세(George III)를 기념해 '조지'라는 이름을 행성에 붙였다. 이 이름은 살아남지 못했지만, 헌정에 흡족했던 왕은 윈저 성에서 내다보이는 동네인 슬라우에 허셜만을 위한 세계 최대의 망원경을 짓도록 자금을 내주었다.

고향 하노버에서는 허셜의 여동생 캐롤라인 허셜(Caroline Herschel)이 자신의 인생에서 가장 중요한 인물이 될 오빠로부터 영국 배스로 건너오라는 연락이 오기만을 손꼽아 기다리고 있었다. 처음에 남매는 함께 음악가로 활동했지만, 나중에는 천문학자로 더 큰 명성을 얻었다. 캐롤라인은 영국 정부로부터 보수를 받고 공식적인 지위를 얻은 최초의 여성이었다. 과학자로 보수를 받은 여성으로는 세계 최초였다. 캐롤라인은 키가 130센티미터밖에 되지 않았다. 열 살 때 티푸스에 걸려서 왼쪽 눈 시력을 좀 잃었고, 성장도 멎었다. 그래도 그녀는 시대의 한계에 도전했다. 어느 정도까지는.

캐롤라인은 중요한 천문학적 발견을 많이 해냈다. 그리고 그 결과를 『성운 및 성단 목록(*Catalogue of Nebulae and Clusters of Stars*)』이라는 책자로 발표했다. 하지만 책에는 오빠 윌리엄의 이름을 내세웠다. 아쉬운 일이지만, 1802년이었으니까 이해할 만도 하다. 윌리엄의 아들이자 캐롤라인의 조카인 존 허셜(John Herschel)은 자라서 고모의 목록을 더 확장했고, 책은 『신판 일반 목록(*New General Catalogue*)』(약자 NGC)이라는 새 이름을 갖게 되었다. 요즘도 NGC 숫자로 이름 불리는 천체들이 많다.

윌리엄 허셜은 토성의 새 위성을 발견한 뒤 그것을 "토성 II(Saturn II)"라고 불렀다. (작명에는 영 솜씨가 없었던 모양이다.) 그랬다가 아들 존 허셜에게 새로운 세계에 이름을 붙일 영예를 주었고, 존은 그리스 신화에서 가이아(Gaia, 땅)와 우라노스(Uranus, 하늘)의 아들이자 우주의 통제권을 놓고 아테나 여신과 웅대한 싸움을 벌였던 거인 엔켈라두스(Enceladus)의 이름을 따왔다. 마지막 범주 5의 세계인 엔켈라두스는 태양계에서 반사도가 가장 높은 천체 중 하나다. 표면은 대체로 매끄럽지만, 띄엄띄엄 크레이터가 파여 있다. 우리가 이 사실을 아는 것은 NASA의 보이저 2호 덕분이다.

지구의 경우, 우주 생물학자가 아니라도 누구나 딱 보면 지천에 생명이 산다는 사실을 알 수 있을 것이다. 앞에서 말했듯이, 생명은 온 지구를 거의 한 뼘도 빼놓지 않고 속속들이 바꿔 놓았다. 지구가 제한적 범주 5의 세계라는 사실은 우주를 여행할 줄 알고 생명을 존중하는 모든 외계 문명들의 눈에 명백할 것이다. 반면 엔켈라두스의 비밀은 깊숙이 감춰져 있다.

엔켈라두스의 적도 남쪽으로는 높이가 수백 킬로미터나 되는 얼음과 수증기의 새파란 탑들 꼭대기가 보인다. 지구에서 보낸 로봇 우주선이 그 간헐천의 커튼을 누비고 들어가서 카메라로 우리에게도 그 모습을 보여 준다고 상상해 보자. 엔켈라두스 표면에서 치솟는 얼음과 수증기의 간헐천은 시속 2,000킬로미터로 솟구친다. 물줄기의 압력이 어찌나 센지, 위성 표면을 가르고 공중으로 몇 킬로미터나 솟구친다. 엔켈라두스가 내뿜은 이 물질은 토성의 가장 바깥쪽 고리인 E 고리를 구성하는 재료가 된다. 하지만 엔켈라두스에는 물 외에 질소, 암모니아, 메테인도 있다. 그리고 메테인이 있는 곳에는 감람석도 있을지 모른다.

엔켈라두스는 약 1억 년 이상 이렇게 존재해 왔고, 앞으로도 90억 년 더 이렇게 물을 뿜어낼 수 있다. 그 많은 물은 다 어디서 나올까?

엔켈라두스의 암석 핵 겉에는 위성 전체를 뒤덮은 푸른 바다가 있고, 그

「코스모스」의 '상상의 우주선'이 내는 빛이 토성의 위성 엔켈라두스의
바다 밑에 있을 듯한 광물질 탑들을 밝히고 있다.

겉을 다시 얼음이 감싸고 있다. 얼음은 남반구에서 얇다. 가장 얇은 곳에서는
두께가 약 3킬로미터에 불과하다. 우리가 엔켈라두스의 바다로 접근하기에
알맞은 지점은 그런 곳이다. 위성 전체를 덮은 바다, 미친 듯이 펄럭이는 커튼
같은 간헐천들, 눈으로 덮인 이상한 표면……, 이것은 모두 사실이다. 카시니
탐사선이 여러 차례 보내온 관찰 결과에 따르면, 엔켈라두스에서는 분명 그런
광경이 우리를 기다린다.

하지만 우리가 그 위성으로 깊이 잠수해 들어갔을 때 보게 될 광경은 과

연 어떨까? 우주선은 우선 뜨거운 안개를 뚫고 내려간 뒤, 칠흑처럼 캄캄한 데다가 엔켈라두스의 내부 열이 발생시킨 증기가 자욱한 크레바스에 다다를 것이다. 물이 진공으로 분출되면 증기가 되기 때문이다. 크레바스 속으로 더 깊이 내려간 우주선은 이윽고 바다에 다다를 것이다. 바다 표면에는 거대한 천장처럼 얼음이 덮여 있을 가능성이 크고, 그 위에 붉은색과 초록색 유기물 이 더껑이처럼 얇게 깔려 있을지도 모른다.

그 더껑이가 바로 생명의 재료인 유기 분자들이다. 그러면 보다 더 깊은 곳에는 무엇이 있을까? 엔켈라두스의 바다는 지구 바다보다 약 10배 더 깊다. 그 바닷물을 강력한 현미경으로 살펴보면, 탄소와 수소로 구성된 작은 유기 분자들이 있을지도 모른다. 만약 그런 분자들이 흔하다면, 생명이 존재할 전 망이 아주 밝다. 어쩌면 엔켈라두스 해저에도 생명의 도시가 있을지 모른다. 만약 있다면, 그 탑들은 우리 탑들보다 더 높을 것이다. 엔켈라두스는 중력이 지구보다 훨씬 약하기 때문이다. 하지만 해류가 거세어서 탑들이 넘어질지도 모른다. 그곳에도 사문석화한 바위와 빅토르 골트슈미트의 감람석이 있을까? 그곳 바위에도 생명이 깃들 공간이 있었을까? 있었더라도, 생명이 정착할 만 큼 충분한 시간이 있었을까?

인간은 스스로를 특별한 존재로 여긴다. 우리가 우주에서 가장 중요한 존재라고 여긴다. 하지만 그런 우리도 아마 지구 화학적 힘들의 부산물에 지 나지 않을 것이다. 그리고 그 힘들은 코스모스 곳곳에서 발휘되고 있다. 은하 는 별을 낳고, 별은 행성을 낳는다. 어쩌면 그 행성과 위성은 자연히 생명을 낳 을지도 모른다.

그렇다면 생명은 덜 경이로운 것이 될까? 아니면 오히려 더 경이로운 것 이 될까?

4장

바빌로프

여기서 가장 아름다운 아가씨들은
사형 집행인과 결혼할 영예를 얻으려고 애쓴다.
여기서 의로운 사람은 한밤에 고문 당하고,
꼿꼿한 사람은 굶주림에 무릎 꺾인다.

— 안나 아흐마토바(Anna Akhmatova)

철학은 내일의 양심, 미래에의 헌신,
희망의 지식을 가질 것이다.
그러지 않고서는 아무 지식도 갖지 못할 것이다.

— 에른스트 블로흐(Ernst Bloch),
『희망의 원리(*The Principle Of Hope*)』에서

이슬이 밀 새싹에 보석처럼 걸렸다.

하고많은 강대한 문명들이 기근에 무릎 꿇었다. 마야 문명, 이집트 고왕국, 13세기 북아메리카 남서부의 아나사지 문명, ……. 킨샤사부터 베이징까지 어디에서든, 그리고 어느 시대든 인간으로 산다는 것은 굶주림의 고통을 안다는 뜻이었다.

우리가 인간으로 존재했던 첫 20만 년 동안, 우리는 별 아래를 떠도는 방랑자였다. 채집한 야생 식물과 사냥한 야생 동물을 먹고살았다. 그러다 1만 년 전 혹은 1만 2000년 전에 선조들은 채집한 식물 안에 또 다른 식물을 만들어 내는 수단, 즉 씨앗이 들어 있다는 것을 깨달았다. 이 발견은 우리 종이 내린 가장 운명적인 선택으로 이어졌다. 우리는 예전처럼 계속 작은 무리로 방랑하면서 야생 동물을 따라다니고 숲에서 먹을 것을 찾을 수도 있었지만, 그러지 않고 숲에서 우리를 따라다니면서 우리가 소화하지 못해 남긴 것을 먹고살았던 돼지 같은 동물을 길들일 수도 있었다. 그리고 한곳에 정착해 밀, 보리, 렌틸콩, 완두콩, 아마 같은 작물을 기를 수 있었다. 그러려면 약간의 희

이집트 신왕국 시절(기원전 1539?~1075?년)의 벽화.
아래에서 위로 밀을 씨 뿌리는 모습, 추수하는 모습, 타작하는 모습이 묘사되어 있다.
파라오의 곡물 회계관이었던 운수(Unsu)라는 사람의 묘를 장식하는 그림이다.

생을 해야 했다. 한참 뒤에야 얻을 수 있는 보상을 위해서 오랜 시간 집약적으로 노동해야 했다. 우리는 미래를 위해 살기 시작했다.

물론, 방랑이냐 정착이냐 하는 선택이 한순간에 내려지지는 않았다. 여러 세대에 걸쳐 내려졌다. 지금 우리에게는 수렵 채집인이었던 과거가 까마득하게 멀리 있는 일로 느껴지지만, 우주의 방대한 시간 규모로 보면 우주력에서 지금 이 시점으로부터 불과 30초 전도 안 되는 때였다. 우리 선조들이 동식물을 길들이기 시작한 시점은 우주력으로 25초 전도 안 되는 약 1만 년 전이었다. 식량 생산 방식의 변화는 우리와 자연의 관계를 결정적으로 바꿔 놓았다. 그전까지 인간은 자신을 새나 사자나 나무와 같은 자연의 한 구성원으로 여겼다. 하지만 이제 인간은 자신을 지구의 나머지 생명과는 다르게 창조된 존재로 여기게 되었다.

역사상 처음으로 방랑자들은 정착했고, 가축을 길들였고, 다량의 식량을 저장했다. 그 덕분에 남는 시간에는 쉼 없이 영양가 있는 식량을 찾아 돌아다니는 일 외의 다른 일을 할 수 있게 되었다. 감히 더 먼 미래를 내다보게 되었다. 한 계절 이상을 날 건물을 짓기 시작했다. 어떤 건물은 어찌나 잘 지어졌는지, 1만 년 가까이 지난 지금까지 건재하다.

예리코의 탑(Tower of Jericho)은 세상에서 가장 오래된 계단을 갖춘 탑이다. 얼마나 오래되었을까? 이집트에서 첫 피라미드가 지어졌을 때 예리코의 탑은 이미 5,000년 된 건물이었다. 너무 오래되었기 때문에, 땅이 거의 눈에 띄지 않을 만큼 서서히 탑을 통째 삼켜 버릴 수천 년의 시간이 있었다. 모두

22개의 계단을 밟고 올라가면 탑의 꼭대기에 도달하는데, 한때 요르단 강과 주변 지역을 굽어보는 최고의 전망을 제공했을 탑의 꼭대기는 지금 땅속 깊숙이 있다.

그 탑은 침입자들로부터 도시를 지키는 망루였을까? 아니면 그냥 별에 더 가까이 다가가는 방법이었을까? 탑을 짓는 데는 1만 1000일의 노동 시간이 필요했으니, 그 구조물은 농업으로 잉여 식량을 확보한 사회만이 지을 수 있는 것이었다. 그 탑을 오르는 것은 앞선 300세대의 발자국을 따라 밟는 일이다. 방랑 생활을 접은 지 얼마 되지 않는 사람들이 인간의 시간 규모에서는 영원이나 다름없는 세월을 견디는 무언가를 만들었다는 사실이 놀랍지 않은가? 술탄 시대(Sultanian period)라고도 불리는 그 문화의 건설자들이 정확히 어떤 사람들이었는지는 아직 수수께끼로 남아 있다.

차탈회위크 사람들처럼, 예리코의 탑을 지었던 사람들은 망자의 유해를 쉽게 접근할 수 있도록 거실 바닥에 묻었다. 또 망자의 해골에 석회를 붙여서 얼굴을 재건하는가 하면, 조가비를 붙여서 앞을 못 보는 눈을 만들어 주고 조약돌을 붙여서 핼러윈의 호박 조각처럼 웃는 이를 만들어 주었다. 무슨 의도였을까? 그런 해골은 숭배의 대상이었을까, 예술 작품이었을까? 아니면 소유권이라는 새로운 개념을 주장하는 증거였을까? 재건된 얼굴은 "내 조상이 이 땅을 지키다가 여기서 죽었으니 이 땅은 내 것이다." 하는 주장을 뒷받침하는 증거였을까? 머리뼈가 최초의 소유권 증거였을지도 모른다는 가설은 부동산이란 것이 처음부터 인간에게 본능적인 문제였음을 보여 주는 듯하다. 세상에 주인 없는 땅이 지천으로 널린 것 같았을 듯한 시절에도 그랬다.

예리코와 차탈회위크는 인류 역사에서 거의 비슷한 시기에 번성했다. 하지만 증거에 따르면, 예리코 사람들은 차탈회위크 사람들이 아직 겪지 않았던 위험을 겪었다. 많은 인구가 밀집해서 살다 보니, 전염병이 돌기 쉬웠다. 추수와 성벽과 함께 족쇄도 등장했다. 새로운 생활 양식은 계급 투쟁과 성차별을 심화시켰다. 노예와 힘없는 사람들은 영양 상태가 부실했다. 그들의 뼈와 이를 과학 수사 기법으로 조사해 본 결과는 당시 불평등이 심해지고 있었음을 알려준다. 식물, 곤충, 새, 기타 동물로 풍성하고 다양하게 먹던 수렵 채집인의 식단이 몇 가지 안 되는 탄수화물 작물로 거의 대체되었다.

그리고 비가 오지 않거나, 메뚜기 떼가 쓸고 지나가거나, 작물이 곰팡이에 감염되면 수많은 사람이 굶주렸다. 기근이었다. 가끔은 지구 반대편에서 발생해 그 피해자들은 알지도 못하는 사건 때문에 기근이 발생하기도 했다. 1600년 2월 19일 오후 5시, 페루 남부에서 후아이나푸티나(Huaynaputina) 화산이 폭발했다. 돌덩이, 기체, 먼지가 하늘로 치솟아 거대한 연기 기둥을 이뤘다. 역사 기록상 남아메리카 최대의 분화였다. 연기 기둥은 대기를 뚫고 솟았다. 대류권을 뚫고, 성층권을 뚫고, 검푸르다 못해 거의 캄캄한 중간권까지 도달하고서야 비로소 땅으로 떨어졌다. 황산과 화산재가 섞인 불쾌한 연기가 햇빛을 차단했다. 겨울이 왔다. **화산성 겨울**(volcanic winter)이었다.

그해 러시아 사람들은 600년 만에 최고로 가혹한 겨울 날씨를 맞았다. 이후 2년 동안 여름에도 밤에는 기온이 영하로 떨어졌다. 러시아 인구의 3분의 1이었던 200만 명이 이상 기온으로 인한 기근으로 죽었다. 누더기로 얼굴을 동여맨 사람들은 덜덜 떨면서 거대한 구덩이를 파서 시체들을 한데 묻었다. 이 기근은 황제 보리스 고두노프(Boris Godunov)의 실각으로 이어졌다. 모두 1만 3000킬로미터 떨어진 페루에서 분화한 화산 때문이었다. 지구가 하나의 유기체라는 말을 공허한 감상주의로 여기는 사람들이 많지만, 이것은 엄연한 과학적 사실이다.

1600년 지구 반대편 페루에서 분화한 후아이나푸티나 화산으로 말미암은 기근으로
고통 받는 러시아 백성들의 모습. 니콜라이 카람진(Nikolay Karamzin)의
12권짜리 『러시아 국가사(*History of the Russian State*)』에 실린 1836년 삽화다.

18세기 인도에서는 가뭄과 영국 식민 정부의 실정이 야기한 기근으로
1000만 명이 죽었다. 19세기 중국에서는 여러 기근으로 1억 명이 넘게 죽었
다. (우리에게는 가장 가까운 은하까지의 거리만큼이나 도무지 파악이 안 되는 숫
자다.) 역시 대영제국 식민 정부의 실정으로 벌어졌던 아일랜드 대기근에서
는 100만 명이 굶어 죽었고, 200만 명은 목숨을 부지하고자 나라를 떠났다.
1877년 브라질의 가뭄과 역병도 비슷한 규모였다. 어느 주에서는 굶주림과

영양 부실 상태의 사람들을 공격하는 기회 감염 때문에 인구의 과반이 죽었다. 20세기 아프리카에서 에티오피아, 르완다, 사헬 지대를 초토화했던 기근의 사망자 수는 집계조차 되지 않는다.

인류가 기록을 작성한 이래 2,000년 동안, 어느 시점이든 지구 어딘가에서는 반드시 대규모로 굶주리는 인구가 있었다. 놀라운 발견을 이루고 고도로 발전한 기술을 갖춘 현대 과학 혁명은 우리에게 인간의 삶을 개선할 수 있을지도 모른다는 희망을 주었다. 농업도 과학이 될 수 있을까? 아이작 뉴턴의 중력 법칙처럼 믿을 만한 예측력을 갖춘 교배 법칙이 가능할까? 가뭄과 병충해를 견디는 품종을 지속적으로 생산해 낼 수 있을까?

과거 수천 년 동안, 농부들과 목동들은 유난히 튼튼한 개체들을 따로 골라 교배시키면 더 성공적인 후손을 얻을 수 있다는 사실을 알았다. 이것이 곧 인위 선택(artificial selection)이다. 하지만 그런 특징이 후세대로 어떻게 전달되는가 하는 메커니즘은 철저한 수수께끼였다. 찰스 로버트 다윈(Charles Robert Darwin)이 모든 생명은 자연 선택으로 진화한다는 사실을 밝힌 뒤에도 사정은 마찬가지였다.

다윈이 『종의 기원(On the Origin of Species)』을 발표해 세상에 깨우침과 분노를 동시에 안겼던 1859년, 오늘날의 체코 브르노에 해당하는 시골의 성 토마스 수도원에서 한 수도사는 과학 교사가 되려고 애쓰고 있었다. 그레고어 멘델(Gregor Mendel)은 자격 시험에 두 번 다 떨어졌다. 그가 할 수 있는 일은 보조 교사뿐이었다. 그래서 그는 여유 시간에 완두콩을 연구하기 시작했다. 수만 줄기를 길러서 일일이 키를 재고, 꼬투리와 씨앗과 꽃의 형태와 색깔을 조사했다. 텃밭이 무성해지자, 그는 식물 하나하나의 성장을 충실하게 스케치하고 기록했다. 그는 키 큰 식물과 키 작은 식물, 초록색 콩과 노란색 콩을 교배했을 때 어떤 결과를 얻을지를 예측할 수 있는 이론을 찾고 있었다.

멘델은 초록색 콩 식물과 노란색 콩 식물을 교배시킬 경우 다음 세대에서는 늘 노란색 콩만 나온다는 사실을 확인했다. 당시에는 아직 노란색이 초록색보다 강한 힘을 발휘하는 현상을 가리키는 용어가 없었는데, 멘델이 지어냈다. 그는 그 특질을 "우성(優性, dominant)"이라고 불렀다. 그리고 기쁘게도 그다음 세대에서는 어떤 색깔의 콩이 나올지 예측할 수 있음을 발견했다. 만약 처음 세 꼬투리가 전부 노란색 콩이었다면, 네 번째는 까보나 마나 초록색 콩이었다.

즉 그 세대에서는 전체 콩의 4분의 1이 초록색이 되었다. 멘델은 이렇게 다음 세대에서는 숨어 있다가 그다음 세대에서 나타나는 특질을 "열성(劣性, recessive)"이라고 불렀다. 그런 특징을 일으키는 어떤 요인이 — 멘델은 이 요인을 "인자(因子, factor)"라고 불렀다. — 식물 안에 숨어 있는 것이다. 게다가 그 인자는 어떤 법칙에 따라 작동했고, 멘델은 뉴턴이 중력을 기술했던 것처럼 단순한 방정식으로 그 법칙을 기술할 수 있었다. 생명의 메시지가 세대에서 세대로 전달되는 방식을 다스리는 법칙이 존재한다는 말이었다. 보조 교사는 새로운 과학 분야를 창설한 셈이었지만, 이후 35년 동안 아무도 그 사실을 몰랐다.

멘델은 실험 결과를 기록한 논문을 생전에 딱 한 편 발표했다. 훗날 세상이 자신을 과학사의 거인으로 여기게 되리라는 사실을 전혀 모르는 채 죽었다. 그의 연구는 1900년에야 재발견되었다. 그 내용을 누구보다 열렬히 옹호

실패한 보조 교사였던 그레고어 멘델은 완두콩을 연구해 유전의 숨은 암호를 알아냈다.

했던 사람 중 하나는 영국 동물학자 윌리엄 베이트슨(William Bateson)이었
다. 베이트슨은 동료들과 함께 멘델의 방정식을 활용해 새로운 동식물 품종
을 개발하는 일에 매달렸다. 멘델이 인자라고 불렀던 것에는 유전자(遺傳子,
gene)라는 새 이름이 주어졌다. 이 새로운 과학에 유전학(genetics)이라는
이름을 붙인 사람도 바로 베이트슨이었다.

　　베이트슨은 과학과 자유가 불가분의 관계라고 믿었다. 그가 사우스
런던의 머튼 구에 있던 존 이네스 원예 연구소(John Innes Horticultural
Institution)에서 실험실을 운영하면서 주로 케임브리지 대학교 뉴넘 칼리지

의 여성 과학자들과 협업했던 것도 그 때문이었다. 그 연구원 중에는 러시아에서 방문 연구원으로 와 있는 젊은 식물학자가 한 명 있었다. 그는 과학으로 더 이상 누구도 굶어 죽지 않고 더 이상 기근이 없는 세상을 만들 수 있으리라는 꿈을 품은 사람이었다.

니콜라이 이바노비치 바빌로프(Nikolay Ivanovich Vavilov)는 1887년에 태어났다. 그의 부모는 이미 가난을 벗어나려는 투쟁에서 승리한 사람들이었다. 아버지는 부유한 직물 상인으로 모스크바에 멋진 저택을 소유했다. 가족은 러시아를 쉼 없이 휩쓴 가뭄과 기근으로부터 아늑하게 격리되어 살았다. 하지만 조숙한 아이였던 네 살 니콜라이는 그 저택 창문으로 밖에서 벌어지는 소름 끼치는 사건들을 목격했을지도 모른다. 세상의 절박한 풍경이 어린 그의 영혼에 상처를 남기고 그의 운명을 결정지었는지도 모른다.

1891년에는 한파가 일찍 닥쳐서 흉작이었다. 수백만 명이 굶주리는데도, 부유한 러시아 상인들은 계속 곡물을 수출해 돈을 벌었다. 황제 알렉산드르 3세(Aleksandr III)의 대응은 느렸다. 그가 굶주리는 백성들에게 줄 수 있는 것은 이끼, 잡초, 나무껍질, 호밀 껍질을 섞은 비참한 물건인 '기근 빵(famine bread)'이 고작이었다. 니콜라이는 창밖으로 모스크바의 광장에서 황제의 군인들이 오들오들 떠는 시민들에게 기근 빵을 나눠주는 모습, 사람들이 먹을 만하지도 않은 그 배급품을 받으려고 절박하게 다투는 모습을 보았을지도 모른다. 그해 겨울에 러시아에서는 50만 명이 죽었다. 대부분은 굶어서 쇠약해진 사람을 손쉬운 희생자로 삼는 콜레라 같은 기회 감염 질병 때문이었다. 그

동안 귀족들과 부자들은 털끝 하나 다치지 않았고, 프랑스 남부에서 사들인 신선한 딸기와 영국에서 사들인 클로티드 크림(clotted cream)으로 만찬을 즐겼다. 많은 역사가가 이 기근을 26년 뒤 러시아 혁명으로 이어지는 기나긴 도화선에 불을 붙인 사건으로 본다.

니콜라이에게는 형제가 셋 있었다. 세 명 다 과학에 소질이 있었다. 남동생 세르게이(Sergei)는 훗날 저명한 물리학자가 되었다. 누나 알렉산드라(Alexandra)는 의사가 되었고, 여동생 리디아(Lydia)는 미생물학을 공부했지만, 천연두로 죽었다. 두 형제가 폭정을 대하는 태도가 얼마나 달랐는지 보여 주는 사춘기 시절의 일화가 있다. 어느 날 두 아들이 저지른 10대다운 말썽에 아버지가 화났다. 아버지는 연극적으로 벨트를 끄르면서 아들들에게 위층으로 올라와서 매를 맞으라고 했다. 세르게이는 작은 장식용 방석을 바지 궁둥이에 슬쩍 집어넣고 올라갔다. 니콜라이는 동생이 가짜로 지르는 비명을 들으면서 3층의 열린 창문 앞으로 갔다. 그러고는 아버지가 다가오자 외쳤다. "가까이 오시면 뛰어내릴 거예요!"

니콜라이가 어른이 되어 가던 1911년 무렵, 러시아는 낙후된 농업 기법을 쓰고 있었음에도 세계 최대의 곡물 수출국이었다. 어떻게 하면 국가의 농업을 현대화할 수 있을까 하는 난상 토론이 활발했다. 당시 러시아에서 과학자들이 신생 유전학으로 식량 생산 현대화를 꾀할 수 있는 곳은 페트롭스키 농업 학교(Petrovsky Agricultural Academy)뿐이었다. 바빌로프는 그곳에서 공부해 식물학자가 되기로 결심했다. 그는 농부들이 체득해 온 경험과 여러 세대에 걸쳐 면면히 전수된 지식을 존중했다. 다만 그 농부들에게 과학의 예측력을 쥐어 주고 싶었다. 농부들은 어떤 특질이 우성일지 혹은 열성일지 미리 알지 못했다. 따라서 농업으로 룰렛을 하는 셈이었고, 그 결과는 당연히 보통의 도박꾼만큼만 성공적이었다.

바빌로프는 멘델의 방정식으로 그 도박의 확률을 알 수 있었다. 공이 어떤 숫자에 떨어질지 미리 알 수 있었다. 멘델이 자신의 발상을 수학적으로 표현한 순간, 농업은 과학이 되었다. 바빌로프는 과학적 접근법만이 세계를 효율적으로 먹일 희망이라고 열렬히 믿었다. 페트롭스키 농업 학교의 친구들은 훗날 바빌로프가 점심 시간에 벌어진 토론에 하도 열중해서 디저트를 먼저 먹는가 하면 기르던 도마뱀이 가슴 주머니를 빠져나와 그의 목을 기어오를 때 부드러운 손길로 녀석을 움켜쥐고는 했던 일을 회상했는데, 그는 손수건으로 도마뱀을 부드럽게 감싸서 주머니에 도로 넣으면서도 하던 말을 한마디도 놓치지 않았다고 한다.

바빌로프가 과학자로 훈련받던 시절, 어떤 교수들은 18세기의 영웅적 군인이자 선구적 생물학자였던 장바티스트 라마르크(Jean-Baptiste Lamarck)의 이론을 여전히 믿었다. 역사는 때로 누구를 어떻게 기억할 것인가 하는 점에서 잔인하다. 가엾은 라마르크는 생물학에 중요한 기여를 잔뜩 남겼고, 10대 시절에 이미 놀라운 영웅 행위를 선보였음에도, 결국 틀린 생각을 주장했던 일로 가장 널리 기억된다.

1760년에 아버지가 죽자, 라마르크는 말을 사서 프랑스를 가로지른 뒤 오늘날의 독일 지역에서 벌어지던 프로이센 군대와의 전투에 참전했다. 자원 입대한 그는 전장에서 놀라운 용기로 이름을 날렸지만, 전우와 장난하다가 그만 군인 경력을 접을 수밖에 없는 부상을 입었다. 그 후 그는 모나코에서 요양하던 중 우연히 식물학 책을 집어 들었고, 진정한 열정의 대상을 발견했다.

라마르크는 생명이 우리가 이해할 수 있는 자연 법칙에 따라 진화했다고 믿은 선구자 중 한 명이었다. 수천 종의 동식물을 명명하고 분류해서, 과학이 쓰는 생명의 책에 보탰다. 곤충과 거미가 같은 과라는 오래된 오해를 바로잡았고, "무척추동물(invertebrates)"이라는 용어를 만들었다. 과학사의 명예의 전당에 오르고도 남는 그의 업적은 자연을 신비화했던 이전 세대와 과학으로 자연을 탈신비화했던 이후 세대를 잇는 중요한 가교였다. 오늘날 그의 통찰 중 일부가 재평가되고 있기는 하지만, 아직도 누군가 그의 이름을 기억이라도 한다면 그것은 틀린 생각의 대명사처럼 되어 버린 그의 생각, 즉 동식물 개체가 생애 중에 획득한 형질이 후손에게 전수된다는 생각을 떠올려서일 것이다. 이것은 만약 기린이 나무 꼭대기에 닿으려고 목을 자꾸 빼다가 목이 길어지면 그 후손도 길어진 목을 '물려받는다는' 생각이었다.

라마르크, 다윈, 멘델은 우리가 생명의 메시지와 오류를 전달하는 숨겨진 수단인 유전자를 발견할 수 있는 새로운 과학의 기틀을 마련해 주었다. 바빌로프는 그들의 연구를 바탕으로 밀, 쌀, 땅콩, 감자 같은 주요 식용 식물들의 미래를 우리가 만들어 낼 수 있다는 꿈을 꾸었다. 바빌로프와 베이트슨 등은 이 새로운 지식을 적용해 예리코 이래 인류가 겪어 온 문제를 해결하고자 열성을 기울였다. 그들은 유전학의 기초를 닦고 있었다.

1914년 제1차 세계 대전이 터지자, 바빌로프와 신부 카티야 사하로바(Katya Sakharova)는 러시아로 돌아왔다. 둘의 결혼은 이즈음 벌써 와해되고 있었다. 그러던 중 바빌로프는 페르시아 전선에 발생한 수수께끼 같은 문제를 풀라는 명령을 받고 그곳으로 급파되었다. 그곳 군인들이 이상한 행동을 보인다고 했다. 어지럼증에 휘청거리고, 머리가 멍해져서 생각이 흐려진다고 했다. 바빌로프는 그들이 먹은 빵을 만드는 데 쓰였던 밀가루에 핀 곰팡이 때문이라고 추론했다. 수수께끼를 풀었으니, 이제 그는 총알이 핑핑 나는 전쟁터에서 그 지역 식물을 수집할 여유가 있었다. 터키 군대가 밀고 들어오는 동안, 그는 식물 표본을 얇은 밀랍 종이에 잘 싸서 정사각형으로 정성껏 접은 뒤 가슴 주머니에 넣었다. 그 표본들은 세계 최대의 식물 컬렉션이 될 그의 컬렉션에 처음으로 보태질 표본들이었다. 목숨이 위험한 상황에서도 강철처럼 침착하게 목적에 집중하는 태도는 바빌로프가 평생 발휘한 특징이었다. 공황에 빠져 허둥거리는 사람들 사이에서 그 모습은 꼭 초인처럼 보였다.

1918년, 카티야가 아들 올레크(Oleg)를 낳았다. 하지만 둘의 결혼은 곧 끝났다. 바빌로프는 동료에게 보낸 편지에서 자신의 진정한 열정의 대상을 똑똑히 밝혔다. "나는 과학을 깊이 믿네. 과학이야말로 내 삶이고 내 삶의 목적이지. 과학에 아주 하찮은 기여만이라도 할 수 있다면, 나는 목숨이라도 서슴없이 내놓을 걸세."

러시아의 참전이 1917년에 혁명으로 바뀌자, 바빌로프는 자신의 모든 것을 쏟아서 혁명을 열렬히 지지했다. 그는 혁명이 부자의 자식들만이 아니라 모두에게 교육 기회를 제공해 줄 것이라고 여겼다. 이제 누구나 과학자가 될 수 있었다. 바빌로프는 과학적 재능을 가진 해방된 군대를 환영했고, 그들 중 일부는 나중에 그의 동료가 되었다. 바빌로프는 현대 농작물의 계통을 추적해서 시간적으로는 그것들이 야생종이었던 과거까지, 공간적으로는 그것들이 처음 인위적으로 심어졌던 어딘가의 초라한 밭까지 거슬러 올라가기를 바랐다.

1920년 사라토프에서 열린 '전 러시아 식물 육종가 대회(All-Russian Congress of Plant Breeders)'에서, 그는 새로운 자연 법칙을 제안한 논문으로 과학자로서의 명성을 다졌다. 그는 「유전 변이의 상동 계열 법칙(The Law of Homologous Series in Hereditary Variability)」이라는 논문으로 서로 다른 종의 식물들에서도 같은 유전자는 같은 기능을 수행한다는 사실을 보여 주었다. 가령 전혀 다른 두 식물 종의 잎사귀 형태가 비슷하다면, 그것은 두 종이 공통 선조로부터 물려받은 같은 유전자 때문이었다. 진화를 이해하고 식물 육종을 과학적으로 이끌기 위해서는, 그 공통 선조 식물이 지금까지 살아 있을지도 모르는 농업의 발상지들을 찾아가 볼 필요가 있었다.

바빌로프는 생물 다양성(biodiversity)의 중요성을 처음 인식한 사람 중 한 명이었다. 그는 모든 씨앗에는 그 종만의 메시지가 담겨 있음을 알았다. 메시지들은 내용은 천차만별일지라도 모두 신비로운 언어로 씌어져 있다는 점은 같았고, 그 언어를 해독하려면 앞으로 수십 년이 걸릴 수도 있었다. 바빌로프는 생명의 그 오래된 경전을 한 문장도 빠뜨리지 않고 다 보존하고 싶었다. 그랬다가 후대에게 안전하게 건네주고 싶었다. 그런 의도에서 그는 '세계 종자 은행'이라는 혁신적인 개념을 떠올렸다. 전쟁이나 자연 재해에도 영향을 받지 않는 종자 은행을 꿈꾸었다. 그런 인도주의적 목표에는 과학적 근거가 깔려 있었다. 만약 우리가 농작물의 가장 오래된 형태를 살아 있는 표본으로 구할 수 있다면, 그 속에 담긴 생명의 메시지를 분석하고 해독할 수 있을 것이다. 그 다음에는 그 메시지가 시간에 따라 어떻게 변했는지를 알아볼 수 있을 것이고, 그다음에는 아예 새 메시지를 작성할 수 있을지도 모른다. 그럼으로써 병충해에 강하고 가뭄을 이기는 작물을 만들어 낼 수 있을 터였다.

그래서 바빌로프는 식물 사냥꾼이 되었다. 전 세계를 여행하며 경제적으로 유용한 종들이 처음 씨앗을 맺었던 발상지를 알아냈고, 종자 은행에 보관할 표본을 수집했다. 다섯 대륙의 외딴 지방들을 여행하면서 어느 과학자도

아직도 바빌로프의 연구소에 보관되어 있는 이 표본은 빵밀의 야생 친척인
아이길롭스 오바타(*Aegilops ovata*)다. 니콜라이 바빌로프와 동료 식물학자들이 후대를 위해
식물들의 씨앗, 줄기, 잎을 얼마나 세심하게 기록했는지 보여 준다.

발 들이지 않았던 곳까지 과감하게 들어갔다. 그는 인류가 강 삼각주에서 처
음 농사를 시작했을 것이라는 기존 정설을 의심했다. 그는 최초의 농부들이
사람들이 그렇게 많이 지나다니는 곳에 밭을 갈았을 리 없다고 생각했다. 오
히려 행인들이 맘대로 훔쳐갈 염려가 없는 두메산골이 농사짓기에 훨씬 더 안
전한 장소일 것 같았다.

그는 그 연구를 수행하면서도 (구)소련에 400개의 과학 학교를 세웠다.
그곳에서 농부와 노동자의 자녀들이 과학자가 되었다. 그중 몇 명은 나중에
바빌로프의 가까운 동료가 되었고, 심지어 바빌로프를 따라 순교자의 길을

걸었다.

　1926년, 바빌로프는 아디스아바바에서 에티오피아 내륙을 여행해도 좋다는 허가를 받으려고 기다리고 있었다. 그런데 놀랍게도 당시 섭정이었고 나중에 황제가 될 라스 타파리(Ras Tafari), 훗날 하일레 셀라시에 1세(Haile Selassie I)라는 칭호로 잘 알려질 인물이 그를 초대했다. 바빌로프는 일기에 그날 단둘이 저녁을 먹었던 일을 기록해 두었다. 둘 다 프랑스 어를 할 줄 알았기 때문에 통역은 필요 없었다. 셀라시에는 러시아와 혁명에 관해서 모든 것을 다 듣고 싶어 했다. 바빌로프는 그에게 블라디미르 일리치 레닌(Vladimir Ilyich Lenin)이 죽고 이오시프 스탈린(Joseph Stalin)이 권력을 쥐었다는 것을 알려주었고, 스탈린이 20년 전에 트빌리시의 은행을 무장 강도질로 털어서 혁명 자금 300만 달러를 마련한 일로 민중의 영웅이 된 사람이라고 알려주었다. 라스 타파리는 바빌로프에게 에티오피아 어디든 자유롭게 다녀도 좋다는 허가를 내주었다. 바빌로프는 그곳에서 모든 커피의 어머니에 해당하는 모본(母本)을 발견했다. 그 또한 좋은 일이었다.

　에티오피아 테케제 강둑에서 야영할 때는 이런 일이 있었다. 바빌로프는 가물거리는 등불을 밝히고 일기를 쓰고 있었다. 그가 불침번을 서는 날이었다. 카페인으로 말똥말똥해진 그는 라이플총을 안은 채 동료들이 곤히 자는 텐트 안에 앉아 있었다. 표범들이 우는 소리에도 그는 눈 하나 깜박하지 않았다. 그런데 그때, 침침한 불빛 아래로 보이는 텐트 바닥이 통째 움직이는 것 같았다. 동료들이 부스럭거리며 비명을 지르기 시작했다. 온 바닥에서 크고 새까만 독거미들과 전갈들이 꿈틀거리고 있었다! 바빌로프는 잽싸게 머리를 굴려, 들고 있던 등불을 텐트 밖으로 가지고 나갔다. 그러자 침입자들도 불빛을 따라 나갔다.

한번은 그가 타고 가던 브레게 복엽기가 사하라 사막에 추락했다. 그와 조종사가 비행기 잔해를 헤치고 나가 보니, 굶주린 사자 떼가 그들을 에워싸고 있었다. 그들은 구조대가 올 때까지 비행기 잔해를 휘둘러 몸을 지켰다.

지도도 도로도 없던 시절, 그는 현대에 들어 유럽 인으로는 처음으로 부족 전쟁을 비롯해서 여러 위험이 산재한 아프가니스탄 산악 지역을 탐사했다. 중국에서는 양귀비, 녹나무, 사탕수수 씨앗을 수집했다. 일본에서는 차, 쌀, 순무를 수집했다. 한국에서는 대두와 쌀의 여러 품종을 수집했다. 스페인 산악 지역에서는 귀리를, 브라질에서는 파파야와 망고와 오렌지와 카카오를 수집했다. 자바에서는 키나나무를 수집했다. 중앙아메리카와 남아메리카에서는 아마란스, 고구마, 캐슈, 리마 콩, 옥수수를 수집했다. 그는 총 25만 종이 넘는 씨앗을 수집했다.

바빌로프는 신설된 레닌 상을 1926년에 처음 받은 수상자 중 한 사람이었다. 같은 해 카티야와 이혼했고, 동료이기도 한 옐레나 바룰리나(Yelena Barulina)와 평생 갈 사실혼 관계를 맺기 시작했다. 그는 이제 과학자로서의 명성 못지않게 용맹한 탐사자로도 이름 높았지만, 늘 겸손했다. 그는 이렇게 말하고는 했다. "저는 그냥 보통 사람입니다. 뛰어난 건 물리학자인 제 동생 세르게이죠."

하지만 혁명 덕분에 계급의 감옥과 노역의 삶에서 구원된 젊은이 중에 바빌로프를 파멸시키고 향후 40년 동안 러시아 생물학을 망가뜨릴 사람이 있었다.

1927년 8월, 공산당 기관지 《프라브다(*Pravda*)》에 아제르바이잔의 어느 스물아홉 살 농부를 치켜세우는 소개 기사가 실렸다. 그 농부가 기르는 완두콩은 러시아의 혹한을 견뎌냈다고 했다. 그는 과학자가 아니었다. 현장의 사람이었다. 우크라이나 폴타바 주의 농가에서 태어난 그는 13세가 되어서야 읽고 쓰기를 배웠다. 트로핌 데니소비치 리센코(Trofim Denisovich Lysenko)는 "맨발의 과학자"였다. 대학에서 현미경으로 "초파리의 털북숭이 다리를 관찰하느라" 시간을 허비하는 짓 따위는 하지 않았다고 했다.

마주치는 모든 생물을 파괴하는 병충해가 으레 그렇듯이, 리센코도 처음에는 하찮고 해 없는 존재로 보였다. 하지만 그것은 바빌로프와 기아를 끝내려는 그의 탐구에 맞선 전쟁을 선포하는 첫 사격이었다. 리센코는 획득 형질이 후대로 전달된다는 라마르크의 기각된 이론을 되살렸다. 유전학은 농작물을 여러 세대에 걸쳐 육종하면 혹한을 비롯해서 자연이 가하는 여러 위협을 이겨 낼 품종을 얻을 수 있다고 약속한 데 비해, 라마르크주의는 훨씬 더 즉각적인 보상을 약속했다. 완두콩이나 밀 씨앗을 얼음물에 담가두면 그 후손이 추위에 더 잘 견디는 형질을 가지게 된다는 주장이었다. 종자 춘화(春化, vernalization)라고 불린 그 방법이 유효하다면, 만성적 식량 수급 불안정을 겪는 (구)소련에는 만병통치약일 터였다. 겨울에도 신선한 초록 콩을 먹을 수 있다는 전망은 또 한 번 역사상 최악의 기근 중 하나를 목전에 둔 나라에는 저항하기 힘든 것이었다. 하지만 과학에 대한 적대감, 그리고 종자 춘화라는 사기적 농법을 채택한 일은 (구)소련이 스스로에 가한 자해 행위나 다름없었다. 식량 자급 능력은 오히려 더 훼손되었다. 그리고 그것보다 더 치명적인 것

다섯 대륙에서 식물 표본을 수집했던 용감무쌍한 니콜라이 바빌로프.

은 세 번째 자해 행위였다.

약 70년 전, 주인의 허락 없이는 결혼조차 마음대로 할 수 없는 처지의 피고용 농부였던 농노들에게 알렉산드르 2세(Aleksandr II)가 자유를 주었다. 그 1861년 농노 해방으로 비교적 부유한 농부 계층을 말하는 쿨라크(kulak)가 탄생했다. 1917년에 러시아 혁명이 발발하자, 쿨라크들은 다른 시민들과 합세해서 5년간 치열하게 싸운 끝에 독립 우크라이나 인민 공화국을 세웠다. 하지만 싸움은 오래가지 못했고, 우크라이나는 결국 (구)소련에 합병되었다. 그런 반항적 성향을 처벌하지 않고 내버려 둔다는 것은 있을 수 없는 일이었다. 하물며 더 퍼지도록 내버려 둘 수는 더욱더 없었다.

스탈린은 (구)소련 최대 곡창 지역에 치명타를 날릴 기회를 호시탐탐 엿보았다. 그러다가 1929년에 쿨라크들의 생산적인 농장을 산업적 집단 농장으로 바꾸라고 명령했다. 스탈린이 내세운 목적은 (구)소련 농업을 현대화하겠다는 것이었지만, 그 조치는 수많은 우크라이나 사람들에게 죽음과 고통만을 안겼다. 이 사건을 가리키는 '홀로도모르(Holodomor)'라는 말은 '굶겨 죽이다.'라는 뜻이다. 스탈린은 먼저 그 지역의 지식인들과 정치 활동가들을 제거했고, 다음으로 쿨라크들의 토지와 작물과 가축을 몰수해 부농층 자체를 없애라고 명령했다.

리센코에게 그 대규모 비극은 기회였다. 바빌로프가 배신 행위를 한다는 거짓말, 과학계가 국가에 위협적인 존재라는 거짓말, 자신이 (구)소련의 기근을 구제할 수 있다는 거짓말을 스탈린의 귀에 대고 속삭일 기회였다. 마치 이

"우리의 집단 농장에 사제와 쿨라크의 자리는 없다." 1930년 (구)소련의 포스터는 부농층을 프롤레타리아의 적으로 규정했다.

아고처럼. 지위에 굶주린 데다가 그것을 얻기 위해서라면 기만과 아첨도 서슴지 않는 리센코는 편집증을 앓는 스탈린에게 어울리는 짝이었다.

그동안 바빌로프는 아무것도 모르는 채 중앙아시아에서 에덴의 정원을 찾고 있었다. 최초의 사과가 그곳에서 재배되었다는 사실을 알아냈기 때문이었다. 그가 1932년에 돌아온 레닌그라드(현재 상트페테르부르크)는 에덴과는 거리가 멀었다. 기아에 사로잡힌, 전혀 다른 도시가 되어 있었다. 혁명에 도취한 낙관주의는 두려움과 절망으로 바뀌어 있었다. 행인들은 하나같이 초췌하고 초라해 보였다. 그들은 길에 죽은 사람이 쓰러져 있다는 사실도 눈치채지 못하는 것 같았다.

이즈음 크렘린에서는 벌써 바빌로프를 어떻게 할지 궁리하고 있었겠지만, 그의 운명을 결정지은 것은 하나하나는 사소하기만 한 인과(因果)의 실타래들이 무수히 얽히고설켜 하나의 결정적 순간을 만들어 낸 종류의 사건이었다. 갈아탈 기차를 놓쳤다거나, 신문 가판대에서 오래 서성였다거나, 화장실을 잠시 다녀왔다거나 하는 사소한 일들 말이다.

또 한 번 원정에서 돌아온 바빌로프는 정보 보고를 위해 크렘린으로 향했다. "시간은 너무 부족하고 할 일은 너무 많다."라는 것은 그가 입에 달고 사는 말이었다. 이날도 크렘린의 복도를 서둘러 걸어가는 그의 서류 가방은 방문한 나라들의 농업에 관한 논문과 보고서로 터질 지경이었다. 그가 전속력으로 코너를 도는 순간, 반대편에서 다른 남자가 마찬가지로 서둘러 코너를 돌아왔다. 두 남자는 둘 다 바닥에 나동그라질 만큼 세게 부딪혔다. 바빌로프의 서류들이 가방에서 튀어나와 흩날렸다. 그 순간, 바빌로프가 목격한 것은 상대 남자의 무방비한 얼굴에 떠오른 공포였다. 그리고 그는 그것이 일단 목격하고서는 누구도 오래 살아남기를 기대할 수 없는 장면이라는 사실을 깨달았다. 그 남자는 스탈린이었다.

바빌로프는 독재자가 자신이 암살될지도 모른다는 두려움에 시달리고 있다는 사실을 알 턱이 없었다. 스탈린이 충돌 순간 떠올린 생각은 마침내 일이 벌어졌구나, 내가 수많은 사람에게 가했던 폭력적 죽음을 이제 내가 겪을 차례로구나 하는 것이었다. 서류 가방에 틀림없이 폭탄이 들어 있을 것이라고 생각했다. 하지만 아니었다. 그것은 그냥 칠칠하지 못한 지식인, 바빌로프였다. 그리고 그는 이제 스탈린의 두려움를 목격했다. 바빌로프의 운명은 결정되었다.

바빌로프의 친구들은 그가 그 운명적인 충돌 직후 기분이 변한 것을 눈치챘다. 그는 또 연구에 박차를 가했다. 리센코와 사이비 과학이 득세하고 (구)소련의 곡창 지대가 파괴되었으니, 그는 러시아의 겨울을 견딜 밀 품종을 개발하는 일에 더한층 급박하게 매달렸다.

파블롭스크 연구소(Pavlovsk Research Station)의 현장 텃밭에서는 밀과 보리에 매달린 색색의 표지들이 양귀비처럼 바람에 나부꼈다. 바빌로프는 그곳에서 모든 작물을 꼼꼼하게 점검했다. 이때 동료 릴리야 로디나(Liliya Rodina)가 감시의 눈길이 없는 드문 순간을 틈타서 그에게 유전학 실험을 접으라고 호소했다. 로디나는 자신의 멘토에게 리센코가 그에게 기근의 책임을 씌우고자 갖은 수를 다 쓰고 있다고 말했다.

바빌로프는 로디나의 호소를 일축했다. 오히려 자신들은 무슨 일이 있어도 연구를 계속해야 한다고 말했다. 서둘러야 한다고 말했다. 자신이 존경하는 마이클 패러데이(Michael Faraday)처럼, 열심히 일하고 그 결과를 정확하

트로핌 리센코(오른쪽 남자)가 우크라이나 오데사 근처의 집단 농장에서 밀을 점검하며
자신의 종자 춘화 이론을 뒷받침할 증거를 찾고 있다. 종자 춘화는 씨앗을 얼음물에 담가두면
그 후손이 혹한을 견디게 된다는 사이비 과학이었다.

게 기록해야 한다고 말했다. 그는 또 로디나에게 만약 자신이 사라진다면 로
디나가 자기 자리를 대신 맡으라고 일렀다. 중요한 것은 과학을 제대로 하는
것뿐이었다. 그것만이 이 기근을 끝내고 앞으로 올 기근을 막을 희망이었다.

"동지, 그들이 체포하러 올 겁니다!" 로디나가 말했다.

"그렇다면 더욱더 빨리 일해야겠군요." 바빌로프의 대꾸였다.

스탈린은 리센코를 공산당 중앙 위원회 위원으로 임명함으로써 (구)소련
지배 구조의 최상층에 앉혀 주었다. 리센코는 스탈린의 가장 충성스럽고 잔혹
한 심복들인 뱌체슬라프 몰로토프(Vyacheslav Molotov), 라브렌티 베리야

(Lavrenty Beria) 등과 어깨를 나란히 하게 되었다. 리센코는 바빌로프를 음해하는 말도 계속 속삭였다. 바빌로프의 허세에 지나지 않는 과학이라는 것이 (구)소련 농업을 망치고 있으며 스탈린의 권력마저 위협한다고 속삭였다. 당시 (구)소련 식물 육종 연구소의 위원회 회의록이 바빌로프의 KGB 파일에 들어 있다가 발굴되어 마크 포포브스키(Mark Popovsky)가 영어로 번역한 것이 있는데, 차마 읽을 수 없을 만큼 고통스러운 내용이다. 그 기록은 사실에 충실한 사람이 선동가를 이길 가망이 없는 현실을 생생하게 보여 준다.

위원회는 바빌로프에게 연구 진척 상황을 보고하라고 지시했다. 발표를 시작하는 바빌로프는 초췌하고 사기가 꺾인 모습이었다. 그는 굶주린 조국에 안겨 줄 희소식을 갖고 오지 못했다. 그는 과장이나 공허한 약속은 한마디도 없이, 특유의 절제되었지만 흠 한 점 없이 정확한 보고서로, 자기 연구소의 생화학자들이 아직은 렌틸종과 완두콩을 단백질 분석으로 구별하는 일조차 해내지 못하는 상황이라고 아쉽게 밝혔다.

뛰어난 과학자가 제 발로 사람들의 난도질을 받겠다고 나서는 모습에 리센코가 얼마나 기뻐했을지 상상해 보라. 리센코는 자리에서 일어나지도 않고 이렇게 말했다. "누구나 먹어 보면 렌틸콩과 완두콩을 구별하는 것쯤은 할 줄 알 것 같은데."

연단에 선 바빌로프는 동요하지 않았다. 그는 아직도 과학에서처럼 토론에서도 결국에는 최선의 논증이 이길 것이라고 믿었다. 그는 리센코와 좌중에 말했다. "동지, 하지만 화학적으로는 둘을 구별하지 못합니다."

이 순간, 리센코는 자신이 바빌로프를 붙잡았음을 깨달았다. 이제 결정타를 날릴 때였다. "화학적으로 구별하는 게 무슨 의미가 있습니까." 리센코는 자리에서 일어나서, 연극적인 몸짓으로 대형 강당을 구석구석 바라보면서 말

했다. "혀로 충분히 구별할 수 있는데 말이죠." 강당은 박수갈채로 떠나갈 듯
했다.

선동가는 자신이 뿌린 적개심의 수확을 거두었다. 그 강당에서 한 번이
라도 과학자들에게 주눅 든 적이 있거나 난해한 과학 용어에 당황한 적이 있
는 모든 공무원들, 혹은 굶주리거나 겁먹은 모든 사람들이 이제 세계적 과학
자이자 대담무쌍한 모험가로 이름난 인물보다 자신이 더 우월하다고 느꼈다.
그들은 심지어 그를 면전에서 비웃을 수 있었다.

리센코는 바빌로프를 처치하는 일이 다 끝났다고 여겼다. 그는 스탈린에
게 당장 바빌로프를 체포해 경찰 국가의 품에서 사라지게끔 하자고 요청했다.
하지만 스탈린은 바빌로프의 실종을 세상이 모르게 하기는 어려울 것이라고
여겼다. 전 세계 과학계가 바빌로프의 생각과 용기를 존경했다. 스탈린이 출
국 허가를 내주지 않는 통에 바빌로프가 국제 유전학 학회에 참석하지 못하
게 되자 아예 학회를 모스크바에서 열겠다는 의향을 밝힐 정도였다. 그러니
아직은 바빌로프를 처치할 때가 아니었다. 리센코는 스탈린이 바빌로프를 처
리해 주기 전에 끝장낼 방법을 궁리해야 했다. 그는 최후의 일격을 날릴 무대
로 레닌그라드에 있는 바빌로프의 식물 산업 연구소를 골랐다. 바빌로프가
수집한 수십만 종의 종자가 보관되어 있는 곳이었다.

1939년 그날, 강당은 리센코의 지지자들과, 점차 수가 줄고 있지만 굳건히 바
빌로프를 따르는 사람들로 가득 찼다. 리센코는 모든 종류의 종자를 얼음물
에 담그기만 하면 러시아를 더 잘 먹일 수 있다는 동화 같은 이야기를 발표했

다. 그의 추종자들이 우레 같은 박수를 보냈다. 바빌로프는 갈채가 잦아들기를 기다렸다가 일어났다.

그는 대담하게 리센코에게 도전했다. 그 말이 전부냐고 물었다. 과학은 어디 있는가? 증거는? 사람들이 리센코의 선언을 종교처럼 무턱대고 믿어야 하는가?

리센코는 바빌로프에게 그의 지지자가 한 줌밖에 남지 않은 것을 못 보았느냐고 물었다. 리센코는 거의 이렇게 소리 지르는 듯했다. "종자 춘화는 **막대한** 겨울 수확을 거둘 거야! 모두가 그럴 거라고 하잖아!"

바빌로프는 1939년 3월에 자기 연구소에서 열린 학회를 사람들에게 (구)소련 농업 정책을 현실로 돌려놓자고 호소할 기회로 삼았다. 그는 과학자들에게 인민에 대한 신성한 의무를 상기시키려고 애썼다. 그러다가 비참한 결말을 맞이할 위험이 있는데도. 회의록에 따르면, 바빌로프는 겁 없이 이런 말로 과학을 옹호했다. "저를 화형주로 끌고 갈 수는 있을 겁니다. 저를 불태울 수도 있을 겁니다. 하지만 제가 신념을 저버리도록 만들 순 없을 겁니다!"

바빌로프는 최악의 사태에 대비했다. 동료들에게 다른 연구소로 전출을 신청해 스스로를 지키라고 경고했다. 자신을 맘껏 비난해도 좋다고도 말했다. 하지만 10여 명은 그의 말을 따르지 않았다. 그들은 앞으로 무슨 일이 있든 연구소 컬렉션을 관리하는 작업을 이어 갈 것이었다.

별다른 일 없이 몇 달이 흘렀다. 이듬해 바빌로프에게 레닌그라드 밖으로 출장 가도 좋다는 허락이 떨어졌을 때, 그는 자신이 그동안 위험을 과대 평가했던가 하고 생각했을지도 모른다.

1940년 8월 5일 저녁, 우크라이나 서부의 현장 연구소에 까만 차가 와서 바빌로프를 태웠다. 그들은 그를 얼른 모스크바로 데려가서, 비밀 경찰인 내무 인민 위원회(NKVD)가 쓰는 루뱐카 건물의 가장 깊은 곳에 있는 감방에 가두었다.

처음에 바빌로프는 과학적 이견 외에는 아무런 죄도 인정하지 않았다. 하지만 비밀 경찰 총경 알렉산드르 그리고리예비치 흐바트(Aleksandr Grigorievich Khvat)는 이런 완고한 상대를 약화시키는 방법을 잘 알았다. 그는 바빌로프를 한 번에 10시간, 12시간 내리 신문했다. 보통 한밤중에 깨웠다. 바빌로프가 다리가 너무 부어서 걸을 수 없었다는 것을 보면 틀림없이 고문도 당했을 것이다. 바빌로프는 질질 끌려서 감방으로 돌아간 뒤 꼼짝도 못하고 바닥에 누워 있었다. 그런 식으로 400회 넘게 1,700시간 동안 취조당한 끝에 그는 무너졌다. 그는 자백서에 서명했다. 체포 1년 뒤, 그는 총살형을 선고받았다.

1941년 가을, 바빌로프는 모스크바 부티르카 교도소의 사형수 감방에 있었다. 그는 몇 달 동안 독방에서 처형일을 기다리며 시들어 갔다. 그런데 그해 겨울 마침내 감방문이 열리고 교도관들이 그를 끌어냈을 때, 놀랍게도 그가 끌려간 곳은 처형대가 아니었다. 교도관들은 감옥을 비우고 있었다. 독일군 수천 명과 기갑 사단이 모스크바로 진격해 오고 있었기 때문이다. 히틀러가 스탈린과의 불가침 조약을 깨고 군인 수백만 명과 탱크 수천 대로 러시아를 침공한 것이었다. 그들이 모스크바의 목전에 이르렀을 때, 바빌로프와 다른 죄수들은 감옥의 더 깊은 곳으로 옮겨져 있었다.

하늘이 검은 연기로 뒤덮였다. 거대한 편대를 이루고 나는 독일군 비행기들이 도시에 그림자를 드리웠다. 폭탄이 쉴 새 없이 터졌다. 하지만 그런 모스크바도 레닌그라드에 비하면 아무것도 아니었다. 포위된 레닌그라드의 처지는 어떤 기준으로 보더라도 한 도시가 겪을 수 있는 최악의 상황이었다. 이사아키엡스카야 광장에 있는 바빌로프의 식물 산업 연구소는 공격에 대비해 창마다 판자를 댔다. 실내는 춥고 어두웠고, 천장에서 횟가루가 후두두 떨어져 내렸다. 연구소에는 농업 발명 이후 세계가 물려받은 유전자 자원이 간직되어 있었다. 1만 년 동안 인류를 먹여 온 작물들의 씨앗이었다. 그리고 스탈린과는 달리 히틀러는 그것이 가치를 따질 수 없을 만큼 귀중한 자원이란 것을 알았다.

바빌로프의 충성스러운 동료들은 지하 저장실에 모였다. 게오르기 크리에르(Georgi Kriyer), 알렉산드르 스추킨(Alexander Stchukin), 드미트리 이바노프(Dmitri Ivanov), 릴리야 로디나, G. 코발렙스키(G. Kovalesky), 아브라함 카메라즈(Abraham Kameraz), A. 말리기나(A. Malygina), 올가 보스크레센스카야(Olga Voskresenskaia), 엘레나 킬프(Yelena Kilp)는 추위에 떨면서 바빌로프라면 자신들이 어떻게 하기를 바랄까 추측해 보았다. 그들은 그의 생사조차 몰랐지만, 그래도 그라면 했을 법한 일을 하기로 결심했다. 그것은 물론 바빌로프의 영웅 마이클 패러데이처럼 무슨 일이 있어도 연구를 계속하는 것이었다. 그들은 포위가 장기화되면 시민들이 굶주릴 것이라는 사실이 걱정스러웠다. 연구소에는 먹을 수 있는 물질이 몇 톤이나 있었다. 그들은 세상이 진정될 때까지 종자를 한 톨도 빠짐없이 잘 지킬 방법을 찾아야 한다고 생각했다.

1941년 크리스마스, 레닌그라드에서는 4,000명이 굶어 죽었다. 도시는 히틀러의 군대에 100일 넘게 포위되어 있었다. 기온은 섭씨 -40도였고, 도시의 기반 시설은 깡그리 무너졌다. 히틀러는 점령은 시간 문제라고 여겼다. 어떤 도시도 이런 고통을 오래 견딜 수는 없을 테니까.

히틀러는 축하연 초대장을 미리 인쇄하고 메뉴를 정해 두기까지 했다.

파티는 레닌그라드 최고의 호텔인 아스토리아 호텔에서 열 예정이었다. 그래서 폭격기 조종사들에게 파티를 망치는 일이 없도록 그 호텔만은 망가뜨리지 말라고 명령했다. 그런데 히틀러가 이사아키옙스카야 광장에서 관심 있는 건물이 그 호텔만은 아니었다. 스탈린은 예르미타시 미술관에 있는 작품들의 안전에 노심초사했지만 — 그래서 인력과 철도를 투입해 미켈란젤로, 레오나르도 다 빈치, 라파엘로 등의 작품을 더 안전한 스베르들롭스크 시로 옮겼다. — 바빌로프의 종자 은행에는 신경도 쓰지 않았다. 하지만 히틀러는 파리 루브르 박물관을 이미 접수했다. 그림은 더 탐나지 않았다. 그는 그것보다 훨씬 더 귀한 것을 탐냈다. 바빌로프의 보물을.

몇 달이 흘렀다. 식물학자들은 갈수록 여위었고 추위로 파랗게 질렸다. 그들은 초를 켜고 큰 탁자에 둘러앉아서 씨앗, 견과, 쌀을 분류하고 기록하는 작업을 마치려고 애썼다. 하얗게 입김이 나왔다.

히틀러는 나치 친위대 내에 종자 은행을 급습해 그곳의 살아 있는 보물을 나치 제국의 미래를 위해서 탈취할 '러시아 수집물 특공대(Russland-Sammelcommando)'까지 설치해 두었다. 특공대는 목줄을 팽팽히 당기고 기다리는 도메르만들처럼 급습 명령만 기다렸다. 식물학자들이 받는 배급은 하루에 빵 두 쪽으로 줄었지만, 그래도 그들은 계속 일했다.

어떻게 보면 도시 밖에서 진을 친 독일군은 식물학자들의 걱정거리 축에도 들지 못했다. 하루는 뻔뻔한 쥐들이 씨앗들이 담긴 쟁반이 놓인 작업대 위로 뛰어올랐다. 식물학자들은 일순 당황했으나 곧 금속 막대기로 쥐들을 공격했다. 옐레나 킬프가 방을 나가서 자동 화기를 가져와서 쥐들을 쏘았다. 탁자 위에 완벽하게 분류되어 있던 씨앗, 견과, 쌀이 엉망진창 섞여 버렸다. 식물학자들은 괴로운 재작업을 시작했다. 바빌로프가 있었더라면 얼마나 좋았을까.

그가 없으니 갈피를 잃은 기분이었다. 그들은 서로 말했다. "친애하는 동지들, 비록 고통스럽지만, 우리는 그가 영원히 사라졌다는 사실을 받아들여야 합니다."

하지만 바빌로프는 살아 있었다. 간신히. 그는 사라토프의 감옥으로 옮겨져 있었다. 가까스로 또 한 번의 크리스마스를 살아냈지만, 괴혈병에 걸려서 뼈만 남았다. 그는 좁은 감방에서 최후의 기력을 짜내어 자신을 핍박하는 이에게 편지를 썼다. "저는 쉰네 살이고, 식물 육종 분야에서 많은 경험과 지식을 갖고 있습니다. 그것을 조국을 위해 쓸 수 있다면 기쁠 것입니다. …… 아무리 하찮은 업무라도 좋으니 제 전문 분야에서 일하도록 허락해 주시기를 간절히 호소합니다."

답장은 오지 않았다. 국가는 그를 총살하지는 않기로 했다. 대신, 기근과 굶주림을 없애는 데 누구보다 많이 기여한 남자에게 총살보다 더 잔인한 결말을 주기로 했다. 그 뜻에 따라, 바빌로프는 서서히 굶어 죽었다.

1943년, 다시 크리스마스가 왔다. 나치 친위대의 특공대는 아직도 연구소 급습 명령을 기다렸다. 그들은 모래주머니를 두둑하게 쌓고 그 위에 포를 올려둔 채 기대어 쉬었다.

레닌그라드 시민들은 포위 상태에서 세 번의 크리스마스를 나며 굶어 죽어 갔다. 이즈음에는 도시 인구의 3분의 1이 아사했다. 자그마치 80만 명이었다. 그런데도 시민들은 독일군의 그칠 줄 모르는 공격을 버텨내고 있었다. 식물학자들이 받던 하루에 빵 두 쪽이라는 변변찮은 배급마저 진작 바닥났다.

스발바르 국제 종자 저장고를 그린 그림. 새파랗게 얼어붙은 북극 풍경을 배경으로 오로라가 펼쳐진
하늘 밑에서 저장고의 입구만 희미하게 빛나고 있다. 저장고에는 종자가 100만 알 가까이 보관되어 있다.

바빌로프의 보물을 지키는 그들도 굶주림에 하나둘 무너지기 시작했다. 그들
은 침침하게 밝혀둔 냉랭한 연구소에서 책상에 앉은 채 죽었다. 곁에는 땅콩,
귀리, 완두콩 표본들이 있었지만, 그들의 명예가 그것을 먹는 것을 허락하지
않았다. 모두가 굶주림에 스러져 갔다. 그런데도 컬렉션에서는 쌀 한 톨 사라
지지 않았다.

바빌로프의 숙적, 리센코는 어떻게 되었을까? 그는 이후에도 20년 더
(구)소련 농업과 생물학을 좌지우지했다. 그러다 1967년에 또 한 번 기근이 러
시아를 덮쳤고, 그제야 러시아 최고의 과학자 3명이 나서서 리센코의 사이비

과학과 다른 범죄들을 공개적으로 비난했다.

스탈린이 죽고 리센코가 (구)소련에 가한 피해가 알려진 뒤에야 사람들은 비로소 바빌로프의 이름을 입에 올릴 수 있었다. 그의 식물 산업 연구소는 그의 이름을 따서 개명되었고, 지금도 잘 운영되고 있다. 하지만 최근 러시아 국민을 대상으로 역사상 가장 존경하는 인물을 물었던 여론 조사에서는 스탈린이 간발의 차이로 블라디미르 푸틴(Vladimir Putin) 현 대통령을 제치고 1등을 차지했다.

2008년 노르웨이, 스웨덴, 핀란드, 덴마크, 아이슬란드 정부는 바빌로프 컬렉션의 현대적 후예라고 할 수 있는 스발바르 국제 종자 은행(Svalbard Global Seed Vault)을 열었다. 종자 은행은 노르웨이와 북극점 사이에 있는 어느 섬의 얼어붙은 폐광을 개조한 곳에 설치되어 있다. 현재 그곳에는 종자가 100만 알 가까이 보관되어 있다. 최근 노르웨이 정부는 수백만 달러를 들여서 지하 창고를 업그레이드하고 단열을 개선했다. 기후 변화 때문에 북극 영구 동토층이 빠르게 녹아서 창고가 위험해졌기 때문이다.

식물학자들은 왜 쌀 한 톨 먹지 않았을까? 왜 2년 넘게 매일 굶어 죽어나가고 있던 레닌그라드 시민들에게 씨앗과 견과와 감자를 나눠줄 생각을 하지 않았을까?

여러분은 오늘 무언가를 먹었는가? 만약 먹었다면, 그 음식 중에는 아마 그 식물학자들이 죽음으로 지켜냈던 종자에서 유래한 음식이 포함되어 있었을 것이다.

바빌로프와 동료 식물학자들에게 그랬던 것처럼 우리에게도 미래가 그토록 손에 잡힐 듯하고 귀중한 현실로 느껴진다면 얼마나 좋을까.

5장

우주의 커넥톰

뇌는 하늘보다 넓다
나란히 놓아 보면
뇌 안에 하늘이 쉽게 들어가고
더구나 당신까지 들어가니까

뇌는 바다보다 깊다
푸른 것에서 푸른 것까지 담아 보면
뇌가 바다를 흡수하니까
스펀지처럼 양동이처럼

뇌는 신의 무게와 같다
나란히 들어 보면
혹시 다르다 해도 그 차이는
음절과 음성의 차이 정도일 테니까

— 에밀리 디킨슨(Emily Dickinson)

사람의 뇌를 위에서 본 모습. 색깔로 강조된 부분은 백색질의 신경 섬유가 지나는 길이다.
이 섬유들은 뇌 속에서, 그리고 척수로 신경 자극을 전달하는 역할을 한다.
획기적 사업인 인간 커넥톰 프로젝트에서 얻은 이미지다.

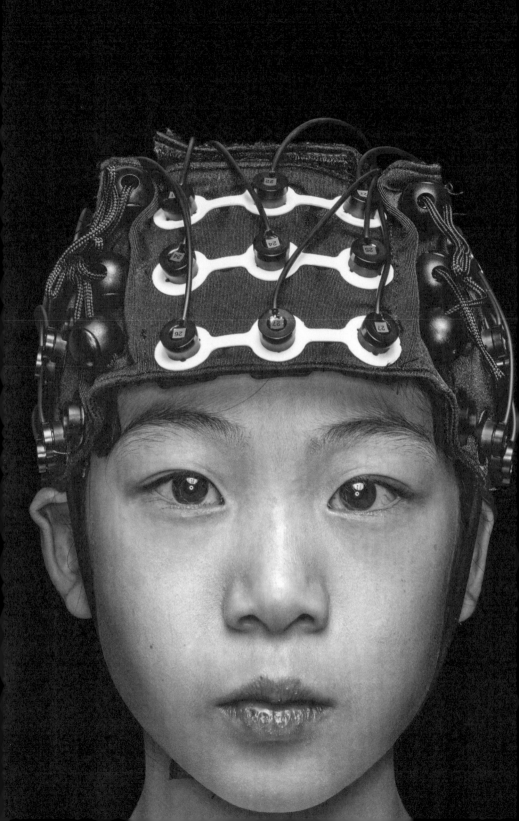

우주는 우리가 알 수 있는 것일까?

　우리 뇌는 코스모스의 복잡성과 경이로움을 다 이해할 수 있을까? 아직 우리는 답을 모른다. 우주 못지않게 뇌도 수수께끼이기 때문이다. 인간의 뇌에 있는 정보 처리 단위의 개수가 은하 1,000개에 있는 별의 개수와 얼추 같다는 것, 즉 최소 100조 개는 된다는 것은 안다. 어쩌면 실제 정보 처리 단위의 수는 그 10배는 될지도 모른다.

　이 글을 쓰는 동안, 내 뇌의 정보 처리 단위들은 공황에 빠져 있다. 나는 지금 로스앤젤레스의 시더스-시나이 병원 신경과 중환자실에 있기 때문이다. 1주일 전, 아들 샘과 함께 다큐멘터리 「코스모스」 제작사의 편집실에서 동료들과 일하고 있었다. 그때 샘이 갑자기 일어나더니 심한 두통과 메스꺼움을 호소했다. 나는 뭔가 모성적이고 예민한 직감으로, 그것이 점심을 잘못 먹은 탓은 아님을 눈치챘다. 당장 응급실로 데려가야 한다는 생각이 들었다.

　시더스-시나이 병원 응급실 직원들은 샘을 보자마자 뇌출혈을 겪고 있다고 알아차렸다. 우리는 샘이 27년 전 태어날 때부터 뇌에서 동맥과 정맥

한스 베르거(Hans Berger)의 뇌전도(electroencephalograph, EEG) 기록 장치의 현대적 형태.
뇌 속에서 벌어지는 전기 활동도를 조사하는 장치다.

이 이어지는 부분의 혈관이 엉킨 동정맥 기형을 가지고 있었다는 사실을 그 날 오후에야 알았다. 동정맥 기형에서 출혈이 났고, 흘러나온 많은 피가 달리 갈 곳이 없으니 뇌를 눌러서 그 압력으로 뇌가 손상된 것이었다. 피를 뽑아 낼 배액관 두 줄이 샘의 머리에 삽입되었다. 추와 천칭으로 구성된 단순한 장 치가 이어져 있었다. 그것을 보니 왠지 고대 그리스의 공학자 아르키메데스 (Archimedes)가 떠올랐다. 속에 수준의가 든 90센티미터짜리 자는 꼭 철물 점에서 가져온 것처럼 보였는데, 배액관이 중력의 도움을 받아 샘의 머리에서 피를 수월하게 뽑아내도록 해 주는 장치였다. 뇌압이 너무 높아지면 모니터가 삐삐거렸고, 그러면 천칭이 잽싸게 재조정되었다. 하지만 문제는 어떻게 푼담? 언제든 다시 터질 수 있는 동정맥 기형을 어떻게 없앤담?

이때 다정한 말투의 신경 중재 치료 전문의 네스토르 곤살레스(Nestor Gonzalez)가 나타났다. 그는 먼저 혈관 조영술로 샘의 뇌에서 해당 부위의 모든 혈관을 지도화해 보자고 제안했다. 약간 위험한 작업이지만, 그다음에야 그것보다 좀 더 위험한 색전술을 할 수 있다고 했다. 시간이 오래 걸리고 힘든 작업인 색전술은 우회 혈관으로 유도 철선을 살살 집어넣어서 동정맥 기형에 다다른 뒤 아교나 코일로 혈관이 다시 출혈하지 못하도록 싸매는 기법이라고 했다. 한 치의 실수도 있어서는 안 될 만큼 정밀한 작업이고, 샘의 뇌가 손상되 거나 심지어 목숨을 잃을 위험도 있다고 했는데, 나로서는 견딜 수 없는 생각 이었다. 샘이 내 눈을 똑바로 보면서 만약 자신이 죽어도 견딜 수 있겠느냐고 물었다. 우리는 늘 서로에게 솔직하려고 애썼다. 나는 모르겠다고 대답할 수 밖에 없었다.

우리 셋은 시술을 앞두고 며칠 동안 자주 이야기를 나눴다. 그러던 중 의 사가 샘에게 무슨 일을 하느냐고 물었다. 샘이 「코스모스」 보조 제작자라고 대답하자, 평소 조용하고 차분하던 의사가 동요하는 듯했다. "아, 죄송합니다. 미처 생각을 못 했네요. 칼 세이건 박사와 친척입니까?" 의사가 물었다.

"그분의 막내아들입니다." 샘이 대답했다.

의사는 눈에 띄게 동요했다. "제가 지금 여기 있는 게 그분 때문인데요!" 그가 말했다. "콜롬비아처럼 가난한 나라에서 자라는 아이가 과학자가 되고 싶어지면, 가령 저처럼 텔레비전으로 칼 세이건 박사를 보고 그런 생각을 품으면, 의사가 되는 게 유일한 방법이랍니다."

절대적으로 초자연적이지 **않은** 방식으로, 칼이 수십 년의 세월을 건너서 아들의 목숨을 살려주는 것처럼 느껴졌다. 지금 나는 시술 결과를 기다리면서, 이전에 이런 괴로움을 겪었던 모든 어머니와 아버지 들을 떠올린다. 그리고 **내게** 영향을 주어 처음 과학을 사랑하도록 만들었던 한 인물의 삶을 떠올린다.

사람들은 내게 위로차 신이 샘을 돌봐주실 것이라고 말한다. 자신들도 기도하겠다고 말한다. 그때마다 나는 진심으로 고맙다고 대답하지만, 그러면서도 만약 이 일이 100년 전에만 벌어졌어도 샘은 죽었을 거라는 생각을 떨치지 못한다. 비교적 짧은 시간인 100년 동안 무엇이 변했을까? 신은 아닐 것이다. 인류의 의학 지식과 그 지식을 활용할 기술이 바뀌었을 뿐이다. 우리는 어떻게 주름진 뇌 깊숙이 숨은 미세한 문제를 눈으로 보고 수선하기까지 하는 능력을 얻었을까?

나더러 인류가 이룬 가장 중요한 도약을 하나만 꼽으라면, 약 2,500년 전에 새파란 이오니아 해와 멋지게 대비되는 흰 집들이 모인 마을에서 벌어졌던 일이라고 말하겠다. 그 시절의 의학은 어땠을까?

상상해 보자. 당신은 또 다른 귀한 아이를 둔 부모다. 그 소년은 또 다른 문제를 안고 있다. 어느 날 성대한 모임이 열린다. 많은 하인이 우아한 손님들에게 다과를 제공한다. 가정 교사가 당신 아들을 행사장에 자랑스럽게 데리고 나온다. 영리한 소년은 곧잘 총명함을 드러내어 당신의 친구들을 매료시킨다. 소년은 유력가 손님들에게 소개될 때도 침착과 재치를 발휘해 어른들을 기쁘게 하고 호감을 산다. 당신은 그 모습을 뿌듯하게 지켜본다. 그런데 갑자기 소년이 좀 떨어진 곳에 있는 무언가로 시선이 팔린 듯하다. 오로지 소년의 눈에만 보이는 그 무언가에 아이가 멍한 미소로 화답한다. 아이의 머릿속에서 폭풍이 일기 시작한다. 아이가 기절해 쓰러지고, 몸이 굳는다. 당신의 얼굴에 공포가 스친다. 놀란 손님들은 아이에게서 멀어진다. 당신은 아이를 붙들고 흔들면서 이름을 불러 보지만 소용없다.

소년은 입에서 거품을 내고, 자기 혀를 깨물고, 몸을 뒤튼다. 당신은 하인을 불러 의사를 모셔오라고 이르고, 손님들은 멋쩍게 인사하면서 자리를 뜬다. 이제 소년은 가만히 누워 있다. 발작은 끝났다. 희끗희끗한 머리카락에 음식 자국으로 얼룩진 옷을 입은 의사가 마당으로 들어선다. 그를 수행하는 노예들이 이동식 제단, 향로, 버둥거리는 염소를 들고 따라온다. '의사'는 아이에게는 눈길도 주지 않고, 노예들에게 어서 제단을 차리고 희생양으로 바칠 염소를 대령하라고 외친다. 겁먹은 염소는 눈을 부릅뜨고 울부짖는다. 당신이 간절한 희망을 담아 바라보는 동안, 의사는 미동 없는 아이 주변을 돌며 향로를 흔들고 주문을 읊는다.

2,500년 전 그리스의 의학은 그랬다. 고대 그리스를 비롯한 여러 문화의 사람들 역시 저런 의식을 올렸다. 그러면 일부 환자들은 회복했는데, 그것은

질병의 진행 과정이 다 끝나서였거나 환자 자신의 면역계 덕분이었지만, 환자들과 그를 사랑하는 사람들은 신의 노여움이 누그러진 것이라고 믿었다. 가끔은 환자가 죽었다. 그러면 사람들은 신의 노여움이 하도 심해서 달랠 수 없었던 것이었다고 여겼다.

이런 사고 방식은 인간의 가장 큰 장점이자 단점이기도 한 패턴 인식의 부산물이었다. 이 경우에는 **잘못된** 패턴 인식이었다. 뇌전증(간질)이 신의 노여움으로 발생한다는 믿음은 상관 관계와 인과 관계를 헷갈린 것으로, 사람들이 무력할 때 으레 빠지는 희망 섞인 생각에서 비롯했다. 고대 그리스 인들이 질병 치료법을 전혀 몰랐다는 말은 아니다. 그들의 약장에는 약용 식물과 광물이 잔뜩 있었다. 하지만 뇌전증처럼 신비로운 질병은 향을 태우고 기도하는 수밖에 없었다. 그들은 아직 뇌전증이 뇌와 관련된 문제라는 것조차 알지 못했다. 히포크라테스(Hippocrates)가 등장하기 전까지는.

의학을 혁신한 그 인물에 대해서 우리는 아는 바가 거의 없다. 히포크라테스는 기원전 460년에 코스 섬에서 태어난 한 남자의 이름이었을까? 아니면 한 무리 의학자들의 집단적인 천재성을 대표한 이름이었을까? 우리가 아는 사실은 기원전 400년에 히포크라테스가 썼다고 일컬어지는 글에서 질병과 부상이 신의 노여움 탓에 생긴다는 생각이 처음 부정되었다는 것이다. 히포크라테스는 이렇게 썼다. "의사는 환자의 모든 것을, 그의 식단과 환경을 다 조사해야 한다. 최고의 의사는 병을 **예방**하는 사람이다. …… 모든 문제는 자연적인 원인에서 생긴다." 이 통찰 하나만으로도 의학의 아버지라고 불릴 만하지만, 히포크라테스는 그 이상이었다. 그는 환자가 심리적 어려움도 겪을 수 있음을 인식했고, 의사에게는 특수한 윤리적 임무가 있다는 것도 인식했다. 그리고 그는 의사들이 지켜야 할 기풍을 성문화했다. 기원전 3세기에 그가 작

히포크라테스라고 여겨지는 인물이 환자를 검진하는 모습을 새긴 부조.

성했다는 「히포크라테스 선서」는 오늘날까지도 의학계 종사자들이 따르는 지침이다.

히포크라테스는 또 뇌가 의식이 깃든 장소라고 처음 선언한 사람이었다. 당시에는 이것이 혁명적인 발상이었다. 인간은 심장으로 생각한다고 믿는 것이 통념이었기 때문이다. 뇌의 중요성을 인식한 점, 그리고 질병의 자연적 원인을 이해한 점을 고려할 때 그의 「성스러운 병에 관하여(Sacred Disease)」는 인류가 남긴 문헌 중 가장 독창적이고 급진적이고 예언적인 글이라고도 할 만하다. 히포크라테스는 자신을 포함한 동시대 사람들은 뇌전증의 물리적 원인을 모르기 때문에 그것을 "성스러운 병"이라고 부른다고 말했다. 하지만 우리가 언젠가는 원인을 알 수 있으리라고 예측했고, 그날이 오면 더는 아무도 뇌전증을 신성한 병으로 여기지 않으리라고 예측했다. 나는 그 글을 대학 때 번역문으로 처음 읽었다. 내가 과학을 사랑하게 된 것은 그 순간이었다.

우리 이야기의 소년은 — 현실의 모든 뇌전증 환자들도 마찬가지로 — 저주를 받은 게 아니었다. 신이 소년이나 소년의 가족에게 화난 게 아니었다. 뇌전증은 뇌의 물리적 기능 장애로 일어나는 일이지만, 사람들이 신의 변덕에서 원인을 찾는 동안에는 환자들을 도울 가망이 없었다.

히포크라테스로부터 수천 년이 흘러도, 뇌는 여전히 수수께끼였다. 기원전 420년과 19세기 사이에 우리는 코스모스에 대해서 엄청나게 많이 알아냈다. 빛의 속도를 재고 중력 법칙을 발견했다. 태양이 더 많은 별로 이루어진 은하의 일부임을 알아냈다. 그런데 히포크라테스로부터 2,300년이 흐른 뒤에도 그런 발견들을 가능케 하는 신체 부위인 뇌에 대해서는 아는 게 거의 없다시피 했다. 오히려 예전보다 덜 안다고 말할 수도 있었다. 뇌 연구가 골상학이라는 사이비 과학의 막다른 골목에 처박혀 있었기 때문이다. 골상학은 사람의 머리뼈 모양으로 그의 지능과 인간성을 알 수 있다고 믿는 이론이었다. 너도나도 머리 모양을 재기 시작했다. 골상학자들은 사람의 언어 능력이 광대뼈 위에 있다고 믿었다. 배우자의 바람기는 귀 뒤의 머리뼈 모양에서 알 수 있다고 했다. 놀랍지도 않은 일이지만, 골상학자들은 자신들 유럽인 특유의 머리 모양이 두뇌의 우수성을 뜻하는 보편적 표준이라고 여겼다.

정신과 뇌의 연관성을 처음 과학적으로 밝힌 일은 1861년 프랑스에서 있었다. 이번에도 뇌전증이 중요한 역할을 했다.

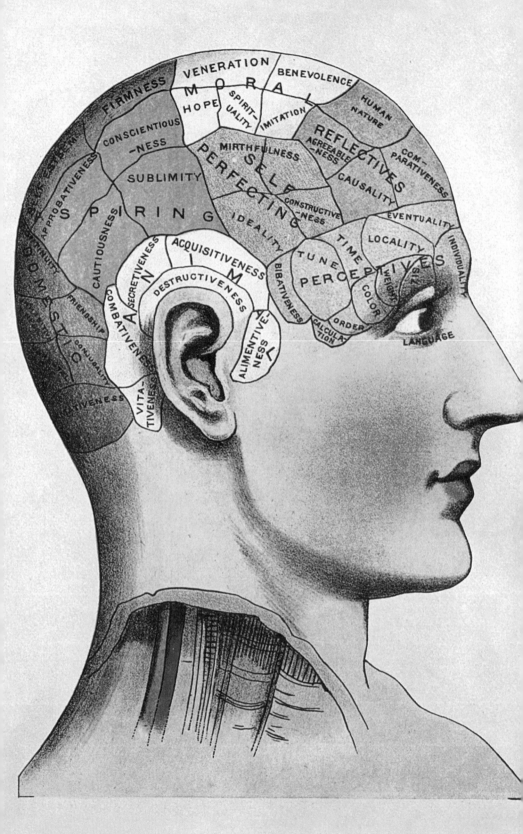

그 시절, 파리의 비세트르 정신 병원은 최고의 기술을 가진 곳이었다. 이전 세기에 정신 질환이나 지체를 앓는 환자들을 인도적으로 다루는 변화를 처음 도입한 곳이기도 했다. 그곳 의사 중 폴 브로카(Paul Broca)라는 젊고 재능 있는 외과 의사는 환자들을 점잖게 다루는 것으로 특히 존경받았다. 그는 자유로운 탐구의 중요성을 열렬히 믿었고, 그 덕분에 의학 지식의 앞길을 가로막던 잘못된 패턴 인식의 장애물을 뚫을 수 있었다.

브로카는 루이 르보르뉴(Louis Leborgne)라는 쉰한 살 환자에게 각별한 흥미를 품었다. 브로카는 뇌에서 언어와 기억을 담당하는 부위가 따로 있을지도 모른다고 추측하고 있었는데, 르보르뉴는 그 점에서 흥미로운 사례였다. 사람들은 그 환자를 "탕(Tan)"이라고 불렀다. 그가 할 수 있는 말이 그것뿐이어서였다. "탕, 탕, 탕." 그는 서른 살에 뇌전증 발작을 겪은 뒤로 오직 그 말만 되풀이하게 되었다. 그 발작이 처음은 아니었지만 ─ 유년기부터 발작을 겪었다. ─ 그가 "탕" 하고 내뱉는 것 외에는 모든 언어 능력을 잃자 가족이 그를 비세트르에 입원시켰다. 가엾은 탕은 이제 죽어 갔다. 몸 왼쪽이 마비되어 괴저가 발생했다. 브로카는 그를 자주 찾았다. 결국 부검을 하게 될 테지만, 그 전에 그 환자에 대해서 가급적 많은 것을 알아두고 싶어서였다.

탕이 끝내 눈을 감고 마지막으로 "탕"이라고 중얼거린 뒤 세상을 뜨자, 브로카는 얼른 가죽 앞치마를 두르고 어쩌면 탕의 장애를 설명해 줄지도 모르는 부검을 했다. 이윽고 탕의 뇌를 꺼낸 그는 그 생김새가 한눈에 보기에도 비대칭적이라는 데 놀랐다.

탕이 뇌전증 때문에 뇌 손상을 겪었는지, 아니면 거꾸로 과거에 보고되

1800년 무렵에 등장한 골상학이라는 사이비 과학은 사람의 머리뼈 모양이 그의 지적 능력과 품성을 알려준다고 믿었다. 당대의 고정 관념들이 고스란히 투사된 생각이었다.

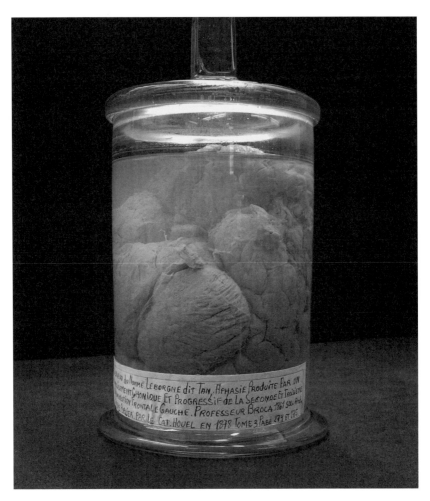

폴 브로카는 '탕'이라는 별명으로 더 잘 알려진 루이 르보르뉴의 뇌를 보존했다.
탕의 장애는 대뇌겉질에서 언어 형성을 담당하는 부위에 대한 단서를 주었다.

지 않은 부상 때문에 뇌전증이 생겼고, 그 때문에 나중에 언어 능력을 잃었는
지는 알 수 없다. 아무튼 탕의 운명 때문에, 브로카는 이전에 누구도 하지 않
았던 일을 할 수 있었다. 사람의 뇌에서 특정 부위를, 이 경우에는 손상된 부

위를 그곳이 수행하는 특정 기능과, 이 경우에는 언어 능력과 정확하게 연결 지었던 것이다. 브로카는 보상을 얻었다. 사람의 뇌에서 그 부분은 이후 "브로카 영역(Broca's area)"이라고 불리게 되었다.

내 인생에서 가장 즐거웠던 날 중 하나로 꼽을 만한 날, 나는 폴 브로카의 뇌를 손에 들고 있었다. 보존액이 담긴 병 속에서 철벅거리던 그의 뇌는 1880년 여름부터 그 속에 보관되어 있었다. 그로부터 거의 한 세기 뒤, 칼 세이건과 나는 서로에 대한 사랑을 표현했던 날로부터 1주년이 되는 때를 맞아 파리 여행을 했다. 6월 1일이었다. 그날 도시를 누볐던 긴 산책은 내 뇌에 생생하고 아름답게 새겨져 있다. 우리 발걸음은 인류학 박물관으로 향했고, 당시 관장이었던 이브 코팡(Yves Coppens)이 우리를 맞아 인간에 대한 모든 것을 보관하는 그 박물관에서도 구석에 숨은 신기한 곳들을 구경시켜 주었다.

그는 우리를 폼알데하이드 병에 보존된 괴상한 표본들이 줄줄이 놓인 선반이 있는 어두운 창고로 안내했다. 더는 대중에게 전시하기에 적합하지 않다고 여겨지는 표본들이었다. 내가 '선천적 기형과 기형적 기능에 대한 과학적 연구'를 뜻하는 '기형학(teratology)'이라는 단어를 처음 배운 게 그때였다. 머리가 둘인 아기들, 쪼그라든 머리통들, 얼굴 기형을 갖고 태어난 아이들, 기형적인 신체 부위들, 그리고 많은 뇌가 있었다. 그중 한 뇌에 "브로카"라는 딱지가 붙어 있었다. 칼이 내게 브로카의 뇌를 손에 들어 보는 것이 얼마나 의미심장한 일인지 설명하는 동안, 우리 둘의 머릿속에서 과학의 의미에 대한 어떤 생각이 동시에 떠올랐다.

우리가 함께한 20년 동안 더러 있었던 그런 숭고한 순간, 우리는 마치 한 뇌의 두 부분인 것처럼 느꼈다. 우리 둘이 하나가 된 듯한 그런 짜릿한 순간이면, 칼은 늘 지니고 다니던 소형 녹음기를 꺼내어 우리에게 떠오른 생각을 말로 녹음했다. 그날 파리 박물관에서 우리에게 떠올랐던 생각은 나중에 그가 쓴『브로카의 뇌(Broca's Brain)』의 표제작이 된 글로 발전했다.

브로카는 뇌에 대한 지식을 발전시킨 선각자였다. 하지만 칼이 지적했듯이, 그런 브로카도 자기 시대의 편견에서 자유롭지 못했다. 브로카는 남자가 여자보다 정신적으로 우월하다고 믿었고, 백인이 다른 인종보다 우월하다고 믿었다. 칼은 이렇게 썼다. "브로카에게 인도주의적 사상이 부족했다는 사실은 그처럼 지식의 자유로운 추구에 헌신했던 인물이라도 뿌리 박힌 편견에 속아 넘어갈 수 있다는 것을 보여 준다."

40년 뒤, 나는 「코스모스」세 번째 시즌을 만들기 위해 브로카의 뇌를 다시 찾아보았다. 하지만 그의 뇌는 사라지고 없었다. 컬렉션을 다른 박물관으로 옮기던 도중 사라졌거나, 대중 앞에 내보이기에는 더 이상 적합하지 않은 표본이라고 판단되었을 것이다. 이제 와서 돌아보면, 그것은 우리가 그동안 이만큼 나아졌지만, 한편으로는 여전히 몽매하다는 사실을 일깨운다는 점에서 다행스럽기도 하고 무섭기도 한 일이다.

브로카는 뇌의 구조와 기능 사이에 물리적 연관 관계가 있다는 사실을 처음 확인해 냈다. 하지만 의식이라는 활기찬 에너지는 어떨까? 꿈을 이루는 재료는? 그런 것은 병에 담을 수 없다.

고대 이집트 사람들은 밤하늘을 올려다보면서 밤의 여신 누트(Nut)의 배를 본다고 믿었다. 눈을 감았을 때 꿈이 찾아들면, 사후 세계로 이동한 것이라고 믿었다. 그래서 꿈은 일종의 숭배 행위로 여겨졌다. 우리가 자는 도중에 미래를 알아내거나 신들과 소통하는 수단이기도 했다. 독실한 신자들은 꿈을 꾸기 위해서 신전으로 순례를 떠났다. 우선 고립된 곳으로 물러나서, 단식으로 심신을 정화했다. 그다음 눈처럼 새하얀 천 조각에 철필로 특정 신에게 바치는 기원문을 적었다. 그러고는 그 천을 태우면서, 연기가 기원의 내용을 명계(冥界)에 전해 주기를 기원했다. 고대 이집트 사람들은 우리가 깨어 있을 때와 잠잘 때가 어떻게 다른지를 잘 몰랐기에, 꿈이 실체성을 띠는 현실이라고 믿었다. 그렇지 않고서야 유난히 생생한 꿈을 꿀 때 그 내용이 놀랍도록 정확한 것을 어떻게 설명하겠는가?

수천 년 뒤, 19세기 이탈리아의 한 과학자도 의식적이거나 무의식적인 생각이 실체성을 띠는 현실이라고 믿었다. 또 꿈은 우리가 기록할 수도 있는 물리적 현상이라고 믿었다. 그는 그 생각을 증명할 방법을 망가진 정신들과 부서진 꿈들의 장소에서 찾아냈다. 이탈리아 토리노에 있는 마니코미오 디 콜레뇨(Manicomio di Collegno)는 17세기에 지어졌을 때만 해도 장대한 수도원이었지만, 정신 병원으로 쓰이던 1850년 무렵에는 과거의 멋진 모습을 거의 잃었다. 안젤로 모소(Angelo Mosso)가 꿈과 생각에 관한 실험을 수행한 것이 그곳이었다.

노동자 집안에서 태어난 모소는 자수성가해 과학자가 되었고, 주로 약학과 생리학 분야에서 연구했다. 사람들이 법의 보호를 구할 길 없이 말 그대로 일하다가 죽어 가던 시대에, 모소는 과학으로 열악한 노동 환경을 개선할 수 있다고 믿었다. 그는 고된 노동의 쉼 없는 스트레스가 사람의 심신에 어떤 영향을 미치는지 알기 위해서 에르고그래프(ergograph), 즉 '피로 측정계'를 발명하고 제작했다. 그는 탈진을 개인의 나약함이나 성격적 흠을 보여 주는 신호가 아니라 육체적이고 감정적인 특정 상태로 해석했다. 탈진은 몸이 우리에게 부상을 피하려면 하던 일을 멈춰야 한다고 알려주는 방법이었다. 모소는 피로도 공포처럼 진화적 이점이 있는 특질이었을 것이라고 추론했고, 두 주제에 대해 각각 『피로(Fatigue)』와 『공포(Fear)』라는 한 단어짜리 제목의 방대한 책을 써서 적잖은 영향력을 발휘했다.

『피로』는 아프리카를 떠나 이탈리아 팔로에 도착한 메추라기 등의 철새들이 드러내는 피로를 관찰한 내용으로 시작된다. 모소는 이어서 또 다른 동물들에게서 관찰한 피로를 세세히 기술한 뒤, 150쪽을 넘긴 뒤에야 공장 노동자들이 겪는 피로를 묘사하기 시작했다. 그리고 산업 혁명의 지옥 같은 현실과 그 현실이 노동자들의 가정과 육체적 안전에 끼치는 피해를 이야기했다.

정량적이고 과학적인 "탈진의 법칙"을 유도해 내기 위해서, 모소는 인체의 혈류를 기록할 수 있는 장치를 고안했다. 그는 조수에게 옷을 벗고, 균형이 매우 정밀하게 맞춰진 탁자에 올라가서 누우라고 시켰다. 그러고는 조수의 엄지발가락, 손, 심장에 감지기를 붙였다. 감지기들은 그래프 용지가 감겨 있고 오르골처럼 손잡이로 회전하는 원통에 이어져 있었다. 그러자 바늘이 마치 현대의 심전도(electrocardiogram, ECG) 기기처럼 움직이면서 혈류를 기록하기 시작했다. 모소는 혈류 측정 기계를 발명한 것이었다.

심장이 내뿜는 혈류를 기록할 수 있다면, 뇌의 활동도 기록할 수 있지 않을까? 모소는 머리뼈라는 보호막에 싸인 뇌의 미세한 웅얼거림을 어떻게 받아 적을 수 있을지 고민했다. 측정 대상을 해치지 않고 측정할 방법이 있을까? 그러던 중, 이 의문에 답하도록 도와줄 환자가 나타났다.

안젤로 모소는 종종 자신을 실험 대상으로 삼았다. 그가 개발한 혈류 측정 장치는
오늘날의 심전도(ECG) 기록 장치의 선배 격이다.

조반니 트론(Giovanni Thron)은 겨우 생후 18개월이었을 때 높은 곳에
서 떨어졌다. 머리뼈가 심하게 부서져서, 일부는 영영 다시 붙지 못했다. 충격
때문에 그는 자주 격렬한 뇌전증성 발작을 일으켰다. 부모는 너무 두려웠던
지, 혹은 더는 견딜 수 없었던지 아이가 다섯 살이 되던 때 마니코미오 병원에
아이를 버렸다.

그로부터 6년 뒤 조반니를 만난 모소는 아이의 인생을 영원히 망쳐놓은
재앙 같은 부상이 자신에게는 보기 드문 의학적 기회라는 사실을 알아차렸
다. 아이는 특수한 가죽 모자로 머리뼈의 사라진 부분을 덮고 지냈다. 모소는
그 모자 밑에서 뇌로 들어가는 문을 발견했다. 그는 뇌 속을 도는 혈류를 기록
할 수 있을 만큼 민감한 기계를 고안하고 제작했다. 하지만 조반니는 깨어 있

는 동안에는 늘 흥분 상태였기 때문에, 모소는 아이가 잠든 순간에만 연구할 수 있었다. 아이의 뇌에 떠오른 생각의 희미한 자취를 읽어 내려면, 아이가 꼼짝도 하지 않고 가만히 있어야 했다.

모소는 이렇게 적었다. "1877년 2월에 조반니를 만났다. 그의 머리뼈에는 큰 구멍이 뚫려 있고 피부로만 덮인 부분이 있었다. 끔찍한 추락 사고는 그의 지능 발달을 저지시켰다. 슬픈 점은 그렇듯 정신이 망가진 와중에도 그에게 고차원적인 생각이 하나 남아 있었고 지난 시간의 잔재라고 할 만한 그 말을 그가 끊임없이 되뇐다는 것이었다. '학교 가고 싶어.'라는 말이었다."

소년이 잠들자, 모소의 조수가 소년의 오른쪽 눈 위에 조심스레 감지기를 붙였다. 그 부위에는 뇌가 아주 얇은 흉터 조직만으로 덮인 채 드러나 있었다.

모소는 이렇게 적었다. "잠이라는 신비로운 삶을 방해할 외부 요인이 아무것도 없을 때, 고요한 밤중에 작은 등불만 밝힌 채 그의 뇌에서 벌어지는 일을 관찰하는 것은 무척 흥미로운 광경이었다. 뇌의 맥박은 10분 혹은 20분쯤 아주 약하게 꽤 규칙적으로 뛰었다. …… 그러다 갑자기, 겉으로 드러난 원인은 없는데도, 뇌가 훨씬 더 격렬하게 뛰기 시작했다. 우리는 숨죽이고 지켜보았다."

모소는 자신의 이전 발명품이 심장의 활동을 기록했던 것처럼 이 장치가 뇌의 활동을 기록할 수 있을지를 초조하게 지켜보았다. 그리고 그날 밤의 이야기를 들려주는 기록 중 이 대목에서, 과학자 모소와 시인 모소가 하나가 되었다. "이 불행한 소년의 휴식을 격려하고자 꿈이 찾아든 것이었을까? 기억 속에서 어머니의 얼굴과 아기였을 때의 추억이 환히 떠올라 소년의 캄캄한 지성을 밝히고, 뇌가 흥분으로 두근거리도록 만든 것이었을까? 아니면 그것은 아무도 알 수 없는 고독한 바다에 일어난 밀물과 썰물처럼 그저 의식 없는 물질의 요동일 뿐이었을까?"

그 겨울날 밤 모소의 장치는 이 질문에 대답해 주지 못했지만, 그래도 조반니의 꿈은 기록해 주었다. 모소는 신경 영상 기법(neuroimaging)을 발명한 셈이었고, 뇌가 밤에도 근무한다는 사실을 확인했다. 뇌는 우리가 잘 때도 꿈의 줄거리를 짜고 인물을 캐스팅하면서 삶의 업무를 처리하느라 바빴다.

그날 밤으로부터 석 달 뒤, 조반니는 빈혈로 죽었다. 열두 살도 안 된 나이였다.

안젤로 모소의 선구적 신경 과학 연구에 감화받아 그 분야를 성큼 더 발전시킨 남자가 있었다. 그는 원래 심령 현상이 실체적인 현상임을 증명하고 싶었다. 그 계기는 직접 겪었던 오싹한 사고였다.

한스 베르거는 천문학자가 되고 싶었지만 수학을 못했다. 그래서 열아홉 살이 된 1892년에 독일 군대에 들어갔다. 그런데 고원을 달려 야영지로 돌아가던 중, 베르거를 태운 말이 발을 헛디뎌서 그를 향해 달려오는 중포(重砲) 마차 앞에 내동댕이쳤다. 곧 깔려 죽겠구나 생각하는 순간, 베르거에게는 시간이 느리게 흐르는 것 같았다. 시간이 정상 속도를 되찾고 보니, 그가 누운 지점으로부터 불과 몇 센티미터 앞에 마차가 멈춰 있었다. 그는 죽음과 옷깃을 스친 사건에 동요했지만, 그날 밤 벌어진 일은 그것보다 더 큰 충격을 주었다.

동료 군인들이 흥청망청하는 동안, 베르거는 여태 진정하지 못하고 침상에 가만히 앉아 있었다. 전보를 전해주러 온 소년이 앞에 서 있는 것도 알아차리지 못했다. 그는 전보를 펼쳤고, 내용을 읽은 순간 그의 인생이 바뀌었다. 그것은 평소 쌀쌀맞고 소원해서 이전에는 전보 한 번 친 적 없던 아버지가 보낸 전갈이었다. 베르거의 누나가 그날 동생에게 끔찍한 일이 벌어진 게 틀림없다는 직감을 느끼고 공황에 빠졌다는 내용이었다.

자신이 곧 죽겠구나 생각했던 순간에 자신도 모르게 뇌가 가장 가까운 사람인 누나에게 텔레파시를 보냈을까? 베르거는 답을 알아내겠다고 결심했다. 마음을 다잡고 의학을 공부해, 예나 대학교에서 가르치는 의사가 되었다. 낮에는 가르치는 학생들이나 함께 일하는 동료들의 눈에 서투를 만큼 딱딱해 보이고 과학적으로도 모험 따위는 하지 않는 사람이었다. 하지만 밤이면 바이에른 시골에 마련한 비밀 실험실에서 뇌를 연구하는 실험에 매진했다. 그는 심령 에너지가 실재한다는 것을 증명할 작정이었지만, 자신의 진정한 연구 목표를 누구에게든 들킨다면 비웃음을 사고 학계에서 쫓겨날까 봐 두려웠다.

그는 모소의 장치와 좀 비슷하게 생긴 장치를 제작했다. 그러고는 거울 앞에 서서 은으로 된 가는 바늘들을 자기 머리에 꽂았다. 바늘에는 전선이 달려 있었고, 전선은 회전하는 원통이 있는 기계로 연결되었다. 바늘을 다 꽂은 뒤, 그는 레버를 당겨서 바늘에 전기가 통하게 했다. 충격에 얼굴이 절로 찡그려졌다. 하지만 원통에 감긴 용지 위에 놓인 기록용 바늘은 꿈쩍하지 않았다. 움직이지도, 자국을 남기지도 않았다. 그는 아무 일도 벌어지지 않는 것을 보고 낙담했지만, 곧 다시 실험에 나섰다. 부단히 장치를 개량하고 측정을 했다.

베르거는 그 실험을 20년이나 비밀로 했다. 해가 갈수록 장치는 나아졌다. 그는 바늘 대신 고무로 된 흡입 컵을 쓰기 시작했다. 그러던 어느 날, 그는 스위치를 올리고 장치가 윙윙거리는 것을 느끼면서 회전 원통을 확인했다. 그리고 바늘이 구불구불한 선을 그리는 모습을 보았다. 그는 활짝 웃었고, 그러자 바늘은 화답하듯이 크게 휜 선을 그렸다.

그것은 최초의 뇌전도 측정 장치(EEG)였다. 베르거의 발명품은 뇌가 내는 전기 화학적 신호를 해석할 수 있게 해 주었고, 뇌전증을 비롯한 여러 신경학적 질환들을 진단할 수 있게 해 주었다. 하지만 그는 심령 에너지나 텔레파시의 증거는 찾지 못했다. 그는 심한 우울증에 빠졌고, 1941년에 비밀 실험실에서 목을 매어 자살했다.

뇌전도 측정 장치는 오늘날에도 쓰이지만, 이제 우리에게는 그것보다 훨씬 더 정확하게 뇌 활동을 관찰하고 기록할 다른 방법들도 있다. 우리는 심지어 생각의 전기 화학적 언어를 해독하는 단계에까지 이르렀다.

안젤로 모소가 조반니가 꾼 꿈의 전기적 속삭임을 처음 기록한 때로부터 딱 100년 후인 1977년, 나는 앞으로 50억 년 안에 우리 은하의 어딘가에 있을지도 모르는 존재에게 보낼 메시지에 담으려고 내 뇌파를 기록했다. 사정은 이랬다. NASA의 보이저 1호와 2호 측면에 부착할 유례없이 복잡한 성간 메시지를 작성하는 일에 칼 세이건이 나를 기획자로 끌어들였다. 두 보이저 호는 외행성계를 정찰한 뒤 이후 수십억 년 동안 은하를 떠돌게 될 예정이었다. 골든 레코드라고 불리게 된 레코드에는 다양한 인류 문화에서 선발한 음악이 담겨 있었다. 델타 블루스, 페루의 팬파이프, 자바의 가믈란, 나바호 족의 야경곡, 세네갈의 타악기, 일본의 전통 피리인 샤쿠하치(尺八), 조지아의 남성 합창 등등. 레코드의 다른 부분에는 또 다른 소리들이 담겼다. 신생아의 첫 울음소리와 어머니가 부드럽게 어르는 소리, F-111 지상 공격기가 나는 굉음, 귀뚜라미 노래, 키스 소리, 그리고 59개 언어로 된 인간의 인사말과 고래의 언어. 우리는 누가 그 음반을 들기라도 할지, 듣고는 뭐라고 이해할지 알 수 없었다. 그래도 그 작업을 신성한 업무라고 여겼다. 인간이 만든 물건 중 그 골든 레코드처럼 멀리 또 오래 여행할 물건은 없었다. 게다가 냉전이 한창이던 1977년이었으니, 우리는 그 일을 인류 문화의 방주를 제작하는 일로 여겼다.

칼과 나는 골든 레코드를 만들던 봄에 사랑에 빠졌다. 서로 친구이자 동료로 안 지는 3년째였고, 각자 다른 짝이 있었다. 그렇게 아무 사이도 아니었을 때, 나는 칼에게 만약 내가 명상하는 동안 내 뇌전도, 심전도, 급속 안구 운동(rapid eye movement, REM)을 기록한다면 우리가 상상하는 외계인이 그 신호를 해독할 수 있을까 하고 물었다. 칼은 이렇게 대답했다. "수십억 년은 긴 시간이죠, 애니. 한번 해 봐요."

뉴욕의 한 병원에서 녹음하게 된 날은 우리가 장거리 통화로 불쑥 서로에 대한 사랑을 발설하고 결혼하기로 약속한 날로부터 이틀 뒤였다. 그날 내가 명상에서 떠올린 생각은 지구의 수십억 년 역사라는 방대한 서사였다. 하지만 1시간의 명상이 끝나 갈 무렵, 나는 스스로에게 사적인 시간을 약간 허락해 불과 이틀 전에 발견한 사랑을 떠올렸다. 비로소 내 마음이 쉴 곳을 발견했다는 신선한 환희는 그 레코드에 담겨서 지구보다 더 오래 살아남을 것이다.

우리는 불과 100년 만에 말이 끄는 마차에서 성간 우주선까지 발전했다. 사람이 전보를 전달하던 시절에서 생각을 광속으로 서로에게 전달하는 시절로, 나아가 우리의 내밀한 감정을 수십억 년 뒤 은하로 내보내는 시절로 발전했다. 우리는 어떻게 그런 도약을 이뤘을까? 그리고 왜 하필 우리였을까? 지금까지 지구에 살았던 수십억 종의 생물 중에서 왜 다른 종이 아니라 우리였을까? 아프리카 사바나에서 유래한 영장류가 로봇 사절을 내보내어 화성의 붉은 사막을 탐사하고 인공 위성이 화성을 돌게끔 하다니. 우리가 이 일에 나선

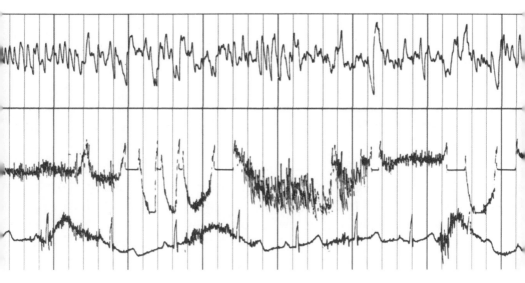

보이저 호의 골든 레코드에 싣기 위해서 1977년 6월에 기록한 앤 드루얀의 뇌파와 심음 기록.
앞으로 50억 년 뒤 우리 은하의 먼 곳에 있는 외계인은 이 안에 담긴 환희를 읽어 낼 수 있을까?

지는 사람의 일생에도 못 미치는 60년밖에 안 되었는데, 우리가 내보낸 로봇들이 우리 작은 행성으로부터 얼마나 멀리 진출했는가 생각해 보라!

그 모든 발견의 오디세이가 시작된 곳은 우리 뇌였다. 그렇다 보니 그토록 신비로운 업적을 이뤄내는 기관이라면 그 자체로 우리의 이해를 뛰어넘는 대상이라고 여기기가 쉽다. 한편 우리의 정신도 우리의 위장이나 발과 똑같은 물질로 만들어졌다는 사실은 믿기가 좀 어렵다.

의식은 초자연적인 현상처럼 보인다. 정체성, 경외감, 회의, 상상, 사랑, ……

어떻게 주기율표의 원소들로부터 초월을 합성한단 말인가? 어떤 먼 별이 폭발해야만 우리에게 영감의 씨앗을 제공할 수 있단 말인가?

물질이 의식으로 바뀐 과정을 살펴보려면, 지구의 바다에 처음 나타났던 단세포 생물까지 거슬러 올라가야 한다. 여러분이 지금 무슨 생각을 하는지 알 것 같다. 그 하찮은 미생물에게 뇌가 있었을 리 없잖아! 맞다. 그들에게 뇌는 없었다. 그래도 어쨌든 의식은 그때 싹텄다. 미생물들은 편모라는 작은 기관을 움직여서 헤엄치며 때로는 해수면에 어룽거리는 햇빛을 향해 다가가고 때로는 깊은 곳으로 피했다. 그 단세포 미생물들이 아는 것은 많지 않았겠지만 그래도 아예 없지는 않았다. "빛을 향해서 가자. …… 이런, 너무 밝네. 좀 더 어두운 곳을 찾아가자." 여러분도 무슨 뜻인지 알리라. 편모가 언제 처음 진화했는지 정확히 알 수 없지만, 우주력으로 가을 중 언젠가 벌어진 일인 것은 분명하다.

생각해 보면, 무언가가 살아 있다고 말할 수 있는 결정적 특징은 환경에 적응하는 능력이다. 그리고 수준이야 어떻든 조금이라도 의식이 있지 않고서는 그 일을 썩 잘 해낼 수 없을 것이다. 그 미생물들은 수십억 년을 거치면서 부분들의 합 이상으로 발전했다.

칠레와 페루 앞바다의 해저에는 아마도 살아 있는 유기체로서는 지구에서 제일 큰 존재가 있다. 수많은 덩굴손 같은 것들이 물속에서 우아하게 나부끼는 그것은 그리스 영토만 한 집단을 이룬 미생물들이다. 언뜻 털이 긴 카펫이 넘실거리는 것처럼 대수롭지 않아 보이지만, 그 유기체에는 규모 외에도 놀라운 점이 있다. 그 군체의 옛 선조에 해당하는 존재는 스트로마톨라이트라고 불리는 화석으로 보존되어 있는데, 그것은 광합성하는 미생물인 남세균들이 모여서 이룬 집단이었다. 그들이 바로 뇌 발달의 초기 단계를 이뤄낸 존재였다. 이 방대한 미생물 매트의 한중간에 있는 미생물이 배가 고프면, 포타슘 (칼륨) 파동의 형태로 전기 메시지를 내보내어 매트의 가장자리에 있는 친구들에게 알린다. 메시지는 이온 통로를 통해서 전달된다. 중앙에 있는 미생물에게서 시작된 노란 포타슘 파동이 이웃 미생물들의 중계를 거쳐 가장자리까지 이어진다. 메시지는 "이봐, 친구들, 먹을 걸 독차지하지 말아 줘!" 하는 뜻이다. 그러면 매트 가장자리의 미생물들이 영양소 섭취를 줄인다. 이런 군체의 옛 조상들이 이런 메시지 전달에 전문화한 세포, 즉 신경 세포(neuron, 뉴런)를 진화시켰을 가능성이 있다.

신경 세포는 인간을 포함해 동물계의 거의 모든 종에서 신경계를 이루는 기본 단위다. 신경 세포의 성질은 종마다 차이가 거의 없지만, 개수는 종에 따라 어마어마하게 차이 난다. 요즘 과학자들은 뇌전증이 뇌에 있는 신경 세포의 이온 통로가 엉뚱하게 점화하는 바람에 생기는 문제일 것이라고 본다.

생각해 보라. 미생물 매트와 아이작 뉴턴 사이에는 진화의 수억 년 세월이 놓여 있다. 그런데도 그들이 하는 '생각'의 기본 단위가 같다니. 약 40억 년 전에 미생물들이 개척했던 메시지 전달 체계가 아직 우리 안에 있다니. 그 체계는 우리 유전자에 기록되어 생명의 책 안에 새겨져 있다. 여러분의 심장이 뛰는 것도, 여러분의 뇌가 생각하는 것도 다 그 옛날 미생물들이 한데 모여서 낱낱의 합보다 훨씬 더 복잡하고 미래를 알 수 없는 존재로 바뀌었기 때문이다. 30억 년 전에 누군가 미생물 매트를 보았다면, 그 단세포 생물이 언젠가 인간으로 진화하리라고는 미처 예측하지 못했을 것이다. 생물과 환경이 억겁의 시간 동안 상호 작용하면 그런 일이 가능하다. 작은 개체들이 모여서 진화할 수 있다. 그 결과가 단순한 부분들의 합 이상일 때, 우리는 그런 현상을 **창발(創發, emergence)**이라고 부른다.

해파리가 좋은 예다. 해파리는 뇌가 없다. 사실 눈도 심장도 없다. 작은 남세균들이 뭉쳐서 살아가는 군체였던 스트로마톨라이트와 좀 비슷한 존재다. 하지만 물론 해파리는 세균 군체보다 훨씬 더 세련되었고 개성도 훨씬 더 강하다. 신경 세포도 5,600개나 있다.

하지만 신경 세포도 시냅스가 없으면 아무 소용없다. 시냅스란 신경 세포들이 맞닿은 부위를 말하는데, 그 틈을 통해 신경 세포에서 신경 세포로 정보가 흐르고 그럴 때 비로소 의식이라는 각성 상태가 발생한다. 시냅스는 중대한 진화적 도약이었고, 일부 해파리는 시냅스를 갖고 있다. 해파리는 또 몸의 여러 부위가 독립적으로 기능할 줄 안다. 반으로 잘리더라도 거뜬히 재생해 두 마리의 온전한 해파리가 된다. 세상에 또 어떤 생명체가 그럴 줄 알겠는가?

사실 나는 그럴 줄 아는 생명체를 하나 더 안다. 우리가 그 생명체의 머리를 자르더라도, 그 생명체는 아무 문제 없이 새로 머리를 만들어 낸다. 칼로는 그 생명체를 죽일 수 없다. 꼭 화려한 드레스에 달린 주름 장식처럼 생긴 생명체이지만, 그 속에는 놀라운 이야기가 담겨 있다.

아주 오래전, 약 6억 년 전, 생명이 지구에 전에 없던 새로운 것을 진화시켰다. 환경을 인식하고 반응할 줄 아는 지휘 본부, 즉 뇌였다. 우리는 그 일이 최초의 동물 사냥꾼이었던 고대 편형동물에게서 벌어졌다고 본다. 먹이를 찾아내고 공격 계획을 세워야 하는 사냥꾼에게 뇌는 과연 요긴한 기관이었을 것이다. 시야가 서로 겹치는 두 눈이 출현한 것도 도움이 되었다. 쌍안시는 거리감을 느끼게 하고 대상을 훨씬 더 또렷하게 보여 주니, 사냥꾼이 먹이의 위치를 더 잘 파악할 수 있었을 것이다.

사진에 찍힌 몰타 해역의 야광원양해파리(*Pelagia noctiluca*) 같은
해파리들은 뇌가 없지만, 몸 전체에 퍼진 신경망이 있다.

편형동물의 뇌는 신경 세포들이 접합해 빽빽한 덩어리를 이룬 신경절 한 쌍으로 구성된다. 거기에서 척수가 뻗어 나와, 약 8,000개의 신경 세포를 통해 온몸으로 지시를 내리고 감각을 느낀다. 후대에 출현할 생명체들의 신경 세포 개수에 비하면 변변치 않지만, 그래도 중요한 시작이었다.

편형동물은 얼굴 양옆으로 귀가 있을 만한 자리에 귓바퀴 같은 것이 있는데, 사실은 귀가 아니라 코다. 편형동물과 우리는 닮은 점이 별로 없을 것 같지만, 실은 많다. 우리는 신경계를 통제하는 화학 물질인 신경 전달 물질을 공유한다. 똑같은 약에 중독된다. 편형동물도 학습할 줄 안다. 환경에 관한 정보를 처리하고 그에 알맞게 행동한다. 편형동물은 자연에서 최초로 몸에 앞, 뒤, 머리가 있는 동물이었던 듯한데, 그 구조는 6억 년이 지난 오늘까지도 최첨단 구조로 남아 있다. 그리고 편형동물은 진정한 의미에서 개척자였다. 이전의 다른 생명체들과는 달리, 편형동물은 간절히 바라는 것을 찾아 미지의 영역으로 과감히 들어가 보는 습성을 발달시켰다.

이렇게 비슷한 점이 있기는 해도, 편형동물의 뇌와 우리 뇌는 차이가 크다. 우리는 어떻게 여기까지 왔을까? 아직 그 답은 모르는데, 가장 큰 이유는

지금까지 2만 종이 넘는 편형동물이 확인되었다. 대부분은 사진과 같은 해양 무척추동물이다.
이런 플라나리아들의 먼 선조가 처음으로 뇌를 가졌다.

뇌가 물렁물렁해서 화석으로 뚜렷하게 남지 않는다는 데 있다. 그러나 그 대신 현재의 뇌 자체에 그것이 거쳐 온 진화의 과거가 간직되어 있다.

첫 번째 「코스모스」 다큐멘터리에서도 했던 말인데, 일련의 무계획적 개발을 거쳐 작은 정착지에서 세계의 수도로 자란 대도시 뉴욕은 뇌의 비유로 안성맞춤이다. 도시의 도로, 상수도, 에너지, 통신 체계가 확장되고 변화하는 와중에도 도시는 계속 온전히 기능해야 했고, 그 점은 진화하는 뇌도 마찬가지였을 것이다. 뇌든 도시든 뭘 좀 수선하고 개선하겠다고 아예 문을 닫을 수는 없으니까. 최신 대뇌겉질이 진화하는 동안에도 오래된 변연계는 계속 완벽하게 작동해야 한다.

만약 당신의 뇌에 든 내용을 모두 문자로 받아 적는다면 — 내용은 지식만을 말하는 게 아니라 당신이 숨 쉬는 능력, 꽃향기를 맡고 향을 기억하는 능력, 뇌가 드러내지 않고 깔끔하게 해내는 모든 일들, 할 줄 아는 행동, 알고

201

있는 정보 모두를 뜻한다. ― 세계 최대의 도서관이 소장한 장서보다 더 많은 책을 채울 것이다. 당신의 머리에 든 정보량은 책 40억 권 이상이다. 우리가 첫 번째 「코스모스」에서 말했듯이, "뇌는 아주 좁은 공간에 든 아주 넓은 장소다."

그 책들은 바닷속 미생물 매트가 개척했던 신경 세포에 씌어져 있다. 작은 전기 화학적 스위치인 신경 세포는 폭이 보통 수백분의 1밀리미터에 불과하다. 한 사람에게는 신경 세포가 1000억 개쯤 있다. 우리 은하에 있는 별들의 수와 얼추 비슷하다. 뇌에서 신경 세포들은 각각의 부위들끼리 ― 신경 세포는 축삭돌기, 가지돌기, 시냅스, 세포체로 구성된다. ― 서로 연결되어 그물망을 이룬다. 신경 세포 하나가 수천 개의 이웃 신경 세포들과 연결된 경우도 많다. 신경 세포에서 나뭇가지처럼 삐죽삐죽 솟아 나와 다른 신경 세포들과 연결되는 부위인 수상돌기는 시냅스로 이어지고, 그런 시냅스들이 모여서 온전한 의식의 신경망이 형성된다.

뇌에서는 늘 신경 화학적 활동이 몹시 분주하게 벌어진다. 뇌의 신경 회로는 인간이 설계한 어떤 기계의 회로보다 뛰어나다. 당신의 뇌가 잘 기능하는 것은 당신을 당신이라는 사람으로 만들어 주는 100조 개의 신경 연결들 덕분이다. 당신이 느끼는 사랑과 경이감도 ― 우리가 자연의 장엄함을 엿볼 수 있는 것도, 그리고 의식이 지어내는 모든 우아한 구조물도 ― 모두 그 연결들 덕분이다. 작은 물질 단위들이 집단을 이루어 작동함으로써 자신들보다 훨씬 더 뛰어난 무언가로 바뀌는 것, 코스모스가 스스로를 알아내는 수단이 되어 주는 것, 이것이 바로 창발의 핵심이다.

그런데 창발에는 우주를 그것보다 더 높은 차원으로 끌어올려 줄 가능성이 있다.

우리는 우주를 알 수 있을까? 이 모든 은하, 태양계, 수많은 세계, 위성, 혜성, 존재, 그들의 꿈 등등. 지금까지 존재한 모든 것과 존재할 모든 것을 알 수 있을까? 칼 세이건은 『브로카의 뇌』에서 우리가 소금 한 알이라도 제대로 알 수 있을지 의문스럽다고 말했다. "소금 1마이크로그램을 생각해 보자. 시력이 뛰어난 사람이 현미경 없이 맨눈으로 겨우 볼 수 있을 만큼 작은 조각이다. 그 소금 한 알에는 소듐(나트륨) 원자와 염소 원자가 10의 16제곱 개쯤 들어 있다. 1 뒤에 0이 16개 이어진 숫자, 즉 1경 개의 원자가 들어 있다.

"우리가 그 소금 한 알을 이해하고 싶다면, 최소한 그 원자들의 3차원 위치라도 알아야 한다." 칼은 이어서 우리가 소금의 결정 구조와 원자들이 그 속에서 취하는 위치를 안다는 사실이 얼마나 행운인지 모른다고 말했다. 그 덕분에 소금을 이해하는 데 필요한 정보가 10비트로 주니까. 만약 코스모스가 법칙을 따른다면, 우리가 이제 막 알아내기 시작한 법칙들을 포함해 어떤 법칙들을 따른다면, 아마 우리는 코스모스를 이해할 수 있을 것이다. 비록 우리 지능으로는 부족해 인공 지능으로 보강해야 하더라도. 칼은 사람의 대뇌겉질에 있는 연결의 개수가 100조 개쯤 되리라고 계산했다. 가시 우주에 있는 은하의 수보다 100배 더 많은 수의 연결이 우리 안에 있는 셈이다.

우리는 이 위대한 탐사를 이제 막 시작했다. 생물학자들이 인간 유전체를 지도화하는 데 성공한 것처럼, 신경 과학자들은 그것보다 훨씬 더 복잡하고 개인마다 고유한 무언가를 지도화하는 작업에 나섰다. 그것은 바로 한 사람의 모든 기억, 생각, 두려움, 꿈으로 이뤄진 고유한 배선도인 **커넥톰** (connectome)이다. 만약 우리가 그 복잡한 것을 이해해 낸다면, 그 후에는 서

로를 어떻게 대하게 될까? 우리는 뇌가 겪는 무수한 고통을 낫게 할 수 있을까? 온 세상의 조반니들을 자유롭게 만들어 줄 수 있을까? 언젠가 우리는 커넥톰 중 하나를 미래의 성간 탐사선에 실어 내보낼까? 혹은 다른 세계의 존재가 보내온 커넥톰을 수신하리라는 희망을 품을 수 있을까?

생각과 꿈의 커넥톰으로 하나로 연결된 코스모스, 그것이 창발성의 궁극적인 실현일까?

곤살레스가 샘의 시술을 마친 뒤 대기실에서 기다리는 나를 찾아온다. 다가오는 그의 표정에서는 결과를 읽어 낼 수 없다. 그가 곁에 앉으면서 살짝 웃더니, 시술이 잘되었다고 말한다. 샘은 회복에 시간이 좀 걸리겠지만, 그래도 지식이나 능력을 조금도 잃지 않은 예전의 샘일 것이라고 한다. 몇 주쯤 지나서 샘의 뇌가 진정하면, 이번보다 훨씬 덜 위험한 후속 시술을 시행해서 안전을 확보할 것이라고 한다. 나는 평생 과학에 연애 편지를 써 왔다. 그리고 오늘, 곤살레스는 내 사랑이 옳다는 것을 확인시켜 주었다.

우리는 소금 한 알이라도 이해할 수 있을까? 편광 현미경으로 찍은 이 사진은
우리가 매일 여상(如上)하게 뿌리는 소금의 복잡한 결정 구조를 아주 조금 드러내 줄 뿐이다.

6장

1조 개의 세계를 가진 남자

1956년 4월 24일

카이퍼 박사님께,

여름에 맥도널드 천문대에서 연구하지 않겠느냐는

친절한 제안을 숙고한 끝에, 그리고

유럽은 늘 미국에서 지금만큼 떨어져 있겠지만

화성은 그렇지 않다는 지적을 고려한 끝에,

제안을 기쁘게 수락하고자 합니다.

— 21세의 칼 세이건이 보낸 편지

분과의 경계를 초월했던 과학자

……

우리를 달과 행성들로 데려다 준 과학자.

— 1981년 9월 17일 칼 세이건이 《이카루스》에 쓴 해럴드 유리 부고에서

「허블 울트라 딥 필드(Hubble Ultra Deep Field)」라고 불리는 이 사진은 허블 망원경이 찍은 사진 800장을
조합한 것으로, 은하 1만 개가 담겨 있다. 우리로부터 먼 은하일수록 더 먼 과거의 모습이다. 사진에서
제일 작고 붉은 은하들이 가장 먼 은하들로, 우주가 8억 살일 때, 우주력으로는 1월 중순일 때의 모습이다.

옛날에 특별한 능력을 가진 소년이 살았다. 소년은 하늘을 누구보다 멀리 내다볼 수 있었다. 너무 멀고 희미해서 남들은 망원경 없이는 찾지 못하는 별을 볼 줄 알았다. 대부분의 사람은 플레이아데스 성단에서 반짝이는 사파이어 7개를 가려낸다. 더 보더라도 기껏해야 희미한 별 두세 개를 더 보는 정도다. 우리 선조들에게 플레이아데스 성단은 사냥꾼이나 정찰자가 되려면 통과해야 하는 자격 시험이었다. 그 별자리에서 별을 12개 봐 내면 합격이었다. 하지만 이 소년은 14개를 봤다. 제러드 피터 카이퍼(Gerard Peter Kuiper)는 보통 사람의 시력으로 볼 수 있는 것보다 4배 더 희미한 별도 볼 수 있었다.

지금으로부터 100년도 더 전의 네덜란드였다. 가난한 재단사의 아들은 천문학자가 될 꿈을 품기 어려운 시절이었다. 하지만 무엇도 소년을 막을 수 없었다. 당시 천문학자들은 코스모스에 행성이 딱 한 줌만, 달리 말해 우리 태양계의 행성들만 있다고 여겼다. 행성을 거느린 별이 달리 한두 개는 더 있을 수도 있겠지만, 아무튼 우리 태양계는 별 1조 개 중 하나꼴에 해당하는 특수한 경우라고 여겼다. 천문학자들이 볼 때 나머지 수많은 별은 어떤 행성도 낳

요세미티 국립 공원의 바위산 엘캐피탄과 하프돔 위로 페르세우스 유성우의 유성이
우리가 플레이아데스 성단이라고 부르는 별자리를 스치듯 날고 있다.

지 못한 황량한 빛이었다. 비록 우리가 우주의 중심은 아닐지라도, 우리는 지구에 있다는 것만으로도 여전히 특별한 존재라고 느낄 만했다. 과학자들은 우리 태양이 행성들과 위성들을 거느린 극소수의 운 좋은 별 중 하나라고 믿었다.

과학자의 영혼을 지닌 카이퍼는 별들과 행성들이 어떻게 탄생했는지 알고 싶었다. 이 별 관찰자는 10대 때 그로부터 거의 3세기 전에 살았던 사람의 생각에 매료되었는데, 그 사람이란 17세기 철학자 르네 데카르트였다. 데카르트는 자신이 생각하는 태양계의 기원을 그림으로 설명한 적이 있었다. 알록달록한 바람개비처럼 뱅글뱅글 돌아가는 구름이 있고 그 한가운데에 태양이 있는 그림이었다. 데카르트는 그 회전하는 구름으로부터 밋밋하게 생긴 행성들이 생겨난다고 생각했다. 하지만 그가 살던 시대와 장소는 공인된 종교관에 위배되는 생각을 발설하기만 해도 투옥과 고문과 죽음의 벌을 받을 수 있는 환경이었다. 그는 그 상상을 비밀로 했다. 그 그림은 그가 죽은 지 20년이 넘어서 안전해진 때에야 발표되었다. 데카르트의 상상은 아이작 뉴턴이 태양계에서 중력이 행사하는 역할을 알아내기도 전에 떠올린 단순한 내용이었다. 하지만 미래의 과학자를 흥분시키기에는 충분했다.

카이퍼는 워낙 될성부른 아이였기에, 그의 아버지와 할아버지는 변변찮은 살림에도 그에게 간단한 망원경을 사주었다. 그는 가난한 재단사의 아들이 통과할 성싶지 않은 시험을 통과했고, 1924년에 레이던 대학교에 입학했다. 당시 그곳에서는 천문학의 작은 황금기가 펼쳐지고 있었다. 아인슈타인과 함께 우주론을 연구한 빌럼 더 시터르(Willem de Sitter), 우리 은하의 진화와 형태에 관해서 많은 것을 알아낸 바르트 복(Bart Bok), 우리 은하 내에서 태양의 위치를 알아냈고 혜성 핵들로 이뤄진 방대한 구름이 태양

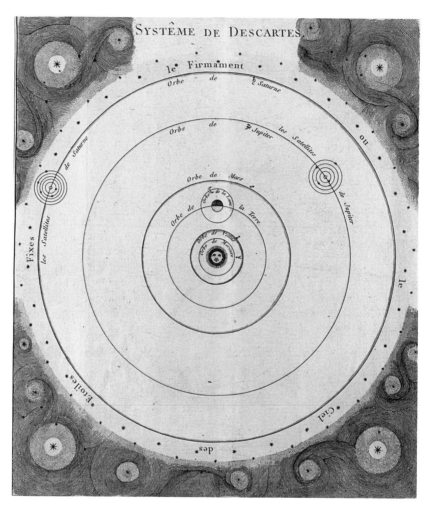

17세기에 데카르트가 상상한 태양계. 태양 주위를 행성들이 돌고 있고,
그 너머의 소용돌이 속에서 별들이 탄생하고 있다.

계를 둘러싸고 있으리라는 사실을 예측해 그 구름에 자신의 이름을 붙인 얀
오르트(Jan Oort), 항성 분류 체계를 개발한 아이나르 헤르츠스프룽(Ejnar

Hertzsprung), ……. 그 대학의 뛰어난 교수들과 학생 중 몇 명만 꼽아도 이 정도였다.

레이던은 그 시절 천문학자에게 특별한 장소였다. 네덜란드가 광학적 관측 대신 전파 천문학에 주력했던 것은 인구 밀도가 높은 작은 나라의 빛 공해와 수시로 흐린 하늘 때문이었을지도 모른다. 천체가 내는 가시광선이 아니라 전파를 수집하는 전파 망원경은 지구 구름의 영향을 받지 않기 때문이다. 전파 천문학은 우리가 전자기 복사의 스펙트럼에서 진화 과정을 통해 만들어진 인간의 눈이 볼 수 있는 좁은 대역에 갇히지 않고 그 너머의 대역에서도 코스모스를 볼 수 있도록 시야를 넓혀 주었다.

카이퍼는 까칠했다. 따지기를 좋아했고, 툭하면 동료들과 갈등을 빚었다. 남들의 연구를 제대로 인정하는 데 소홀할 때도 많았다. 그런 성격 탓에 아마 레이던 같은 작은 물에서 일하기가 쉽지 않았을 것이다. 카이퍼는 미국 텍사스 주 서부 외진 곳에 있는 맥도널드 천문대에서 일자리를 제의받았을 때 안도했던 것 같다. 과학 문화의 중심지들에서 멀리 떨어져서 외딴 천문대를 이끈다는 것은 그에게 썩 마음에 드는 일이었을 것이다. 게다가 그곳에서는 다른 어느 곳에서보다 별을 잘 볼 수 있었다. 주변에 도시도 마을도 없고 그저 자연의 어둠뿐이었으니까.

20세기에 들어설 무렵, 천문학자들은 눈에 보이는 별 중 절반쯤은 사실 중력으로 하나로 묶인 두 별이라는 사실을 알아냈다. 대부분의 쌍성은 마치 쌍둥이처럼 하나의 기체 및 먼지 구름에서 형성되고, 그렇지 않은 나머지 쌍성들은 따로따로 생겨났다가 나중에 발달 과정에서 중력으로 묶인 경우다. 한편 나머지 절반의 별들은 평생 독신이다. 카이퍼는 쌍성에 집중하기로 했다. 쌍성을 살펴보면 우리 태양계의 행성들이 어떻게 형성되고 태양에 묶이게 되었는가 하는 의문에 대한 단서가 나오지 않을까 하는 마음에서였다.

과학사의 모든 발견이 그렇듯이, 카이퍼는 자신보다 앞선 시대와 다른 장소에서 누군가가 했던 연구를 뒤이어서 하고 있었다. 이 경우에는 대단히 유망한 과학자였으나 별빛을 볼 시간이 아주 잠깐밖에 허락되지 않았던 사람의 연구였다.

1784년, 잘생긴 스무 살 청년 존 구드리크(John Goodricke)는 잉글랜드 요크에 있는 친구 에드워드 피곳(Edward Pigott)의 천문대를 찾아갔다. 구드리크는 소리를 못 들었다. 어려서 앓았던 병 때문에 청력을 완전히 잃었다. 하지만 카이퍼처럼 그도 남들이 못 보는 것을 볼 줄 알았다. 구드리크가 썼던 망원경은 나무통과 거울을 결합한 수준의 단순한 물건이었지만, 그것을 통해서 본 광경은 그를 놀라게 했다. 거문고자리 베타라고 불리는 별이 좀 이상했다.

구드리크는 관찰한 내용을 일지에 그림으로 그렸다. 거문고자리 베타와 이웃 별들을 몇 주 동안 관측하고 스케치했다. 그가 남긴 그림을 보면, 그는 분명 거문고자리 베타의 빛이 밝아졌다 흐려졌다 하는 것을 목격했다. 그는 별이 그렇게 이상하게 행동하는 모습을 두 번째로 본 것이었는데, 이전까지 어느 천문학자도 그런 현상을 보고한 적 없었다. 거문고자리 베타의 밝기는 아주 짧은 주기, 불과 며칠의 주기로 규칙적으로 달라졌다. 미묘한 차이였지만, 구드리크는 끈질긴 관측으로 변화가 사실임을 확인했다. 그리고 놀랍게도 그 변이를 몹시 정확하게 예측할 수 있었다. 일지에 적힌 숫자들이 반복되

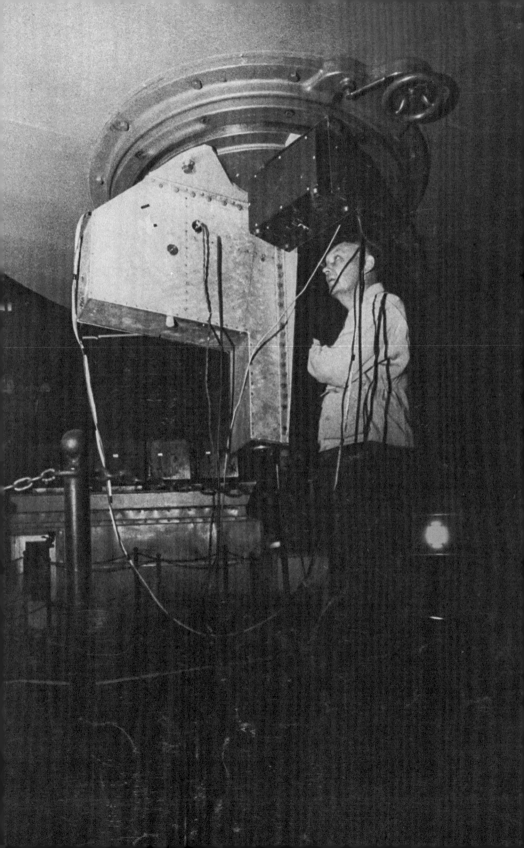

는 패턴은 한눈에 명백했다.

구드리크는 무엇 때문에 별의 밝기가 그렇게 바뀔까 고민해 보았다. 하지만 눈앞에 놓인 증거를 만족시키는 설명이 전혀 떠오르지 않았다. 그러다 문득 터무니없는 가능성이 떠올랐다. 거문고자리 베타 주변을 무언가가 돌고 있어서 주기적으로 별을 가리는 게 아닐까 하는 생각이었다. 하지만 무엇이? 구드리크는 일지에 이렇게 적었다. "어쩌면 행성이……?"

그의 발견은 1786년에 이름 높은 왕립 학회에 알려졌고, 학회는 당장 그를 회원으로 맞아들였다. 하지만 영예의 소식은 그에게 닿지 못했다. 그는 나흘 뒤 폐렴으로 죽었다. 겨우 스물한 살이었다.

그로부터 150년 뒤, 제러드 카이퍼도 구드리크를 혼란스럽게 했던 거문고자리 베타를 관측했다. 하지만 카이퍼는 훨씬 더 큰 망원경을 썼다. 그리고 그에게는 구드리크의 시절에는 존재하지 않았던 또 다른 근사한 무기가 있었으니, 바로 분광기(spectroscopy)였다.

분광기는 별빛을 분해해서 그 별이 어떤 원자와 분자로 이뤄졌는지 알려주는 도구다. 카이퍼는 당시 이미 동반성을 가진 것으로 알려진 거문고자리 베타가 내는 빛의 스펙트럼을 살펴봤다. 그리고 그 별에 여느 별처럼 수소와 헬륨이 많다는 것을 확인했다. 철, 소듐, 규소, 산소도 있었다.

여기까지는 놀랄 일이 없었다. 반전은 그다음이었다. 스펙트럼에서 검은 선들이 아주 살짝이지만 앞뒤로 움직였는데, 그것은 숨은 물체가 별을 중력으로 잡아당긴다고 가정할 때 얻을 수 있는 결과였다. 하지만 그가 보니 스펙트럼에는 움직이지 않는 밝은 선들도 있었다. 분명 뭔가 있었다. 그날 밤 관측

1956년, 제러드 피터 카이퍼가 맥도널드 천문대의 적외선 분광기로 화성 대기를 분석하고 있다.

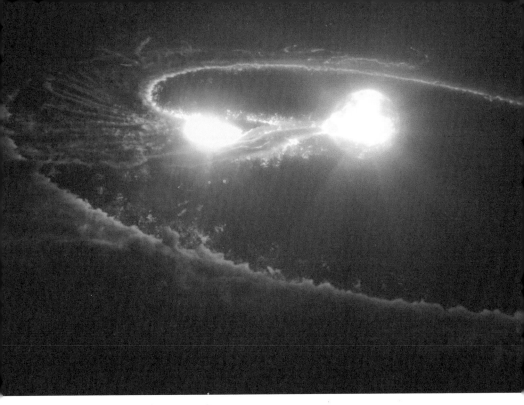

접촉 쌍성인 거문고자리 베타를 그린 그림. 두 별은 중력으로 하나로 묶이고
길이 1300만 킬로미터의 불의 다리로 이어진 친밀한 사이다.

결과를 이해하려고 애쓰다가, 카이퍼는 코스모스에서 별들이 취할 수 있는
가장 친밀한 관계라 할 만한 **접촉 쌍성계(contact binary star system)**를 발견
하고 명명하게 되었다.

　　하나는 크고 하나는 작은 두 별은 작은 별에서 흘러나오는 별 물질로 만
들어진 불의 다리로 이어져 있다. 이 물질 교환이 밝은 스펙트럼선의 존재를
설명해 줬다. 중력으로 묶인 두 별은 **길이 1300만 킬로미터**의 눈부신 다리로
이어져서 영원히 하나로 존재할 운명이다. 작은 청백색 별도 우리 태양보다는
6배 더 크다. 큰 주황색 별은 태양의 15배 크기다. 두 별의 혼란한 표면은 거세
게 고동친다. 큰 흑점이 나타났다 사라졌다 한다. 뜨거운 홍염이 아찔하게 높

이 솟구친다. 두 별은 너무 바싹 붙어 있기 때문에 여느 별처럼 둥글지 않다. 중력이 만든 조석력이 이들을 잡아당기기 때문에, 두 별은 불타는 눈물방울 모양으로 잡아 늘여져 있다.

거문고자리 베타 쌍성계는 지구에서 약 1,000광년 떨어져 있다. 20세기 중반에는 가장 큰 망원경이라도 해상도가 부족해서 두 별을 따로 식별할 수 없었다. 과학자들은 분광기라는 새로운 힘을 얻고서야 두 별을 떼어 낼 수 있었다.

카이퍼는 접촉 쌍성계가 어떻게 형성되었을지 상상해 보았다. 거문고자리 베타의 크고 작은 두 별이 겪은 역사를 거슬러 올라가서 크고 알록달록한 기체와 먼지 구름으로부터 형성되던 시기까지 가 보았다. 그는 그 구름의 밀도가 너무 높아져서 중력으로 인한 소용돌이가 발생하는 바람에 두 별이 형성되었을 것으로 추측했다. 그런데 접촉 쌍성을 생각하다 보니, 간혹 별들의 구애가 실패하는 때도 있지 않을까 하는 생각을 떠올리지 않을 수 없었다.

카이퍼는 스스로에게 물어보았다. 우리 지구, 태양, 달, 다른 모든 행성도 **실패한 쌍성계**에 지나지 않는 것은 아닐까? 우리 태양이 맨 먼저 낳은 행성이자 태양계의 어떤 행성보다 거대한 기체 행성 목성은 혹시 별이 되는 데 **실패한 별**이 아닐까? 태양계가 정말 그렇게 생겨났다면, 코스모스에 널린 다른 별들에서도 비슷한 일이 벌어지지 않았을까?

1949년, 카이퍼는 우리 태양계가 전혀 특별하지 않다고 선언함으로써 세상을 놀라게 했다. 그는 모든 별의 절반 정도가 자신만의 행성 가족을 거느리고 있을 것이라고 말했다.

다른 세계라고?

우주에 수 조 개의 **가능한 세계들**이 있다면 어떨까?

매년 12월에 지구가 만나는 쌍둥이자리 유성우를 찍은 장시간 노출 사진.

하지만 과학은 아직 그런 우주를 받아들일 준비가 되지 않았다. 아직 지구를 벗어나는 첫걸음마조차 뗄 준비가 안 된 상태였다. 왜였을까?

과학은 분과라는 작은 왕국들로 쪼개져 있었고, 서로 다른 분야의 과학자들끼리는 협력하지 않았다. 우리가 지구를 넘어서는 모험에 나서려면 먼저 이 상황이 바뀌어야 했다. 그리고 이 위기는 카이퍼와 또 다른 뛰어난 과학자 사이의 반목으로 정점에 달했다. 접촉 쌍성계의 두 별처럼, 두 사람은 떨어질 수 없었다. 하지만 서로를 질색했음에도 불구하고, 두 사람은 함께 새로운 과학을 낳았다.

가끔은 코스모스가 막무가내로 우리에게 밀고 들어온다. 여러분이 지구에 비처럼 쏟아지는 수많은 황금색 빛줄기를 바라보며 전율하는 밤이 그런 경우다. 하늘에 무슨 일이 벌어진 거지?! 그것은 지구가 혜성이 남긴 잔해를 통과하는 중이라서 벌어지는 일이다. 잔해가 널린 영역은 길이가 수백만 킬로미터나 된다. 그래서 별이 쏟아지는 것처럼 보인다. 하지만 사실 그것은 별이 아니고, 돌과 얼음 조각이 지구 대기로 들어와서 타오르는 것뿐이다. 그것이 바로 유성우이고, 유성우는 매년 같은 날 찾아온다. 왜냐고? 지구가 태양을 한 바퀴 돌아서 아주 오래전에 혜성이 지나갔던 자리로 돌아가는 데 딱 1년이 걸리니까. 원래 그 시간을 1년이라고 부르는 거니까.

혜성과 소행성 조각은 늘 지구로 떨어지고 있다. 그것들은 다른 세계에서 온 물질, 태양계가 형성되던 시절에서 남은 잔해다. 하지만 그 물질을 어떻게 이해하면 좋을까? 제러드 카이퍼의 시절, 즉 20세기 중반에는 어느 분야의 과학자가 보느냐에 따라 달랐다.

지질학자라면, 망치로 그것을 깨뜨려서 그 가루를 현미경에 놓고 결정 구조를 살펴보았을 것이다. 지구의 수수께끼에서 빠진 조각을 운석이 제공해줄 수 있는지 알아보는 방법이었다.

화학자도 같은 답을 찾아 나섰겠지만, 방법은 그것을 염산에 빠뜨려서 다른 화합물로 바뀌는지 살펴보는 방식이었을 것이다. 운석을 고문해 그것이 분자 차원에서 자연에 대한 비밀을 발설하는지 알아보는 방법이었다.

물리학자라면, 그것을 가장 헐벗은 상태로 살펴보기를 바랐을 것이다. 가장 기본적인 질량, 밀도, 경도, 열저항도를 살펴보았을 것이다.

약 5만 년 전 오늘날의 텍사스에 떨어져서 크레이터를 만들어 냈던 운철의 조각.
결정의 패턴으로 보아, 약 45억 년 전에 화성과 목성 사이에서 형성된 소행성의 일부였다.

생물학자라면? 그것을 굳이 집어 들지도 않았을 것이다. 그 시절의 생물학자는 운석을 그냥 지나쳤을 것이다. 우주에서 온 물질이 자신들과 무슨 관계가 있을 가능성은 없다고 여겼기 때문이다. 생명은 단 한 곳, 우리 지구에만 있다고 여겼기 때문이다.

하지만 무엇보다 황당한 일은 당시라면 천문학자도 운석을 그냥 지나쳤을 것이라는 점이다. 천문학자들의 시선은 먼 곳에 고정되어 있었다. 사실 그들을 탓할 일은 아니다. 당시 천문학은 무슨 일을 하고 있었을까? 우리 태양계로부터 한참 먼 곳의 사건들과 천체들에 대한 거창한 이론들이 나오고 있었다. 빛을 타고 코스모스를 달리는 것을 상상해 보는 아인슈타인의 상대성 이론, 우주가 팽창하고 있기 때문에 먼 은하들이 서로 더 멀어지고 있다는 사실을 확인한 에드윈 허블(Edwin Hubble)의 발견. 당시 천문학자들을 짜릿하게 만든 것은 그런 일들이었지, 자기 집 뒷마당에 떨어진 돌이 아니었다. 우리 작은 태양계 내의 행성, 위성, 혜성, 유성을 연구하는 것은 어린이들의 놀이처럼 느껴졌다.

하지만 카이퍼가 그동안 천문학에 출입 금지 구역이었던 영역으로 과감하게 진출하면서 상황이 바뀌었다. 그는 매일 밤 무게 45톤, 길이 2미터의 망원경을 바이올린처럼 연주하는 비르투오소(virtuoso)가 되어 태양계의 기원을 알려줄 단서를 찾아 태양계를 뒤졌다. 그는 그 수수께끼를 풀려면 모든 과학 분과들이 협동해야 한다는 사실을 알았다.

하지만 과학자들은 아직 서로가 필요하다는 사실을 몰랐다.

지질학자와 천문학자는 같은 언어를 쓰지 않았다. 화학자와 생물학자가 지식과 발상을 교류할 수 있는 대학은 전 세계에 한 군데도 없었다. 그래서 카이퍼는 아무것도 없는 텍사스 서부에서 혼자 태양계를 탐사했다.

그는 토성의 위성 중 하나인 타이탄을 살펴보고, 그곳에 대기가 있다는 사실을 발견했다. 메테인이 자욱한 대기였다. 하늘에 찍힌 밝은 점에 불과했던 것이 갑자기 가능한 세계로 바뀌었다. 카이퍼는 또 목성 상층 대기의 독한 구름이 무엇으로 이뤄져 있는지, 그 화학적 조성이 어떤지 알기 위해서 분광기로 조사해 보았다. 그다음으로 붉은 행성 화성을 보았더니, 그곳 대기에는 이산화탄소가 있었다. 그는 궁금해졌다. 내가 지금 우리 행성의 미래를 보는 건가? 혹은 과거를?

하지만 어떤 사람들이 보기에 카이퍼가 하는 일은 남의 영역을 침범하는 것에 지나지 않았다. 천문학자들이 상관할 문제가 아닌 화학 문제를 집적거렸으니까. 그렇게 여긴 사람 중 한 명은 해럴드 클레이턴 유리(Harold Clayton Urey)였다.

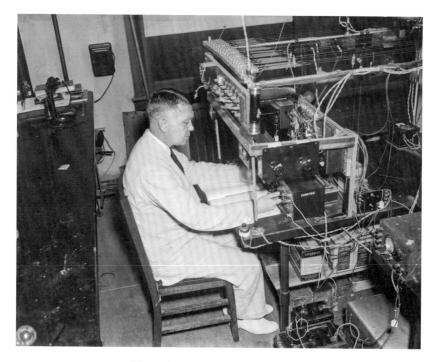

해럴드 유리는 중수소 발견으로 노벨상을 받았고,
원자의 활용과 태양계 탐사에서 지도적인 역할을 했다.

　유리는 화학자였다. 그도 카이퍼처럼 과학자가 되고자 분투해야 했다.
그는 1893년에 인디애나 주의 작은 마을에서 태어났다. 그의 가족도 카이퍼
의 가족처럼 가난했다. 유리가 여섯 살 때 아버지가 돌아가시면서 상황은 더
나빠졌다. 대학은 꿈도 못 꿀 일이었기에, 그는 몬태나 주의 광산촌에서 초등
학교 선생으로 일했다. 그곳에서도 그의 총명함은 눈에 띄었던 모양이다. 한
학생의 부모가 그에게 무슨 수를 써서라도 대학에 가라고 권했다. 그는 벌써
20대 중반이었지만, 너무 늦을 때란 없었다. 그는 충고를 받아들였고, 결국 중
수소 발견으로 1934년에 노벨상까지 받았다.

1949년이면 유리는 그때나 지금이나 세계 최고의 과학 중심지 중 한 곳인 시카고 대학교의 저명 교수로 잘 나가고 있었다. 하지만 카이퍼의 선언이 보도되는 것을 접하자 그는 어쩐지 심기가 불편해졌다. 우선 동료 과학자가 유명해지는 것을 보는 게 샘났을 것이다. 그런 마음은 인지상정이다. 하지만 행성의 기원이라니……. 유리는 천문학자가 태양계의 화학적 속성에 관해서 발언한다는 사실에 경악했다. 그것은 자기 영역이었다.

과학자도 인간이다. 어쩔 수 없는 영장류다. 과학자도 다른 인간들처럼 진화로부터 물려받은 결함을 지닌다. 카이퍼와 유리는 과학적 논증을 전투 무기로 선택한 두 우두머리 수컷이었다. 그리고 두 남자에게는 한 명의 공통된 인질이 있었다. 우주를 이해하겠다는 열망에 모든 것을 바치는 전도유망한 젊은 학생이었다.

1910년, 칼 세이건의 아버지 새뮤얼 세이건(Samuel Sagan)은 다섯 살의 나이에 이복형인 열다섯 살의 조지 세이건(George Sagan)과 함께 장대한 항해에 올랐다. 두 소년은 우크라이나의 작은 마을 카미야네츠포딜스키(Kaminetz-Podolsk)를 떠나서 미국 뉴욕의 엘리스 섬에 도착했다. 샘은 어릴 때 어머니를 잃었고 청년기를 힘들게 일하면서 보내야 했음에도 평생 밝고 다정한 성격을 유지했다. 열린 마음에 재치까지 있었으니, 매력적인 청년이었다. 그는 내기 당구로 번 돈으로 컬럼비아 대학교를 2년 다녔다. 약사가 되고 싶었지만, 학업을 계속할 돈이 없었다. 그래서 조지가 세운 뉴욕 걸 코트 사(New York Girl Coat Company)에 들어가서 재단사로 일했다.

새뮤얼은 역시 어머니 없이 자랐던 레이철 몰리 그루버(Rachel Molly Gruber)와 사랑에 빠졌다. 레이철은 원래 뉴욕에서 태어났지만, 어머니가 동생을 낳다가 죽자 아버지가 오스트리아에 계시는 조부모에게 그녀를 맡겼다. 레이철이 겨우 두 살 때 일이었다. 그 일과 또 다른 재난들 때문에, 그녀는 아무도 믿지 않게 되었고 타고난 총명함을 감정적 방어 전략을 세우는 데 썼다. 상처 때문에, 매섭고 다가가기 어려운 사람이 되었다. 그녀는 만약 여성을 좀더 존중하는 세상에서 태어났더라면 틀림없이 이름을 남겼을 법하지만, 그러지 못했던 그 시절 수많은 여성 중 한 명이었다. 하지만 새뮤얼의 사랑은 레이철이 받은 모든 상처를 감쌀 만큼 강했다. 두 사람은 함께 좋은 삶을 일구었고, 두 아이를 낳았다. 먼저 칼이 태어났고, 6년 뒤에 딸 캐리(Cari)가 태어났다.

1940년대 중반 브루클린의 노동자 거주 동네였던 벤슨허스트의 소박한 아파트, 그 가족이 살던 그 집에서 어느 날 칼은 거실 러그에 엎드린 채 그림을 베끼기도 하고 창작하기도 하면서 성간 우주 탐사대 모집 포스터를 그렸다.

한때 특별한 힘을 가진 소년이 살았다. 그는 남들보다 더 멀리, 미래를 내다볼 줄 알았다. 칼의 그림에는 그 시절 유명 신문들의 제호와 그가 상상한 기사 제목들이 나와 있다. 그 내용은 인류가 향후 수십 년 동안 신속하고 야심차게 우주를 탐사한다는 내용이다. 생명이 지구에 억류되어 있었던 40억 년의 역사 중 마지막 몇 초를 겪던 시절에, 칼은 우리가 다른 행성으로, 심지어 다른 별로 나가는 것을 꿈꿨다.

그래서 그날 오후, 소년은 그림 속에서 놀라운 선언을 했다. "성간 우주 비행 회사(Interstellar Space Lines)라는 새 단체, 다른 별의 행성을 탐사하

1940년대 중반 브루클린의 소년이 상상한 '성간 비행의 진화'. 미래의 우주 탐사를 내다본 칼 세이건의 꿈이었다.

THE EVOLUTION OF INTERSTELLAR FLIGHT

Chicago News - Nov 3, 1944
NEW NAZI WEAP
V-2. New rocket with
300 m.p.h. terrorizes Br.

San Francisco
XS-1 BREAKS SONIC b
White Plains, N.M. - 1948 - (AP)
The Army's XS-1 rocket
passed the speed of sound. It b

see space flight w
Glenn L. M
Martin believes this space

Denver Star - Apr. 17, 1955 - © 19
SOVIET AND AMERICAN
GOVERNMENTS AGREE
ON MUTUAL COOPERATION
IN PREPARATION FOR
FIRST MOON SHIP

Newark - 19
METEORITE
SPACE ARMOR

kes-Barre Sun-Ser
R.D. DEVELOPS ATOM
DRIVE FOR AVIATIO
EW DISCOVERY HE

Chronicle - 1955
ATOM DRIVEN SHI
SPEED OF 5 MILES A SEC
(ns) The amazing

WASHINGTON TRIBUNE
- 1959 - EXTRA
RUSSIANS ON MOON - TWO AMERICA

Nov. 4, 1955
PHILADELPHIA RECORD
PACESHIP REACHES
MOON!!!

1959 - EXTRA!
FIRST MEN ON MOON - TWO

P) It was proven t
S and U.S.S.R. gett

NORTH AMERI
Division 74, Level
Newsletter for Ailo
JUPITER AND S
TURN ARE NE

OR LEANS PO
MARS REAC
60 - The red pla

CLEVELAN
IFE FOUN
N VENUS
Prehistoric-like
ept.les are kno
EWSLETTER for 7/4/6
ICA, Division 23, Level N

UTO AND PROSP
AVE BEEN EXPLO
WHAT NEXT?

evel D' Newsletter for 11/9/67 - N
EPSILON ALTAIR VIII (M-15 SEEN FIT
FOR HUMAN HABITATION!!
(IR) A new organization. Interste
Spacelines plans to explore and colo
new planets on other stars. An exped

KA, Division 1, Level A-
ewsletter for 4/29/68
ITTLE STAR, how I
wonder what you are." sa
Have you ever said
his rhyme? If you have and are inter
sted in joining the crew of a spaceship
ke M-1, contact the ISS office
earest you. Young men and couples
22 to 32 year in t n physician

Interstellar Spacelines - Discovery - Exploration
transpacial and intrauniversal science --
Established 1967 for the adva

고 식민화할 계획을 발표하다."

소년의 꿈은 그의 어린 시절을 장악했던 끔찍하지만 먼 현실, 얼마 전에 끝난 제2차 세계 대전에 뿌리를 두고 있었다. 그는 나치가 전격전의 무기로 썼던 로켓이 우주 탐사에 활용될 잠재력이 더 크다는 사실을 정확히 꿰뚫어 보았다.

《시카고 뉴스》1944년 11월 3일자 기사. "나치의 새 무기. 시속 3,600마일의 새 로켓 V-2가 영국을 공포에 떨게 하다." 소년은 이렇게 적었다.

하지만 그다음 그는 미래로 7년을 뛰어넘어, 승전국들이 과학 기술의 힘을 모아서 코스모스 탐사에 협력하는 모습을 상상했다.《덴버 스타》1955년 4월 13일자 기사. "소련과 미국 정부, 최초의 달 우주선 준비에 협력하기로 합의하다." 그리고 인류가 별로 가는 첫 징검돌인 달로부터 우주로 더 나아갈 것이라고 상상했다.《뉴올리언스 포스트》1960년 기사. "화성에 도착하다!"《레벨 D 뉴스레터》1967년 11월 9일자 기사. "알타이르 입실론 8, 인류가 거주하기에 알맞은 것으로 확인되다!"

그 꿈은 가족이 저녁을 먹을 시간이 되어 거실에 벌였던 작은 프로젝트를 치워야 할 때도 끝나지 않았다. 칼은 상상에서만 가고 싶은 게 아니라 **실제로** 가고 싶었다. 다른 세계들이 정말로 어떤지 알고 싶었다. 그리고 그것을 알아내려면 과학자가 되는 방법밖에 없다는 것을 알았다.

칼은 훗날 서로 반목하는 두 거인, 카이퍼와 유리를 사사(師事)하게 되었다. 서로 미워하는 두 사람이었지만, 칼은 둘 다 사랑했다. 그들 세 사람은 함께 과학 분과 사이의 벽을 허물었다. 그리고 칼은 그것보다 더 높은 벽, 과학과 대중 사이의 벽을 허무는 일에도 평생을 바칠 터였다.

칼이 10대가 되었을 때는 세이건 가족의 살림이 나아져서, 가족은 이제 교외의 작은 주택에서 살았다. 칼은 뉴저지 주 로웨이 고등학교에 다니던 중 생명의 기원을 추측해 본 논문을 썼다. 그 글에 대해 전문가의 비평을 듣고 싶었지만, 과학자를 만나 본 적이 한 번도 없었고 누구에게 물어봐야 하는지도 알수 없었다. 그래서 어머니가 그 논문을 자신들이 아는 한 과학자에 가장 가까운 사람, 친구의 아들이고 인디애나 대학교에서 생물학을 전공하는 대학원생이었던 시모어 에이브러햄슨(Seymour Abrahamson)에게 보냈다.

에이브러햄슨은 칼의 논문에 깊은 인상을 받아서 그것을 자기 과의 저명한 교수 허먼 조지프 멀러(Hermann Joseph Muller)에게도 보여 주었다. 멀러는 엑스선이 유전자에 돌연변이를 일으킨다는 사실을 발견해서 노벨상을 받은 사람이었다. (멀러는 니콜라이 바빌로프의 친구이자 동료이기도 했다. 멀러도 스탈린의 압제가 가장 심했던 시절에 (구)소련에서 리센코주의에 공공연히 반대했다. 바빌로프에게 자신과 함께 (구)소련을 떠나자고 간청했다. 그는 가까스로 빠져나와서 목숨을 건졌다.) (멀러는 1930년대 공산주의에 경도되어 있었고, 1933년 처자식을 데리고 레닌그라드로 이주해 바빌로프가 지휘하는 연구소에서 상당한 권한을 부여받으며 연구를 수행했다. 그러나 1937년 레닌그라드를 탈출해 에딘버러로 이동했고, 1940년에 미국으로 돌아왔다. ― 옮긴이) 놀랍게도 멀러는 칼의 생각을 마음에 들어 했고, 함께 이야기 나눠 보자며 칼을 인디애나 대학교로 초대하기까지 했다. 이 인연으로 칼은 여름 방학에 멀러의 실험실에서 일하게 되었는데, 칼이 경험한 최초의 과학 작업이었다.

칼은 내게 그 여름에 자신이 창피하고 초보적인 실수를 얼마나 많이 저

질렸는지 모른다고 말해 준 적이 있다. 하지만 멀러는 변함없이 그를 격려했다. 멀러는 칼에게 생명이 지구에서 어떻게 시작되었고 다른 곳에서도 발생한 적 있는지 알고자 하는 열망을 계속 따라가라고 권했다. 칼이 처음으로 과학 논문 두 편을 발표하는 것도 거들어 주었다. 그리고 칼이 시카고 대학교에 입학하자, 해럴드 유리에게 연락해 곧 과학자의 소질이 엿보이는 청년이 그 학교로 갈 것이라고 알렸다. 혹시 이 신출내기 과학자를 거둬 줄 수 있을지?

하지만 유리가 생각하는 멘토링은 멀러와는 달랐다. 멀러는 다정하게 격려하는 타입이었지만, 유리는 퉁명스러웠고 툭하면 화냈다. 칼이 유리의 실험실에 도착한 1950년대 초, 그 화학자는 예전에 카이퍼가 저질렀을 때 자신이 욕했던 일을 하고 있었다. 남의 연구 분야를 침범하는 일 말이다. 이번에는 생물학이었다. 유리의 연구팀은 생명이 어떻게 생명 없는 물질로부터 유래했는지 알고 싶었다. 유리는 또 다른 학생 스탠리 밀러(Stanley Miller)와 함께 초기 지구의 대기가 갖췄던 화학적 조건을 모방하는 실험을 설계했다. 그는 기본적인 화합물들로부터 생명의 기본 단위인 아미노산이 만들어지는지 알아보고 싶었다. 벼락이 하늘을 때렸을 때 일어난 불꽃이 물질을 일깨워서 생명을 만들어 낸 것일까?

"그리고 만약 지구에서 그런 일이 가능하다면, 다른 곳에서도 일어날 수도 있지 않을까?" 칼은 이 점이 궁금했다. 그래서 그 가능성을 논한 논문을 썼지만, 유리의 반응은 가혹했다. 그는 제자에게 능력을 넘어선 영역을 넘본다고 야단쳤다. 칼은 그래도 유리를 존경했다. 그의 엄한 태도가 자신을 더 나은 과학자로 단련시켜 주리라고 여겼기 때문이다.

1956년 석사 과정을 마친 칼은 시카고 대학교에 남아서 물리학 및 천문학 박사 과정을 밟기로 했다. 당시 천문학 박사 과정은 위스콘신 주 윌리엄스

베이에 있는 여키스 천문대를 활용했는데, 그곳 책임자가 바로 유리의 숙적인 제러드 카이퍼였다. 1956년 여름, 카이퍼는 스물한 살의 칼에게 맥도널드 천문대에서 두 달 동안 함께 화성을 관측하자고 초대했다. 당시 카이퍼는 지구에서 유일하게 행성을 연구하는 천문학자였다.

화성이 관측에 유리한 충(衝, opposition) 위치에 놓인 시기였다. 지구와 화성이 30년 안에 다시 없을 수준으로 가까워지는 시기였다. 카이퍼와 세이건은 교대로 망원경에 눈을 가져다 댔지만, 매번 실망해서 고개를 저었다. 날씨가 협조하지 않았다. 텍사스 날씨가 아니라 화성 날씨가. 화성 전체에 먼지 폭풍이 이는 바람에 카이퍼와 세이건은 새로운 것을 볼 수가 없었다. 그 대신 둘은 여름 내내 밤마다 많은 대화를 나누었다. 스승은 제자에게 대담하고 새로운 발상을 효율적으로 시험해 보는 방법을 알려주었고, "봉투 뒷면에" 약식으로 계산해 보는 방법도 알려주었다. 칼이 이후 평생 매일 활용할 방법이었다. 두 사람은 다른 별을 도는 다른 세계들은 어떤 세상일지 상상해 보았다. 두 과학자의 거침없는 상상력은 여름 내내 온 은하를 누볐다. 칼의 눈앞에 경이로운 세상으로 가는 문이 열렸다.

그 여름의 코스모스를 떠올려보면, 우리가 이후 얼마나 진보했는지 실감할 수 있다. 어떤 우주선도 인간도 지구를 벗어난 적 없던 시절을 상상해 보자. 우리 작은 지구를 우주에서 바라본 사람이 아무도 없던 시절을. 그런데 이듬해 어느 날, 한순간에 모든 것이 바뀌었다. 1957년 10월 4일, (구)소련의 바이코누르 우주 기지에서 발사된 보스토크 로켓이 하늘로 올라가서 짐을 부린 뒤 땅으로 떨어졌다. 발사된 탑재물이 열리면서 그 속에서 나온 것은 미끈한 은색 안테나들이 붙어 있고 미래주의적으로 생긴 반짝반짝한 공이었다. 단순한 무선 송신기였던 인공 위성 스푸트니크 1호는 96분마다 한 번씩 지구

우주 시대의 개막. 1957년 10월 4일, (구)소련은 최초의 인공 위성인 스푸트니크 1호를 쏘아 올렸다.

를 돌았다. 전 세계 사람들이 밤이면 집 밖으로 나와서 그 어떤 장애물도 인류가 가장 대담한 꿈을 달성하는 것을 막을 수 없음을 보여 주는 증거인 작은 인공 달을 찾아보려고 옥상으로 올라갔다. 인간이 만든 물건이 마치 별처럼 밤하늘의 새 빛이 되다니.

이 사건으로 미국은 혼비백산했다. 사유 재산과 자유를 두고 이데올로기들이 서로 경합하던 냉전이 한창이었다. 그런데 (구)소련이 먼저 우주에 가는 데 성공했으니, 서구의 세계관이 초라해질 수 있었다. 그리고 (구)소련이 스푸트니크를 지구 궤도로 올려서 미국인들의 머리 위를 지나가게 할 수 있다면, 그것보다 더 위험한 물건도 쉽게 올릴 수 있을 터였다. 오랫동안 양옆의 바다와 위아래의 약한 우방국으로 보호받던 미국은 처음으로 공격에 노출되었다. 머리 위의 하늘이 더는 안전하지 않았다. 미국을 정찰하고 핵무기를 보낼 수 있는 지구 궤도라는 새로운 경로가 생겨났다. 이제 지구에서 정찰이나 공격에 안전한 장소는 어디에도 없었다. 미국도 얼른 우주 프로그램을 진행해야 했다. 미국 항공 우주국(NASA)은 스푸트니크로부터 1년도 안 된 1958년에 설립되었다.

스푸트니크의 부산물이 또 하나 있었다. 과학이 마침내 카이퍼가 오래전부터 보아 왔던 방식으로 지구를 보게 되었다는 점이다. 하나의 행성으로. 지금 우리에게는 당연한 소리처럼 들리지만, 목숨을 건 광신적 국가주의가 횡행하던 시절에는 이 깨달음이 지적으로나 정신적으로나 충격이었다.

카이퍼와 유리는 둘 다 갓 시작된 우주 프로그램에서 지도적 역할을 맡았다. 하지만 둘 사이의 반목은 여전했다. 칼은 으르렁거리는 두 실험실을 계속 오갔다. 두 남자 사이의 적대감에 마음이 어찌나 고달팠던지, 칼은 당시 자신이 이혼한 부모의 아이가 된 기분이었다고 말했다. 두 남자가 공통으로 둔 유일한 제자였던 칼은 두 사람을 잇는 유일한 다리였다.

유리는 NASA에게 달 탐사를 강력하게 권했다. 태양계가 어떻게 형성되었는지를 마침내 알아보고 싶다는 것이 한 이유였다. 한편 카이퍼는 인간이 달에 가면 어떤 느낌을 받을지를 예측했는데, 꼭 오도독 눈을 밟는 것처럼 느껴질 것이라고 말했다. 훗날 닐 암스트롱(Neil Armstrong)은 달에 처음 발을 디뎠을 때 과연 카이퍼가 말한 것처럼 오도독 눈을 밟는 기분이었다고 말했다.

유리와 카이퍼 덕분에, 칼은 그 위대한 모험에 참여했다. 어릴 때 그랬던

인간이 지구 밖 세계에 남긴 발자국.

의기양양한 신문 기사 제목 중 첫 단계가 — "우주선이 달에 도착하다." — 현실이 되었고, 칼은 그 사건에 함께했다. 칼은 아폴로 우주인들이 달로 떠나기 전에 그들에게 브리핑해 주었고, 과학자들이 첫 우주 탐사로 얻은 정보를 분석하기 위해서 한데 모인 자리에도 참석했다.

처음으로 생물학자, 지질학자, 천문학자, 물리학자, 화학자가 한자리에 모여서 대화하게 되었다. 정확히 말하자면 대체로 서로에게 소리 지른 것에 가까웠다.

그런 첫 합동 과학자 모임에서 젊은 칼 세이건이 자리에서 일어나 이렇게 말했다는 것은 유명한 일화다. "여러분, 우리는 이 보물을 선물받은 최초의 과학자 세대입니다. 우리는 모두 한배에 탄 신세입니다." 칼은 태동기의 행성 과학이 취해야 할 기풍을 세웠고, 그 기풍은 오늘까지 유지되고 있다. 칼은 또 코스모스의 다른 세계들에 대한 연구를 소개하는 최초의 현대적 학제 간 저 널《이카루스(*Icarus*)》를 편집했다. 이 잡지도 오늘까지 활약하고 있다. 칼은 다른 세계들에 대한 탐구, 외계 생명과 지성체에 대한 탐구를 어엿한 과학 연 구로 바꿔낸 소수의 과학자 중 한 명이었다. 칼은 또 그 깨달음을 모든 사람에 게 알리는 활동을 평생 벌였다.

제러드 카이퍼와 해럴드 유리는 1995년 최초의 외계 행성이 관측되는 것을 보지 못하고 죽었다. 칼은 이듬해 죽었다. NASA의 케플러 임무와 여러 천문대의 관측이 다른 별을 도는 행성을 수천 개나 확인해 내기 한참 전이었 다. 세 사람을 비롯한 많은 과학자 덕분에, 이제 우리는 별이 진화하고 그 기 체와 먼지 구름으로부터 행성과 위성이 뭉쳐지는 데는, 즉 항성계가 형성되는 데는 수백만 년밖에 걸리지 않는다는 사실을 안다.

물론 긴 잉태 기간이지만, 결코 드문 사건은 아니다. 우리 은하에서도 대 충 한 달에 한 번 그런 일이 벌어진다. 아마도 1조 개의 은하들로 이루어졌고 10해 개의 별들을 담고 있을 가시 우주 전체에서는 1초에 1,000개씩 새 항성 계가 태어나고 있을지도 모른다.

손가락을 딱 튕겨 보라. 그 순간, **1,000개의 새 항성계**가 생겨났다.

딱. 또 **1,000개의 새 항성계**가……

딱. 또 **1,000개의 새 항성계**가……

딱. 또 **1,000개의 새 항성계**가……

딱. 딱. 딱.

7장

지구의 지적 생명체를 찾아서

뿌리 끝에 감각이 있고, 뿌리에 이어진 부위까지 움직이도록
이끌 힘이 있어서, 마치 하등동물의 뇌처럼 기능한다고
말해도 과장이 아닐 것이다. 몸 앞쪽에 있는 뇌가 감각 기관들이
보내온 인상을 받아들이고 여러 움직임을 이끄는 것이다.

— 찰스 다윈과 프랜시스 다윈(Francis Darwin),
『식물의 운동력(*The Power of Movement in Plants*)』에서

그러면 당신은? 귀뚜라미들을 떠올려 보라
그것들이 어머니 풀밭에서 나와서, 작은 친척들처럼,
어슴푸레한 밤에, 당신의 머릿속에서
당신과 그 모든 먼지들의 유대가 처음 희미하게 떠올랐을 때를.

— 월리스 스티븐스(Wallace Stevens),
「내 삼촌의 외알 안경(Le monocle de mon oncle)」에서

칠레의 아타카마 대형 밀리미터 배열(Atacama Large Millimeter Array, ALMA)
전파 망원경 위 하늘을 360도 어안 렌즈로 촬영한 모습.

우리는 우주에서 지적 생명체를 찾고 있다. 그런데 정말로 발견한다면 어떻게 할까? 우리는 최초의 만남에 대비되어 있을까? 누군가 우리에게 메시지를 보낸다면, 우리는 그 사실을 알 만큼 똑똑할까?

우리가 전파 신호를 검출할 수 있게 된 지는 겨우 100년이 좀 넘었다. 외계 문명이 그전부터 수백만 년 혹은 수십억 년 동안 지구로 전파를 쏘아 보냈을 수도 있지만, 지구에는 그 사실을 눈치라도 챌 수 있는 존재가 전혀 없었다. 어쩌면 여러분이 바로 이 글을 읽는 날, 누군가 코스모스에 귀 기울이는 새로운 방법을 떠올릴지도 모른다. 우리가 지금까지 발견하지 못했던 또 다른 물리적 교신의 매체를.

그리고 만약 외계인에게 우리가 개미처럼 보인다면 어떻게 할까? 우리가 개미를 어떻게 대하는지는 여러분도 안다. 만약 외계인이 우리보다 더 똑똑하다면? 그들의 기술, 무기, 미생물, 바이러스가 우리를 무력하게 만든다면? 지구 위 문명들 사이의 첫 만남을 — 동과 서의 인간들, 남과 북의 인간들의 첫 만남을 — 기록한 역사는 집단 학살로 얼룩져 있다. 코스모스를 통틀어, 기술

중국 남서부에 있는 구경 500미터 구면 전파 망원경(FAST)은 세계 최대 망원경이다.

수준이 다른 문화들 사이의 첫 만남이 해피엔드로 끝난 사례가 있을까?

나는 그런 첫 만남의 이야기를 하나 안다. 하지만 아직 그 결말을 이야기하기에는 이르다.

중국 남서부 구이저우 성의 다워당(大窩凼)에는 세계의 경이가 하나 숨어 있다. 뾰족한 빵 덩어리처럼 볼록볼록한 산들 속, 브로콜리 가지처럼 빽빽한 나무들 틈, 그 푸르른 계곡 속에 '구경 500미터 구면 전파 망원경(Five-Hundred-Meter Aperture Spherical Radio Telescope, FAST)'이 있다. 2016년 9월 첫 빛을 받아 공식적으로 망원경의 일생을 시작한 망원경이다.

FAST는, 1963년 푸에르토리코에 지어졌고 지금은 FAST 다음으로 큰 망원경이며 역시 전파 망원경인 아레시보 천문대 망원경보다 3배 더 희미한 천체를 볼 수 있다. 게다가 아레시보 망원경은 못 하는 일도 할 줄 안다. 모양을 바꿀 줄 아는 것이다. 거대한 접시를 이루는 알루미늄 패널들은 컴퓨터의 명령에 따라 움직여서 하늘의 여러 부분으로 자유자재 초점을 맞춘다.

FAST의 임무는 우주의 기원과 초기 역사에 관한 미해결 문제들을 푸는 것이다. 빠르게 회전하는 중성자별인 펄서들을 찾아내어 그 회전 속도로부터 시공간 자락에 이는 물결인 중력파의 증거를 알아낼 것이다.

그리고 FAST는 외계 문명의 신호도 찾아볼 것이다. 하지만 FAST는 지구에서 까마득히 먼 세상을 탐색한다.

그러나 우리 곁에 또 다른 지적 생명체가 있다. 우리는 그 존재를 얼마 전에야 알아차렸다. 우리의 상상을 훌쩍 뛰어넘을 만큼 복잡한 그 존재는 셀 수 없이 많은 개체로 구성된 공동체들이 이룬 것이다. 여기 자작나무, 단풍나무, 유동나무, 전나무, 소나무, 참나무, 포플러나무 나뭇잎들이 우거진 우듬지로 햇살이 비쳐들고, 이끼와 잔가지의 푹신한 카펫이 우리 발밑에서 아작거리는 곳이 있다. 우리의 먼 선조인 작은 땃쥐처럼 생긴 동물이 처음 나타났던 환경이 이것과 비슷했다. 숲이다. 어쩌면 그 선조는 우리가 최근에서야 발견한 사실을 알고 있었을지도 모른다. 숲이라는 비밀스러운 장소에서는 늘 드라마가 가득하고 소란스러운 대화가 오가는 삶이 있다는 사실을. 그 대화는 대부분 전기화학적 언어로 이뤄지고, 우리 같은 존재는 알아차리지 못할 만큼 작은 규모에서 아주 느리게 벌어진다.

우리 발밑에는 그것보다 더 놀라운 것도 있다. 오래전부터 땅속에 존재해 온 월드와이드웹(world-wide-web, WWW)이다. 그 방대한 신경망은 숲을 하나로 이어, 숲을 서로 소통하고 작용하는 역동적인 하나의 유기체, 주체성이 있을 뿐 아니라 땅 위의 사건에도 영향력을 미치는 유기체로 만들어 준다. 미세한 섬유들이 얽혀서 이룬 빛나는 망, 사방으로 뻗어 있으며 충격적으로 복잡한 그 망을 우리는 균사체(菌絲體, mycelium)라고 부른다.

균사체는 곰팡이, 식물, 세균, 동물이 고대부터 협력해 만들어 낸 비밀스러운 통신망이자 운송망이다. 지구에 있는 식물의 90퍼센트는 균사체가 가능케 하는 그 상호 유익 관계에 참여한다. 서로 다른 종들도, 심지어 서로 다른 계의 생물들도 균사체를 통해서 영양소, 메시지, 공감을 주고받는다.

버섯은 균사체의 자실체, 즉 생식 기관이다. 우리가 숲에서 야생 버섯을 발견했다면, 발밑에 그 위대한 자연의 인터넷이 구축되어 있다는 뜻이다. 어떤 버섯은 포자를 수조 개씩 바람에 퍼뜨린다. 그 포자 하나하나가 생명의 메시지를 나르는 낙하산병이다. 포자 하나가 숲을 가로질러서 벨벳처럼 부드러

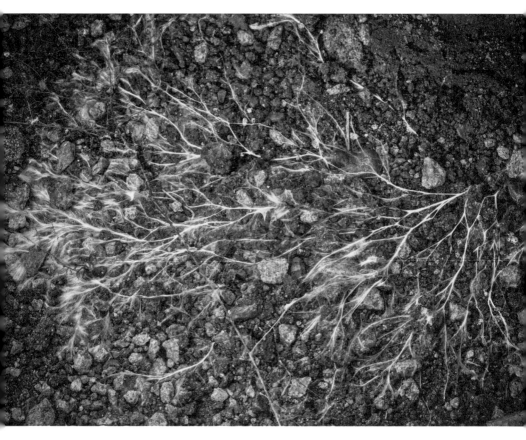

우리 발밑의 월드와이드웹인 균사체. 생명의 여러 계들이 대대적으로 협력해 만들었다.

운 이끼 덤불에 안착한다. 또 다른 포자가 근처에 내린다. 두 포자는 균사라는 잔가지 같은 실을 뻗어서 솜처럼 흰 균사체 섬유망에서 하나로 이어진다. 이것이 버섯들의 섹스다. 시간이 흐르면, 균사체에 새로 더해진 이 연결은 물기를 찾아서 땅속으로 돌아가고 그 속에서 더 큰 망에 합류한다.

　　나무들의 비밀스러운 세계도 오랫동안 우리에게 감춰져 있었다. 나무에

뉴질랜드 테 우레웨라(Te Urewera) 국립 공원의 마누오하 산 정상 근처 운무림.
숲이 활발히 대화한다는 사실을 알고 보면 나무와 식물이 달라 보이는가?

게 균사체는 서로를 지탱해 주는 생명줄이다. 균사체 덕분에 숲은 하나의 공
동체가 된다. 나무뿌리는 지상으로 드러난 부분보다 더 크게 뻗어 있을 수도
있다. 뿌리 끝은 균사체의 폭신폭신한 커넥톰과 깍지 끼듯이 맞물린다. 뿌리
는 그 망을 통해서 서로를 양육하거나 보살피고, 도끼로부터의 사형 집행을
유예해서 생명을 부지할 방법도 궁리한다. 숲에서 나무 한 그루가 베이면, 다

른 나무들이 뿌리 끝을 통해서 희생자에게 생명 유지에 필요한 물질을 보내
준다. 균사체를 거쳐서 물, 당분, 기타 영양소를 보내 주는 것이다. 잘린 그루터
기는 이웃 나무들이 쉼 없이 흘려 보내 주는 점적 정맥 주사 덕분에 몇십 년,
심지어 몇백 년도 살아갈 수 있다.

나무들은 같은 종에게만 그렇게 해 주는 것이 아니다. 다른 종의 나무에
게도 해 준다. 왜? 그것이 그들에게 무슨 이득일까? 잘린 그루터기가 건강한
나무로 다시 자라나서 새로 씨를 뿌려 DNA를 퍼뜨리는 경우는 극히 드물다.
그러면 애정 때문일까? 혹은 우정? 나무들도 자신의 생명이 숲 전체의 건강
에, 자신과는 전혀 다른 존재들의 건강에 달려 있다는 사실을 아는 것일까?
나무가 우리보다 더 장기적인 시각에서 행동하는 게 가능한 일일까?

나무는 뛰어난 양육 기술도 가지고 있다. 부모 나무는 뿌리를 통해서 자
식 나무에게 영양을 보내 준다. 소나무는 우리의 기준으로는 전혀 어리지 않
은 자식에게도, 이를테면 80세 된 자식에게도 끝없이 관심을 쏟는다. 나무가
살아가는 속도는 인간의 속도와는 다르니까 당연한 일이겠지만.

어린 나무는 얼른 자라려고 드는 경향이 있다. 너무 빨리 자라면 몸통의
세포들이 공기를 많이 함유하게 되고, 그러면 돌풍이나 포식자를 만났을 때
취약해질 우려가 있는데, 그 사실을 모른다. 그래서 어미 소나무는 자식 소나
무를 제 가지로 가려서 자식이 햇빛을 지나치게 탐닉해 스스로에게 해로울
만큼 빨리 성장하지 못하도록 막는다.

숲을 거닐면서도 주변에서 벌어지는 일을 눈곱만큼도 몰랐던 적이 얼마
나 많았던가. 우리 사방에, 심지어 발밑에도 의식 있는 생명이 존재한다는 사
실을 알아차리지 못하고 존중하지도 않는 우리가 외계에서 지적 생명체를 찾
아볼 자격이 있을까?

과학자들은 20세기 후반이 되어서야 아프리카 남부의 아카시아들이 포식자로부터 자신을 방어할 줄 안다는 사실, 그리고 같은 군체의 나무들에게 경고를 보낼 줄 안다는 사실을 발견했다. 기린들이 한 아카시아로 어슬렁어슬렁 다가와서 우듬지의 잎을 으적으적 씹기 시작한다. 나무는 누가 자신을 아프게 하는 것을 느끼고서 기린이 맛없게 느끼는 독성 화학 물질을 분비하기 시작한다. 그뿐만이 아니다. 나무는 화학적 비명을 지른다. 에틸렌 분자라는 비명으로 친구 아카시아들에게 외친다. "긴급 사태야! 말썽꾼이 가고 있어!" 기린들은 잎이 갑자기 맛없어진 것을 느끼고 나무가 자신들의 존재를 인식했다는 것, 다른 나무들에게도 위험을 알리고 있다는 것을 깨닫는다.

기린들은 그 아카시아를 떠난다. 근처의 나무들도 다 지나쳐서, 훨씬 더 먼 곳에 있는 나무들로 바삐 이동한다. 바로 옆 나무로 옮겨 봐야 소용없다. 그 나무도 이미 소식을 듣고 기린의 식사를 망칠 물질을 만들어 내고 있을 테니까. 기린들은 더 멀리 가서 아직 "굶주린 기린들이 가고 있어!"라는 경고 나팔 소리를 듣지 못한 나무들을 찾아야 한다.

수천 장의 잎을 거느린 우람한 참나무는 그중 한 잎에 작은 애벌레가 지나가는 것을 느낄 줄 안다. 그러면 우리 신경계에서 그런 것처럼 나무에게서도 전기 화학적 신호가 몸 전체로 퍼진다. 단 나무는 우리보다 훨씬 느리게 살아가는 존재이기 때문에, 그 속도가 그렇게 빠르지는 않다. 나무의 "아야" 신호는 1분당 1센티미터 미만의 속도로 전달되므로, 나무가 그것에 반응해 해충을 쫓아낼 화학 물질을 생성하기까지는 최소 1시간은 걸린다.

어떤 나무들은 포식자의 공격을 받았을 때 우선 포식자의 침 표본을 확보해 DNA를 분석함으로써 포식자가 어떤 종인지 알아낸다. 그다음 그 침입자가 유달리 못 견뎌 하는 화학 물질을 맞춤 생산한다. 어떤 경우에는 적의 천

탄자니아 타랑기레 국립 공원의 아카시아들. 아카시아들은 제 잎이 기린에게 맛없게 느껴지도록 만들고 이웃 나무들에게도 그렇게 하라고 알려줌으로써 기린에게서 자신을 지킨다.

적을 끌어들이는 페로몬을 배출함으로써 자기 대신 싸우게끔 만든다. 그러니 나무들은 화학, 곤충학, 지구 과학에 통달했다고 말해도 되지 않을까? 나무 의 지식은 우리의 지식과 다른 것일까?

　　나무에게 의식이 있을까? 나무는 지적 생명체일까? 아니면 그런 상호 작 용은 생명체들이 기나긴 시간 동안 환경의 시험을 거치면서 자연 선택을 통 한 진화로 만들어 낸 행동에 지나지 않는 것일까? 나무의 놀라운 능력도 자신을 영속시키려고 애쓰는 DNA의 부산물에 지나지 않는 것일까? 나무가 그런 일을 해내는 것과 우리가 하는 것 사이에 차이가 있을까?

서로 다른 종과 생물계 사이의 전기 화학적 대화는 자연의 모든 곳에서 벌어진다. 하지만 서로 다른 두 세계 사이의 대화는 어떨까? 우리는 전혀 다른 세계에서 전혀 다른 진화 역사로 생겨난 존재와도 공통점이 있을까?

과학자들이 찾아내려는 코스모스의 자연 법칙이 강력한 것은 그것이 결코 무효화되거나 깨지지 않기 때문이다. 자연 법칙은 우리의 희망과는 무관하게 늘 참이다. 자연 법칙은 특정 장소만이 아니라 우주 전체와 모든 시간에 적용된다. 우리는 다른 세계의 지적 문명과 무엇을 공유할까? 과학과 수학이다. 과학자와 공학자가 쓰는 기호 언어인 수학은 한 문화에서 다른 문화로 메시지가 번역될 때 손실이 없도록 해 준다. 프로그래밍 언어를 비롯한 기호 언어들은 그냥 말보다 정확도가 훨씬 더 높다. 오해의 여지가 더 적다.

나는 인간 아닌 존재가 쓰는 기호 언어를 딱 하나 안다. 인간이 그 기호 언어를 쓰는 생명체와 접촉한 사례도 딱 하나 안다. 그 존재의 천문학, 수학 지식은 대부분의 인간을 부끄럽게 만들 정도다. 그들이 내부의 차이를 민주적으로 해결하는 모습, 토론으로 최대한 광범위한 합의를 끌어내는 모습에는 어느 인간 사회도 필적하지 못한다. 그들은 기호 언어를 써서 각자 이동 중에 무엇을 발견했는지를 이야기 나눈다. 그들은 수천만 년 전에는 육식을 했지만 이후 채식주의자로 돌아섰다. 그 선택은 지구를 바꾸었고, 그 덕분에 그들이 가는 곳마다 뛰어난 아름다움이 탄생하게 되었다.

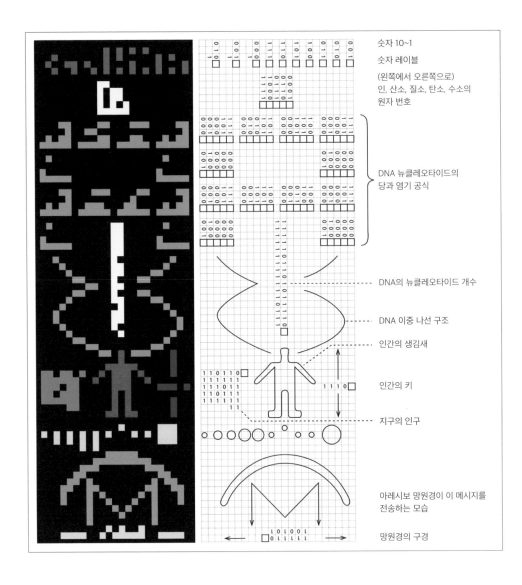

우리가 기호 언어로 다른 별에 보낸 메시지. 1974년 프랭크 드레이크(Frank Drake)가
아레시보 천문대의 전파 망원경을 이용해 보낸 메시지다.

진화의 결과를 예측할 수 있는 이론은 없다. 적어도 아직은 없다. 만약 누군가 지금으로부터 4억 8000만 년 전에 우리 조상을 봤다면, 현재 우리와의 친족 관계를 전혀 눈치채지 못했을 것이다. 이 점은 내가 지금부터 들려드릴 이야기의 주인공도 마찬가지였다. 약 5억 년이 우주의 진화 과정에서 얼마나 긴 시간인지 실감하기 위해서, 우주력으로 이야기해 보자.

우주력으로 12월 20일 아침이다. 오르도비스기에 지구의 북반구를 전부 다 덮고 있던 판탈라사 해가 일으킨 잔물결이 발치에 밀려든다. 북반구는 아직 물뿐이다. 대체로 평평한 초대륙이었던 곤드와나는 남반구에서 적도까지 뻗어 있고, 그 내륙에도 군데군데 물이 고여 있다.

또 한 번 다양성에 탐닉한 생명이 놀랍도록 새로운 형태들을 마구 만들어 낸 것이 그때였다. 생명은 눈줄기, 더듬이, 장갑판, 집게발, 날, 그 밖에도 온갖 희한한 해부 구조를 실험했다. 오늘날까지도 생명이 즐겨 쓰는 어휘들이다. 그 사건을 우리는 '오르도비스기 생물 다양성 대급증(Great Ordovician Biodiversification)'이라고 부른다. 생명이 처음 급속히 다양화한 사건이었던 캄브리아기 대폭발로부터 4000만 년 뒤였다.

생명의 나무에서 우람한 그루터기를 이뤘던 단순한 생명체들은 돌연변이를 일으켜서 다양한 환경에 적응해 나갔다. 생명이 널리 뻗어 나가면서, 그루터기에서 새순과 가지가 자랐다. 바다만 해도 새로운 생물 종이 3배로 늘었다. 절지동물이 그때 탄생했다. 절지동물은 그로부터 수억 년 뒤에 나타날 우리처럼 뼈대를 몸속에 가진 게 아니라 겉에 걸친 무척추동물이다. 오르도비스기의 절지동물들이 개척한 몸 구조는 생명이 진화시킨 모든 몸 구조 중에서 가장 성공적이었다. 요즘도 지구의 생물 중 80퍼센트 이상이 절지동물이다.

오르도비스기에는 개울과 호수가 점점이 흩어진 땅에 나지막한 이끼 숲이 덮여 있었다. 물가에는 육상 식물이라기보다 해양 식물에 더 가까운 식물들이 살았다. 얕은 해안에서는 징그러운 노래기처럼 생긴 작은 갑각류들이 시험 삼아 바다를 벗어났다가 아예 뭍이라는 신세계를 집으로 삼았다.

곤충은 그 갑각류에서 진화했다. (내가 해산물 식당에 갈 때마다 떠올리지 않으려고 애쓰지만, 매번 실패하는 생각이다.) 그로부터 8000만 년이 흘러, 우주력으로 12월 22일 아침이 되었다. 이제 키가 7미터에 둘레가 1미터에 달하는 거대한 버섯들이 땅을 뒤덮었다. 그것에 비하면 가장 크다고 해 봐야 0.5미터쯤 되었던 나무들은 난쟁이다. (그렇게 큰 버섯이라니, 땅속에서 그들을 지탱한 균사체의 망은 얼마나 넓었을지 절로 상상된다.)

12월 29일이 되면, 크고 희한한 버섯들이 사라지고 키가 점점 더 커진 나무들이 나타난다. 지구에 새로운 소리가 등장했다. 바람이 나뭇가지와 잎을 흔드는 소리다.

지구에서 생명이 나는 법을 익힌 것이 이 무렵이다. 하늘은 아무도 차지하지 않은 생물학적 지위가 드넓게 펼쳐진 공간이었다. 곤충은 이후 **9000만 년 동안** 그곳을 **독차지했다.** 아직 그들을 잡아먹을 나는 파충류도, 새도, 박쥐도 없었다. 다른 벌레들뿐이었다. 동력 비행은 곤충에게 엄청난 진화적 도약이었고, 그 덕분에 곤충은 지구 구석구석 퍼졌다. 곤충은 허세 부리는 우리의 코를 납작하게 만든다. 곤충이 지구에 살아온 기간은 우리가 산 기간의 수백 배나 된다. 게다가 지금 우리가 보는 모습은 백악기 말에 공룡들이 보았던 모습과 거의 비슷하다. 그사이 1억 년 동안 전혀 낡지 않았으니, 곤충은 시간의 지배자다.

그 시절에도 여러분은 말벌을 건드리고 싶지 않았을 것이다. 생각해 보라. 지금으로부터 1억 년 전이었는데도 그들은 벌써 **1억 5000만 년 동안** 살아온 상태였다. 말벌은 그 시절에도 게걸스러운 사냥꾼이었다. 불운한 파리를 찾아 배회하다가 발견하면 잡아서 새끼, 즉 유충에게 먹이려고 둥지로 가지고 왔다.

그 시절에 말벌은 그 생활을 1억 5000만 년 동안 해 온 터였다. 당시에는 식물이 멀리 있는 다른 식물의 생식 기관으로 생식 세포를 전달하는 일을 거들어서 수정을 돕는 동물 파트너, 요컨대 식물의 큐피드 역할을 하는 동물이 존재하지 않았다. 그러나 그즈음 아주 작은 변화가 하나 일어났다. 그것은 결국 지구를 새롭고 다채로운 색깔들로 칠하게 될 변화였다. 어쩌면 그 사건은 말벌이 식물의 칙칙하게 생긴 암 생식 기관을 기어오르던 거미를 공격하다가 우연히 몸에 꽃가루를 묻힌 일이었을지도 모른다. 그래서 갈색 먼지 같은 작은 입자들이 말벌의 다리에 들러붙었다.

그때 펼쳐졌던 드라마는 거미와 말벌이 벌인 싸움의 이야기가 아니었다. 말벌의 다리에 들러붙은 작은 입자의 이야기였다. 그것은 대수롭지 않은 잔가루처럼 보였겠지만, 그 마법 먼지 — 꽃가루 — 속에는 세상을 바꾸고 지구에서 가장 아름다운 광경 중 일부를 만들어 낼 능력이 담겨 있었다. 그로부터 1억 년 넘게 흐른 지금도 이 사실은 달라지지 않았다.

그 작은 꽃가루 한 알을 살펴보자. 꽃가루는 놀랍도록 정교하고 마우리츠 코르넬리스 에스허르(Maurits Cornelis Escher)의 그림처럼 신기한 기하학적 구조를 가진다. 식물의 수 생식 기관에서 생겨난 생식 세포인 꽃가루의 대담한 구조와 천차만별의 형태를 알려면, 우리는 나노 규모에서 자연을 볼 줄 알아야 한다. 진화를 통해 종마다 제각각 다른 모양으로 조각된 꽃가루의 형태는 긴 시간에 걸쳐서 다듬어진 생존 전략이다. 어떤 꽃가루는 지뢰처럼 생겼고, 어떤 꽃가루는 뾰족뾰족한 칼 같은 것이 붙어 있다. 형태가 놀라울 만

브라질 북동부에서 발견된 말벌 화석. 약 9000만 년 전 백악기 후기에 공룡과 더불어 살았던 말벌이다. 말벌은 이때부터 이미 환경에 훌륭하게 적응했기 때문에, 오늘날의 말벌과 구별이 거의 안 될 정도다.

큼 다양하다. 꽃가루는 또 튼튼하다. 튼튼해야 한다. 꽃가루는 뾰족뾰족한 모양이 많고, 모두 두꺼운 요새 같은 두 겹의 벽에 싸여 있다. 어찌나 튼튼하게 만들어졌는지, 우리가 꽃가루를 총에 넣어 발사하더라도 꽃가루는 티끌 하나 다치지 않고 제 종을 영속시킬 능력과 정체성을 잃지 않은 채 나올 것이다.

　그 꽃가루 한 알이 식물에 앉아서 쉬던 말벌의 몸에 난 털끝에 점처럼 들러붙었다. 말벌은 그 식물을 떠나서 다음에는 어디로 갈까 잠시 망설이다가 또 다른 백악기 식물의 암 생식 기관으로 다가가고, 대충 꽃 비슷하게 생긴 그 칙칙한 갈색과 초록색의 기관에 올라앉는다. 말벌이 다시 그곳을 떠나려는데, 꽃가루가 털끝에서 까딱거리다가 공중그네 곡예사처럼 훌쩍 날아오른다.

잠깐의 숨 막히는 순간, 꽃가루는 공중을 가른다. 꽃가루가 그리는 궤적은 새 생명의 탄생으로 이어질 수 있는 단 한 곳의 좁은 장소로 귀결될까? 수 생식세포인 꽃가루는 버저가 울릴 때 던져진 3점 슛처럼 날아서 암그루의 발아점인 암술머리 끝에 정확히 안착한다. 아니면, 그 최초의 순간에 벌어졌던 일은 이것보다 더 희한한 사건이었을지도 모른다. 이를테면 꽃가루 한 알이 아무것도 모르는 딱정벌레의 등에 히치하이크해 옆 식물로 옮겨 간 사건이었을지도 모른다.

아무튼 약 6500만 년 전 백악기에 이런 일이 처음 벌어졌다. 그리고 이후 수십만, 수백만, 수천만 년이 흐르면서 곤충과 식물의 협동 작업은 그냥 잘되면 좋고 아니면 마는 일에서 짜임새를 갖춘 협력 관계로 발전했다. 그 결과, 전혀 다른 곤충이 진화했다. 동물계와 식물계의 협약을 새로운 경지로 끌어올릴 곤충이었다.

또 다른 말벌이 둥지로 돌아간다. 입에는 애벌레에게 먹일, 축 늘어진 파리를 물고 있다. 몸에는 꽃을 스치고 날다가 우연히 묻힌 꽃가루가 붙어 있다. 말벌이 둥지에서 배회할 때, 꽃가루가 몸에서 떨어진다. 그러자 애벌레는 단백질이 풍부한 꽃가루도 냠냠 먹어 치운다. 이 일이 오래되자, 새 생명체가 진화했다. 이 생명체는 더 이상 고기를 먹이로 물어오지 않는다. 그 대신 꽃이 만들어 낸 마법 먼지를 가져온다. 꿀벌이 등장한 것이다.

꿀벌은 죽은 곤충의 절단된 사체에는 입맛을 다시지 않았다. 꿀벌은 아예 꽃가루만 먹었다. 일시적인 변덕도 아니었다. 꿀벌은 헌신적인 꽃가루받이 곤충이 되었다. 그러자 식물은 갈수록 화려한 색깔과 유혹적인 형태를 자랑하는 매력적인 암 생식 기관을 진화시켜서 후하게 보답했다. 식물은 또 꿀벌이 몇 번이고 되돌아오도록 맛있는 분비물, 즉 달콤한 꿀도 만들어 냈다. 꽃의 시대가 열린 것이다.

우리는 그동안 꿀벌을 아무 생각 없이 일하는 사람의 상징처럼 여겼다. 꿀벌은 각자 타고난 계급에 따라 부여받은 역할에 매여서 평생 갑갑하게 살아야 하는 생물학적 로봇에 지나지 않는다고 보았다. 하지만 꿀벌을 그렇게 보는 시각은 자연에 대한 인간 중심적 관점에서 비롯한 바가 크다.

여기, 두 문명이 처음 만난 이야기가 있다. 이야기가 시작된 곳은 싱그러운 산과 숲에 둘러싸인 호수가 그림엽서 같은 풍경을 이룬 곳이었다. 그곳은 오스트리아의 시골 마을 브룬빙클이었고, 때는 1900년대 초였다.

카를 폰 프리슈(Karl von Frisch)는 어릴 때부터 다른 동물들은 무엇을 알고 세상을 어떻게 인식하는지 알고 싶었다. 작은 물고기가 색깔을 볼 줄 아는지, 냄새를 맡을 줄 아는지 알고 싶었다. 그는 동물의 경험을 살펴보는 실험을 구상했고, 실험을 영상으로 촬영했다. 그는 사람들에게 과학을 알리는 일에 영화라는 새로운 매체를 처음 활용한 사람이었다.

인간은 꿀벌이 종종 발작적이고 잽싼 춤을 춘다는 사실을 수천 년 전부터 알았다. 하지만 그 춤에 무슨 이유가 있으리라고 생각하고 유심히 살펴본 사람은 아무도 없었다. 프리슈 이전에는 꿀벌이 왜 8자를 잇달아 그리면서 이쪽저쪽으로 몸을 흔드는지 궁금해한 사람이 아무도 없었다.

프리슈는 1920년대부터 꿀벌의 몸짓을 연구하기 시작했고, 설명할 수 없는 수수께끼에 매료되었다. 그는 실험용으로 기르는 벌집의 꿀벌들이 찾아오도록 설탕물을 담은 접시를 놓아둔 뒤, 꿀벌이 그곳에 내려앉으면 등에 살짝

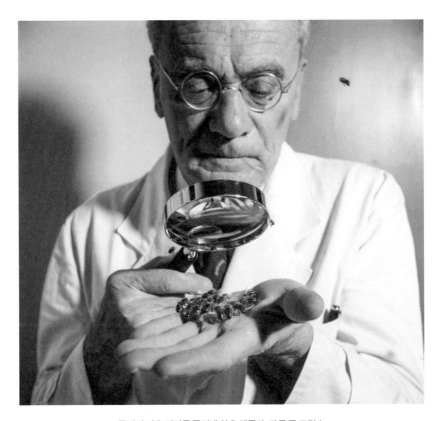

꿀벌의 기호 언어를 풀어낸 암호 해독가, 카를 폰 프리슈.

색칠해 표시했다. 표시된 암벌은 (꿀벌은 소수의 수벌을 제외하고는 모두 암컷이다.) 설탕물을 포식한 뒤 집으로 돌아갔는데, 곧장 들어가지 않고 입구에서 잠시 멈추어 햇빛을 받으면서 춤을 췄다.

표시된 벌은 나중에 맛있는 설탕물을 먹으려고 다시 찾아올 것이다. 그런데 프리슈가 관찰하니, 그 벌 외에 다른 많은 벌도 불과 몇 시간 뒤에 설탕물을 먹으러 왔다. 찾아온 벌들은 모두 표시된 벌과 같은 벌집에서 사는 벌들이었다. 정말로 놀라운 점은 따로 있었다. 프리슈는 다른 벌들이 표시된 벌을 뒤따라서 온 게 아님을 알았다. 어떻게 알았느냐고? 벌집을 온종일 면밀히 관찰했기 때문이다. 그는 벌들이 냄새를 맡고 찾아오지는 못하도록 일부러 꿀이 아니라 설탕물을 썼다. 설탕물 접시를 점점 더 멀리 옮겨 보기도 했다. 결국 벌집에서 몇 킬로미터나 떨어진 곳에 두었는데, 그래도 같은 벌집의 벌들은 어김없이 그곳을 찾아왔다. 표시된 벌은 설탕물의 위치를 친구들에게 어떻게 알려주었을까? 얼마나 정확히 알려주었기에, 친구들이 문제없이 그곳을 찾아내는 것일까?

프리슈는 표시된 벌이 벌집 입구에서 햇빛을 받으며 겉보기에는 무의미한 춤을 씰룩씰룩 추는 것을 지켜보았다. 그러다가 그 변덕스러워 보이는 춤 동작을 태양의 위치와 함께 공책에 꼼꼼히 기록하기 시작했다.

그는 벌이 왼쪽으로 돌았다가 오른쪽으로 돌았다가 하면서 춤추는 동작을 하나하나 기록했다. 그러자 의심할 여지가 없는 결론이 떠올랐다. 벌의 안무에는 메시지가 숨겨져 있었다. 벌은 프리슈가 **춤 언어**로 말하고 있었다. 프리슈는 이것을 독일어로 "tanzsprache"라고 불렀다. 그리고 그 언어는 수학 공식으로 표현될 수 있었다. 프리슈는 벌의 1초(second, s) 동안 씰룩거림(waggle, w)은 1킬로미터의 거리를 뜻한다는 것을 알아냈다. 즉 $1sw = 1$킬로미터였다. 이 정보에 태양의 위치와 씰룩거리는 방향을 결합하면, 나무로 가득한 숲에서 딱 한 나무를 가리킬 수 있는 확실한 암호가 되었다. 만약 이 공식이 우주 저편에서 날아와서 FAST 망원경에 잡힌다면, 우리는 틀림없이 그것을 외계 지적 생명체가 보낸 메시지라고 해석할 것이다.

과거 수많은 관찰자가 멍청한 동물의 무의미하고 발작적인 몸짓에 지나지 않는다고 여겼던 것은 사실 정교한 메시지였다. 수학, 천문학, 그리고 시간을 정밀한 단위로 측정할 줄 아는 예리한 능력을 활용한 메시지였다. 벌은 그 모든 지식을 결합해서 자매들에게도 알리고 싶은 횡재가 있는 위치를 표현하는 것이었다. 춤꾼은 태양의 각도로 먹이가 있는 방향을 대충 표현한다. 프리슈가 보니, 벌이 위쪽으로 움직이는 것은 "태양을 향해 날아가라."라는 뜻이었다. 반면 아래쪽으로 움직이는 것은 "태양과 반대 방향으로 날아가라."라는 뜻이었다.

왼쪽이나 오른쪽으로 도는 것은 먹이의 좌표를 좀 더 정확하게 알리는 몸짓으로, 가끔 그 좌표는 몇 킬로미터나 떨어진 곳일 때도 있었다. 춤의 지속 시간은 ― 몇분의 1초 단위로 정밀하다. ― 친구들이 날아가야 할 시간을 뜻했다. 벌은 심지어 풍속까지 고려해서 메시지를 미세하게 조정했다. 춤은 사시사철 한결같았으며, 어느 벌집의 벌이든 어느 대륙에서 사는 벌이든 다 같은 춤을 추었다. 사회성을 가진 벌이라면 모두 이처럼 공간과 시간을 비행할 때 쓸 방정식을 계산하고 소통할 줄 안다. 서로 다른 지역에서 사는 벌들은 서로 다른 방언을 쓸지도 모르지만, 그렇더라도 통역이 쉽게 이뤄지는 듯하다.

나는 왜 이 이야기를 서로 다른 문명들이 처음 만난 이야기라고 말했을까? 더 다를 수 없을 듯한 두 종이 ― 인간과 꿀벌이 ― 수억 년 동안 서로 다른 진화의 길을 밟아 왔다. 그런데도 두 종은 ― 그리고 우리가 아는 한 지구에서는 오직 꿀벌과 우리만이 ― 물리 법칙에 대한 지식에 근거해서 수학으로 표현한 기호 언어, 즉 과학을 발명해 냈다. 과학자들은 우리가 외계 문명과 공유할 수 있는 언어도 이런 형태의 언어일 것이라고 여긴다.

우리는 벌들과 긴 시간을 함께 살아오면서도 그들이 이토록 복잡한 언어로 소통하리라고는 생각조차 해 보지 않았다. 우리가 프리슈 이후 수십 년 동안 꿀벌 사회에 대해서 알게 된 바는 인간의 가장 고상한 야심마저 부끄럽게 만들고, 지구의 지적 생명체에 대한 개념을 바꿔 놓는다.

내가 이 글을 쓰는 현재, 세계의 민주주의는 그 어느 때보다 위태로워 보인다. 그러나 지구에는 그렇지 않은 곳도 있다. 그곳에서는 모든 개체가 제 목소리를 낸다. 부패란 없다. 공동체는 일단 토론으로 합의를 끌어내면 반드시 그 결정대로 행동한다. 꿀벌들이 모인 곳은 늘 그렇다.

사람들이 보통 하는 생각과는 달리, 벌집은 군주제 사회가 아니다. 여왕벌은 다른 벌들을 다스리는 절대 군주가 아니다. 여왕벌의 역할은 거의 생식에만 국한된다. 특별한 먹이와 크게 자랄 공간만 주어진다면, 어느 암벌이든 왕좌에 오를 수 있다.

날이 포근해지고 나무에 꽃이 피면, 여왕벌은 왕홀을 후세대에 넘겨준다. 벌집의 생애에서 이 시기가 오면 — 늦봄이나 초여름이다. — 전체 벌 중 절반가량이, 그러니까 약 1만 마리가 부산해진다. 그들은 살던 집을 떠나서 새집을 지을 때가 되었다고 결정한다. 새집이 어디가 될지는 모르지만, 아무튼 일단 떠나면 다시 돌아올 수는 없다.

집을 떠나 돌아올 기약 없이 모든 것을 걸고 미지를 택하는 데는 용기가 필요하다. 분봉(分蜂)이라는 중대한 결정을 내린 벌들은 분주히 움직인다. 왕대(王臺)라는 특수한 공간에서 새 여왕벌들이 자라기 시작한다. 일벌들은 기존의 여왕벌을 둘러싸고 쿡쿡 찔러댄다. 일벌들이 여왕벌을 밀고 당기고 하는 것은 적대적인 행동이 아니다. 여왕벌이 몸무게를 줄여서 다시 날 수 있도록 호되게 운동시키는 것이다. 모두가 준비되면, 벌들은 여정의 첫 단계에 나선다. 분봉할 때다.

벌집에서 갑자기 까만 구름 한 덩이가 솟아오른다. 수천 마리 벌들이 이룬 구름이다. 원래의 벌집에서 새 여왕벌이 올랐으니, 기존의 여왕벌은 떠나는 모험가들의 무리 한중간에 자리 잡는다. 빽빽하게 무리 지은 벌들은 눈물방울 모양으로 대형을 바꾸어, 근처 나뭇가지에 묵직하게 매달린다. 부산히 들썩거리는 벌들로 이뤄진 그 눈물방울은 수많은 개체로 구성된 하나의 유기체다.

그중에서도 경험이 많은 벌들 ─ 정찰 벌들 ─ 수백 마리가 반지름 5킬로미터 이내 사방으로 정찰 임무를 떠난다. 정찰 벌은 근처 나무들을 답사해서 새집을 지을 최적의 위치를 찾아본다. 이때 벌은 대단히 까다롭다. 아무 장소나 되는 게 아니다. 벌집의 앞문 격인 나무 구멍은 곰 같은 침략자들이 쉽게 손을 뻗어서 소중한 꿀을 훔치지 못하도록 높이 있어야 한다. 구멍 내부도 중요하다. 정찰 벌은 벽을 이리저리 기어 보고 속껍질을 들락날락하면서 구멍 크기를 꼼꼼하게 잰다. 표면적은 대단히 중요하다. 꿀벌은 동면하지 않는다. 따라서 겨우내 그 공간을 덥혀야 하고, 겨울을 나기에 충분한 먹이를, 즉 꿀을 모아두어야 한다. 정찰 벌은 구멍의 높이, 폭, 깊이를 정확하게 잰다. 구멍이 조금이라도 더 크거나 작으면, 벌 떼 전체가 다음 봄까지 버티지 못하고 죽을 것이다. 측정을 마치면, 정찰 벌은 무리로 돌아와서 답사 내용을 보고한다.

정찰 벌들이 모두 돌아오면, 벌들은 집회를 연다. 정찰 벌들은 무리 위쪽에서 저마다 한 자리씩 차지한 뒤, 자신이 발견한 최적의 위치를 설명한다. 새집 선정 토론은 벌들의 과학적, 수학적 기호 언어로 이뤄진다. 수백 마리 정찰 벌들이 예의 씰룩거리는 춤으로 자신이 발견한 위치를 선전한다.

처음에 벌들은 모든 정찰 벌들의 주장을 들어본다. 의견은 중구난방이

고, 어느 정찰 벌에게도 지지자가 따른다. 우리 인간의 집회에서는 틀림없이 거짓말하는 사람이 있기 마련이다. 그런 사람은 남들의 감정을 자극한다. 누군가를 악마화하고, 희생양으로 삼고, 사람들의 두려움에 호소하고, 사람들의 약점을 이용한다. 하지만 벌들은 그런 위험을 감수하지 않는다. 인간이든 벌이든 미래는 현실을 똑똑히 파악하는 데 달려 있지만, 어째서인지 우리는 조작과 기만에 쉽게 넘어간다. 하지만 벌은 사실만을 말해야 한다는 것을 안다. 정확해야 한다는 것을 안다. 과장이나 선전, 선동은 없다. 벌은 진실의 중요성을 아는 것처럼 행동한다. 자연은 호락호락 속아 주는 존재가 아니니까.

이윽고 몇몇 정찰 벌들이 더 많은 청중을 거느리게 된다. 나머지 정찰 벌들은 봐주는 이 없는 춤을 추다가 결국 항복하고 다른 정찰 벌의 지지자로 돌아선다. 새집으로 알맞은 최적의 위치를 찾은 정찰 벌일수록 가장 열성적으로 춤춘다. 과학자들이 수십 년 동안 면밀히 관찰한 바에 따르면, 모든 벌은 이상적인 벌집이란 어떤 곳인가에 대해서 저마다 의견을 갖고 있다고 한다. 사람들의 전당 대회처럼, 일부 춤꾼들은 중도에 탈락하고 결국 소수의 경쟁자만이 남는다.

벌 떼의 구성원들은 가장 인기 좋은 춤꾼들의 말을 무턱대고 믿지 않는다. 많은 벌이 제 눈으로 직접 살펴보러 간다. **의심은 생존의 수단이다.** 사실을 확인하러 간 벌은 직접 그 장소를 평가해 본다. 벌들의 춤은 대체 얼마나 정밀하기에 이런 일이 가능할까? 숲 전체에서 딱 한 나무의 좌표를 알려야 하니까 말이다. 그리고 벌들은 늘 최단 코스로 날아간다. 확인하러 간 벌은 그 구멍이 듣던 대로 좋을 경우에는 무리로 돌아와서 자신도 그 장소의 장점을 춤으로

벌들의 집회. 정찰 벌들은 다음 전초 기지를 지을 만한 위치를 찾아와서 보고한다. 난상토의가 이어진다.

선전한다.

확인하러 갔던 벌들이 속속 돌아와서 원래의 춤꾼과 한 몸짓으로 춤춘다. 끝까지 버티던 소수의 경쟁자 춤꾼들도 하나둘 다수에게 합류한다. 어떤 기만도 폭력도 은밀한 거래도 없이, 정찰 벌들이 맨 먼저 합의에 도달한다. 하지만 그다음에는 무리 전체를 설득해야 한다. 이윽고 모두가 하나의 춤으로 통일되면, 그래서 어느 장소를 새집으로 삼을지 모두가 거의 만장일치로 동의하면, 비로소 대이동이 시작된다.

벌 떼는 광적으로 부산해진다. 윙윙거리는 소리가 점차 커진다. 이동은 시끄러운 소리로 시작된다. 벌들이 윙윙거리며 엔진 속도를 높이는 것은 체온을 최적의 비행 온도인 섭씨 35도로 끌어올리기 위해서다. 정찰 벌들이 다른 벌들의 체온을 확인하고 다들 날 준비가 되었는지 살핀다. 드디어 이륙한 1만 마리 벌들은 60초 안에 얼른 대형을 가다듬어서 새집으로 떠난다. 여왕벌은 통학 버스만 한 대형의 한가운데에 있다. 여왕벌이 목표 지점까지 다 못 가고 도중에 떨어지면, 벌 떼 전체가 실패하게 된다. 태양을 나침반 삼아 나는 벌들은 여왕벌의 지도력에 전적으로 의지한다.

목적지에 도착하면, 벌 떼 전체가 나무 구멍 속으로 사라진다. 윙윙 소리가 사라지고 갑자기 괴괴해진다. 벌 떼는 모든 개체가 저마다 전체에 기여하는 하나의 마음, 하나의 집단 의식을 이룬다.

이동이 끝났으니 짐을 풀고, 탁아방을 꾸미고, 찬장에 꿀을 채워서 완벽한 기하학적 구조로 집을 짓고, 그곳을 새집으로 가꿀 차례다. 날이 따스해질 때까지, 나무에 다시 꽃이 필 때까지. 벌들은 수천만 년 동안 이렇게 해 왔다.

우리가 꿀벌의 은밀한 삶을 알게 된 것은 모두 카를 폰 프리슈 덕분이었다. 그는 꿀벌의 기호 언어를 처음 해독함으로써 우리와는 전혀 다른 마음과 처음 접촉했다.

이후 수십 년 동안 과학자들은 프리슈를 뒤이어 꿀벌의 뇌를 연구했다. 이제 우리는 꿀벌이 잠을 잔다는 사실을 안다. 어떤 과학자들은 꿀벌이 꿈도 꾼다고 본다. 우리는 5억 년 동안 두 종을 갈라놓았던 깊은 틈에 다리를 놓고 있다. 우리와 꿀벌은 그토록 긴 세월 갈라져서 진화했음에도 농업, 건축, 언어, 정치 같은 분야에서 진화적으로 수렴하는 지점이 있다. 하지만 우리는 그들과 그렇게 오랫동안 함께 살아왔음에도 그들이 우리에게 주는 이득을 제외하고는 그들에게 별 관심이 없었다. 즉 벌들이 우리에게 주는 꿀과 벌들이 꽃가루받이해 주는 작물 외에는 관심이 없었다. 인간 중심적 사고 때문에 벌들의 세련된 문화를 눈앞에 두고도 알아차리지 못했다. 우리는 무슨 계기로 그런 눈뜬장님 상태에서 깨어나서 늘 우리 곁에 있었던 지적 생명체를 알아보게 되었을까?

그 길을 개척하는 데 누구보다 이바지한 남자가 있었다. 나는 그를 지난 1,000년 동안 인류에게 나타난 가장 위대한 영적 스승으로 여긴다. 그는 생명의 궁전이 소박한 방 하나에서 별에 닿을 듯 치솟은 탑으로 진화할 수 있다는 사실을 알아낸 사람이었다. 지구에서 우리와 함께 살아가는 다른 생물들의 은밀한 삶을 처음 엿본 사람도 그였다.

나는 생명의 나무에서 도중에 꺾인 가지들을 기리는 '멸종의 홀'이 어딘가 있으리라고 상상해 보고는 한다. 하지만 그 나무는 계속 살아 있다. 과학자들이 알아내는 그 나무의 구조가 계속 달라지고는 있지만. 그 나무는 처

찰스 다윈은 세계를 여행하면서 생명을 연구했고, 영국으로 돌아온 뒤 자신이 관찰한 동물들을
그림을 곁들여서 소개한 두꺼운 책을 펴냈다. 이 그림들은 그 책의 1839년판, 1841년판에 실려 있었다.
왼쪽부터 다윈여우, 다윈잎귀쥐, 팜파스고양이, 안데스기러기다.

음 뿌리 내린 뒤 40억 번의 봄을 겪었고, 누구도 예측할 수 없었던 다채로운
꽃들을 피웠다. 작은 단세포 생명체가 오늘날의 당신으로, 지구에서 사는 모
든 것으로 진화했다. 생명이 나아가는 길을 예측하는 방법은 — 적어도 아직
은 — 없다. 단순한 생명체가 긴 세월을 거치면 어떤 형태와 능력을 만들어 낼
수 있는지 미리 알 방법은 없다. 어쩌면 생명 그 자체가 화학적 창발성이 드러
난 결과일지도 모르고, 과학 역시 생명의 창발성이 낳은 결과일지도 모른다.
과학은 생명이 스스로를 이해하기 위해서 찾아낸 수단일지도 모른다.

　생명이 일부러 이 방향으로 나아온 것은 아니었다. 진화는 특정 목표를
향해 움직이지 않는다. 생명은 긴 세월 동안 비틀거리고 휘청거리면서, 마주
치는 모든 문을 다 두드려 보면서 그중 미래로 열린 문이 있나 찾아보았다. 그
런 문을 발견하면, 자신의 메시지를 더 오래 남기기 위해서 얼른 그 문으로 들
어갔다.

　그런 생명의 궁전이 있다는 사실을 전에는 아무도 몰랐다. 그 궁전은 시

간의 안개에 가려져 있었고, 신비에 싸여 있었다. 하지만 한 남자가 커튼을 열어젖혔다. 그는 자신의 능력껏 최대한 많은 생물을 연구했다. 이국적인 종들을 찾아서, 배를 타고 지구 반대편 제도로 여행했다. 꿀벌, 꽃, 핀치, 연체동물, 지렁이를 연구했다. 무려 30년 동안. 그 연구에서 놀라운 패턴이 떠올랐고, 그 발견은 세상을 뒤흔들었다. 찰스 다윈 말이다.

다윈의 연구는 인간이 나머지 생물들과는 다르게 창조되어 그들의 관리자로 선택된 생명계의 왕이 아님을 알려주었다. 인간은 오래된 생명의 대가족에서 뒤늦게 등장해 어쩌다 잘나가게 된 후손일 뿐이었다. 다윈은 자신이 발견한 진실을 한 점 의혹 없이 증명할 수 있을 때까지 기다렸다가 발표했다. 그리고 그는 그 밖에 다른 발견도 해냈다. 그는 만약 모든 생명이 정말로 연관되어 있다면 그 사실에 철학적 의미가 담겨 있으리라는 점을 처음 깨우친 사람이기도 했다. 인간이 다른 동물들과 다르게 창조된 게 아니라면, 당연히 인간과 동물들은 우리가 생각했던 것보다 공통점이 더 많지 않을까? 의식도, …… 다른 종들과의 관계도, …… 심지어 감정도?

다윈은 우주에 인간의 의식이라는 외딴 섬 하나만 있는 것이 아니라 다양한 방식의 생명과 의식이 우리를 둘러싸고 있음을 깨달았다. 그에게 과학은 더 깊은 감정 이입과 겸손을 가져다주는 수단이었다. 그는 동네의 어느 농부가 양을 학대한다는 소문을 듣자마자 하던 연구를 팽개치고 달려가서 시민 체포(citizen's arrest) 권한을 발휘해서 농부를 체포했다. 또 강철 올가미에 걸린 야생 동물이나 마취제 없이 수술당하는 실험 동물의 끔찍한 고통을 사람들에게 알렸다. 그는 과학자에게 해부당하면서도 자신을 고문하는 이의 손을 하염없이 핥는 개의 이미지를 평생 괴롭게 떠올렸다. 그 연민은 우리 종에게도 적용되었다. 그는 동시대를 살아가는 19세기 사람들의 맹점을 알았다. 자서전에서 그는 브라질의 어느 흑인 여성이 노예가 되느니 죽겠다며 절벽에서 뛰어내렸다는 이야기를 전하며, 만약 그 여성이 고대 로마의 부인이었다면 사람들이 전혀 다른 시각으로 그녀를 보았을 테고 그녀의 이름을 자기 딸에게 붙여서 기렸을 것이라고 덧붙였다.

숲 바닥에 숨겨진 세계를 처음 과학적으로 연구한 것도 다윈이었다. 그는 나무의 뿌리 끝이 일종의 뇌처럼 기능해서 감각 정보를 받아들이고 비록 느리기는 해도 나무가 움직이도록 이끈다는 사실을 알아차렸다. 그는 또 다른 동물들도 우리처럼 즐거움, 고통, 두려움을 느끼는지 알아보고자 그들의 표정을 연구했다. 다윈은 어머니 자연에 깨달음을 간청하는 사람이었다. 그렇게 해서 얻은 과학 지식은 그가 품은 연민의 바탕이었고, 그 연민을 더 높은 수준으로 끌어올리는 근거였다.

나는 지금 사코리투스 코로나리우스(*Saccorhytus coronarius*)의 사진

과학의 자랑스러운 업적 중 하나는 우리 종의 계보를 거슬러 올라가서 우리와 다른 동물들 모두의 가장 오래된 조상으로 보이는 존재를 알아냈다는 것이다. 그림에 보이는 것은 최근 중국에서 미세 화석으로 발견된 사코리투스 코로나리우스다. 5억 4000만 년 전에 살았던 이 생명체의 실제 크기는 겨우 1밀리미터였다.

을 보면서 다윈을 떠올린다. 5억 4000만 년 전에 살았던 이 생명체는 실제로 아주 작았지만, 우리 마음속에서는 거대하다. 이 생명체는 우리가 지금까지 아는 한 인간과 다른 동물들을 잇는 가장 오래된 공통 선조이기 때문이다.

우리가 이 연관성을 늘 유념한다면 얼마나 좋을까. 우리가 언젠가 생명에 대해서 쌓은 지식을 모두 발휘해서, 그 밑에 서면 다른 생명체가 되는 체험을 해 볼 수 있는 '경험의 아치(Arch of Experience)'를 만든다면 얼마나 좋을까. 상승 기류를 타고 안데스 산맥 위로 솟는 콘도르의 즐거움을 느껴 볼 수 있다면, 태평양 망망대해에서 구슬픈 노래로 짝을 찾는 혹등고래의 고뇌를 느껴 볼 수 있다면, 우리가 가장 미워하는 적의 마음에 깃든 두려움을 느껴 볼 수 있다면? 세상은 어떻게 달라질까?

우리는 모두 똑같은 도구 상자로 만들어졌고, …… 똑같은 유전 물질로 만들어졌으며, …… 다만 서로 다른 진화의 길을 밟아 왔을 뿐이다.

코스모스의 가능한 세계들 중에는 서로 다른 생명의 경로들이 수렴해서 만나는 세계도 있을까? 나는 완보동물을 떠올린다. 완보동물은 여러 차례 죽음으로부터 살아나서, 다른 어떤 생명도 살지 못하는 지옥 같은 장소에서도 잘 살아가는 작은 생명체다. 완보동물은 다섯 번의 대멸종을 모두 견뎌냈으며, 진공에서도 아무 보호 장치 없이 생존할 수 있다. 독일의 젠켄베르크 연구소(Senckenberg Research Institute) 및 자연사 박물관은 너무 작아서 우리 맨눈에는 안 보이는 그 완보동물들이 1시간 가까이 서로를 즐겁게 해 주는 모습을 영상으로 촬영한 적 있다. 여러분도 한번 직접 보라. 그들의 행동에 모종의 애정이 깃들어 있다는 느낌을 받지 않을 수 없을 것이다.

꿀벌들이 꿈을 꾸고 완보동물들이 다정하게 껴안는다면, 우주에는 생명이 경이와 사랑을 향해 나아가는 길이 무수히 많은 게 아닐까?

우리가 '경험의 아치' 밑에 서 볼 수 있다면 얼마나 좋을까. 우리 마음속에서라도 그 아치를 세울 수 있다면 얼마나 좋을까.

8장

카시니의 희생

17세기에는 지구가 비록 우주의 중심은 아니더라도 유일한
'세계'일 것이라는 희망이 약간 남아 있었다. 하지만 갈릴레오의
망원경은 '달의 표면이 매끈하지 않다.'라는 사실, 또한 다른
세계들이 '꼭 지구 표면처럼' 보일지도 모른다는 사실을
알려주었다. 달과 행성들은 지구처럼 천체로 불릴 만한
조건들을 — 산, 분화구, 대기층, 얼음으로 된 극관,
그리고 토성의 경우에는 들어보지 못했던 눈부신 여러 개의
고리를 — 갖춘 것이 틀림없었다.

보이저 2호는 행성들이 한 줄로 늘어서는 드문 기회를 이용했다.
목성을 근접 비행하면서 얻은 가속력으로 토성으로 날아가고,
토성에서 천왕성으로, 천왕성에서 해왕성으로, 해왕성에서 별들의
세계로 잇따라 날아갔다. 그러나 이런 일을 언제든 할 수 있는 것은
아니다. 이런 하늘의 당구놀이를 할 수 있었던 바로 전 기회는
토머스 제퍼슨 대통령의 재직 기간에 있었다. 미국인들이 말이나
카누, 혹은 범선을 타고 탐험하던 시절이었다. (증기 기선이 새로운
기술 혁신으로 곧 등장할 참이었다.)

— 칼 세이건, 『창백한 푸른 점』에서

토성 뒤로 지는 엔켈라두스. NASA의 카시니 우주선이 토성의 대기로
마지막으로 하강하기 전에 보낸 최후의 이미지 중 하나다.

DATA CONTROLLER

CURIOSITY MISSION ACE

Jet Propulsion Laboratory
California Institute of Technology

캘리포니아 주 패서디나에는 계기판 앞에 앉은 사람들이 다른 행성에 있는 로봇들에게 명령을 내리거나 깊이를 알 수 없는 성간 우주의 바다를 항해하는 우주선들과 연락하는 방이 있다. NASA 제트 추진 연구소(Jet Propulsion Laboratory, JPL)의 심우주 통신망(Deep Space Network) 방은 영화 촬영장처럼 싸늘하고 어두침침하다. 매혹적인 어둠 덕분에, 불이 들어오게 되어 있는 젖빛 유리 명판들이 얼음 조각처럼 빛난다. 이곳은 과거의 NASA와는 달리 신비로운 분위기를 적극 포용한다. 어쩌면 살짝 과한 정도로. 한 계기판의 명판에는 "보이저 에이스(Vayager Ace)"라고 적혀 있다. 그 우주선과 교신하는 책임자를 전투기 조종사인 양 부르는 이름이다. 방 앞쪽 벽 상단에는 살짝 기울어진 대형 평면 모니터들이 설치되어 있다. 모니터들은 현재 지상의 어느 추적국이 어느 먼 행성에 나가 있는 어느 우주선으로부터 신호를 받는지 알려준다. 영안실처럼 싸늘하게 유지되는 온도 때문에 꼭 무슨 지하 비밀

NASA 카시니 임무의 원년 팀장 중 일부. 왼쪽부터 토런스 존슨(Torrence Johnson), 조너선 루나인 (Jonathan Lunine), 제프 쿠지(Jeff Cuzzi), 캐럴린 포코(Carolyn Porco), 대럴 스트로벨(Darrell Strobel)이 2017년 9월 제트 추진 연구소 심우주 통신망의 우주 비행 작전 본부를 굽어보는 VIP 관람석에 모였다. 카시니 우주선의 야심 찬 여정을 계획하고 실행했던 이들은 그 우주선에게 작별을 고하려고 왔다.

시설에 들어와 있는 듯한 느낌이 든다. 그 느낌은 인류가 이곳에서 대단한 일을 하는 중이라는 영웅적인 분위기에 일조하지만, 사실 인류의 야망을 그것보다 더 잘 보여 주는 것은 발사된 지 40년이 지난 지금까지 착실히 움직이는 파이오니어 호들과 보이저 호들의 주행 거리를 광년 단위로 보여 주느라 쉼 없이 숫자가 바뀌는 주행 거리계들이다.

2017년 9월 15일 저녁, 8명의 과학자가 심우주 통신망을 굽어보는 관람석에 모였다. 이들은 곧 자신이 전문가로서 일해 온 세월의 대부분을 바쳤던 중요한 관계와 갑작스럽고 돌이킬 수 없는 작별을 할 예정이다. 이들이 오랫동안 자신의 분신이었던 NASA의 카시니 우주선에게 먼 행성에서 스스로 목숨을 끊으라는 명령을 손수 내린다는 사실은 이 상황을 더 슬프게 만들까?

임무가 처음 구상되던 때, 이들은 다들 아주 젊었다. 1980년대 초에 이들은 임무의 팀장 자격으로 연단에 서서 자신들이 목성과 토성으로 로봇을 보내는 야심 찬 계획으로 이루고자 하는 목표가 무엇인지를 카메라 뒤 기자들에게 설명했다. 그로부터 수십 년이 흐른 지금, 이들은 내빈 관람석을 에워싼 유리를 내다보고 있다. 어쩌면 이들은 유리에 비친 자신의 모습에 깜짝 놀라면서 세월이 부린 조화에 혀를 내두를지도 모른다. 아마 이들은 유리 너머로 저 밑에 앉은 '카시니 에이스'를 지켜보고 있을 것이다. 사형 집행인으로 지정된 그는 우리가 공항에서 체크인할 때 항공사 직원이 쓰는 것처럼 생긴 평범한 키보드로 곧 카시니 우주선에게 보내는 치명적인 명령을 입력할 예정이다.

중력은 온갖 재주를 부릴 줄 안다. 그 재주의 결과 중에서도 가장 사랑스러운

목성의 20배가 넘는 외계 행성 J1407b의 상상도.
사방으로 6400만 킬로미터 넘게 뻗은 고리 때문에 작아 보인다.

것은 행성을 둘러싼 고리다. 우리 태양계의 행성 중 절반은 고리가 있다. 그러나 과학자들이 1995년부터 발견해 낸 수천 개의 외계 행성 중에는 고리 있는 행성이 하나도 없었는데, 그러던 2012년 마침내 J1407b가 발견되었다. 그리고 그 행성의 고리는 정말 끝내 줬다.

목성보다 20배 더 큰 행성을 상상해 보라. 더구나 그 행성에는 지구에서 태양까지의 거리인 1억 5000만 킬로미터의 절반을 넘길 만큼 넓게 펼쳐진 고리가 있다. 지구로부터 420광년 떨어진 곳에 정말 그런 행성이 있다. 행성 자체

273

도 거대하지만, 그 방대한 고리에 비하면 왜소해 보일 지경인 행성이 어느 어린 황색 왜성을 돌고 있다. 우리는 왜 그처럼 고리가 있는 외계 행성을 더 많이 발견하지 못했을까? 고리가 특별한 현상이라서일까, 아니면 우리가 외계 행성을 찾는 데 쓰는 방법들이 고리를 식별하기에는 역부족이라서일까?

외계 행성을 찾아내는 한 방법은 별빛에 숨은 신호를 스펙트럼으로 보여 주는 분광기를 쓰는 것이다. 분광기로 J1407의 별빛을 보면, 스펙트럼 전체에 흩어진 가늘고 검은 수직선들이 약간이지만 앞뒤로 움직이는 것을 알 수 있다. 그것은 그 별에 딸린 행성이 중력으로 별을 잡아당기기 때문이다.

횡단법(transit)이라는 방법도 있다. 이것은 말하자면 별의 심전도를 보게 해 주는 방법이다. 까만 바탕의 그래프에 점점이 찍히는 신호들은 황색 왜성의 별빛을 뜻하는데, 만약 행성이 별 앞을 가로질러 지나가면 그 신호가 잠시 멎는다. 행성의 고리가 별빛을 가리기 때문이다.

광도 곡선은 천체의 밝기 변화를 측정해서 기록한 그래프를 말한다. J1407의 광도 곡선에서 가장 흥미로운 특징은 광도가 낮아 캄캄한 지점이다. 그 캄캄함은 뭔가 수수께끼 같은 존재가 우리와 그 별 사이를 지나가고 있음을 암시하는데, …… 게다가 그 무언가는 무척 크다. 행성 J1407b가 가진 고리는 어찌나 방대한지, 별빛을 며칠씩 가린다. 고리는 무려 1억 8000만 킬로미터나 뻗어 있다. 크기는 그렇게 크지만, 두께는 놀랄 만큼 얇다. 만약 J1407b의 고리가 큰 접시만 하다면, 그 두께는 지름의 100분의 1도 안 되므로 사람 머리카락만큼 얇을 것이다. 이렇게 고리의 넓이와 두께가 크게 대비되는 현상은 우리 태양계 내에서도 두드러진다. 해왕성의 고리 중 맨 바깥 고리는 아주 희미하다. 과학자들이 처음에 그것을 온전한 고리가 아니라 조각 조각 끊어진 호(弧)들인 줄 알았을 정도다. 그런 착각이 해소된 것은 NASA의

보이저 2호가 해왕성에 다가가서 우리가 호인 줄 알았던 덩어리들이 실제로
는 비록 희미하기는 해도 온전한 고리에서 그나마 두꺼운 부분들이었다는 사
실을 알아낸 때였다.

천왕성도 고리가 있다. 태양계에서 가장 기묘한 행성인 천왕성에 대한 관
심이 지금까지 왜 이렇게 적었을까? 보이저 2호는 태양을 도는 두 거대 얼음
행성 중 하나인 천왕성을 정찰하러 간 유일한 우주선이다. 천왕성은 꼭 옆으
로 누워서 고리를 날 삼아 스케이트 타는 것처럼 보인다. 13개의 희미한 고리
들 틈 사이사이에 27개의 작은 위성들이 있다. 20년 동안 이어지는 천왕성의
여름에는 해가 지지 않는다. 역시 20년 동안 이어지는 겨울에는 내내 밤이다.
다른 기체 행성들과는 달리 천왕성의 속은 차갑다. 천왕성은 내부에서 열을
전혀 내지 않는다.

천왕성은 정말 희한하다. 최상층 대기는 뜨겁다. 섭씨 500도가 넘는다.
만약 우리가 그 속으로 들어가 본다면, 내려갈수록 구름이 점점 더 짙어지고
더 파래지고 더 차가워질 것이다. 천왕성에는 태양계에서 가장 찬 구름도 있
다. 섭씨 -230도 가까이 내려갈 만큼 차다. 과학자들은 천왕성의 대기 밑에 넓
게 펼쳐진 바다가 암모니아, 물, 액체 상태의 다이아몬드로 이뤄져 있을지도
모른다고 생각한다. 그 세계에서는 다이아몬드 비가 내릴지도 모른다.

천왕성은 다른 행성들의 궤도면과 거의 직각을 이루도록 누운 채 공전한
다. 대체 무슨 일을 겪었기에 그렇게 눕게 되었을까? 과학자들이 떠올리는 최
선의 추측은 이렇다. 천왕성은 아마 육중한 두 천체에 강한 원투 펀치를 맞았
을 것이다. 첫 펀치를 맞고 안정을 채 되찾기 전에 두 번째 펀치를 맞는 바람
에, 이후로 계속 '옆으로' 구르게 되었을 것이다.

크게 네 줄로 나뉜 목성의 고리들은 우리가 지금까지 살펴본 다른 행성

의 고리들과는 다르다. 목성의 고리들은 대체로 붉지만, 맨 안쪽 고리만은 새파란 데다가 태양계의 다른 어떤 고리보다도 훨씬 두껍다. 바깥쪽 고리들은 얇아서 희미하게 보인다. 목성의 고리들은 워낙 희미하기에 아직 지상의 망원경으로는 관찰된 바 없다. 그 고리들은 보이저 1호가 목성을 근접 비행할 때 발견해 냈다.

토성은 태양계에서 가장 아름답고 크고 밝은 고리를 갖고 있다. 토성은 우리가 맨눈으로 확실히 볼 수 있는 가장 먼 행성이고, 오래전부터 우리 선조들에게 깊은 인상을 남겼다. 그 빛의 점들이 선조들에게 어떤 의미였는가 하는 이야기는 인류의 위대하고도 끔찍한 전통의 일부다. — 토성은 고대 바빌로니아 시대 이전부터 관찰되었다. — 우리는 도무지 이해할 수 없는 대상에게는 상상력을 발휘해서 멋대로 의미나 조짐이나 자신의 두려움을 투사하는 경향이 있다. 그래도 오랜 세월을 거치면서 우리는 차차 이해할 방법을 알아냈고, 수천 년이 지난 지금도 NASA 제트 추진 연구소의 심우주 통신망 제어실은 그 행성에 매료된 사람들로 가득하다.

지구에 발이 묶인 처지에서 천문학을 연구해야 했던 고대로부터 토성 하늘에 탐사선을 보내게 된 현재까지의 과정은 오랫동안 아무 일도 없다가 끝에 와서 짧은 기간 동안 열렬한 활동이 벌어지는 과학 활동의 전형적인 패턴을 잘 보여 준다. 아무 일 없던 시기가 끝난 시점은 갈릴레오가 처음 만든 망

옆으로 누운 천왕성. 희미한 고리들과 27개의 알려진 위성들을 거느리고 있다.
허블 우주 망원경이 촬영한 적외선 화상이다.

원경으로 코스모스를 발견한 1609년이었다. 이듬해 그는 새 망원경으로 토성을 겨누었다. 그리고 스스로에게 이렇게 물었다. 내가 지금 본 어른거리는 빛이 뭐지? 갈릴레오는 토성을 하나의 점 이상으로 본 최초의 인간이었다.

하지만 그는 자신이 본 것을 잘못 해석했다. 토성이 양쪽에 대칭적인 두 위성을 거느리고 있다고 생각했던 것이다. 하지만 그가 1612년에 토성을 다시 관측했을 때는 "위성들"이 사라지고 없었다. 그것은 지구와 토성이 둘 다 움직여서 상대 위치가 변한 탓이었다. 갈릴레오는 몰랐지만, 그때 그는 토성 고리의 측면을 바라보고 있었다. 고리가 너무 얇아서 갈릴레오의 원시적인 망원경으로는 보이지 않았던 것이다. 토성 고리는 폭은 28만 킬로미터나 되지만 두께는 겨우 몇십 미터다. 갈릴레오는 2년 뒤인 1614년에 세 번째로 토성을 관측했다. 이때는 행성에 손잡이 같은 부속지가 둘 달린 것처럼 보였다. 갈릴레오는 이제 토성에 …… 팔이 달렸다고 생각했다.

그로부터 40년 뒤, 네덜란드 천문학자 크리스티안 하위헌스가 성능이 훨씬 더 개선된 망원경으로 토성을 관측했다. 하위헌스가 1655년에 목격한 토성도 여전히 흐릿했지만, 그래도 이번에는 고리가 또렷하게 보였다. 하위헌스는 행성에 고리가 있을 수 있고 토성이 그런 행성이라는 사실을 처음 안 사람이었다. 그는 또 200년 뒤에 타이탄이라고 불리게 될 토성의 최대 위성을 발견했다. 마침내 인류가 그 위성을 방문할 기회가 왔을 때, ESA는 그 우주선에 하위헌스의 이름을 붙였다.

과학에는 가끔 갈릴레오, 뉴턴, 다윈, 아인슈타인 같은 천재들이 등장한다. 그러나 그 수는 극히 적다. 그런데 그들과는 좀 다른 과학자들도 있다. 크리스티안 하위헌스처럼, 새로운 그림을 혼자 다 그려 내지는 못하지만, 자연의 방대한 화폭에서 빈 공간을 한두 군데 이상 메우는 사람이다. 조반니 도메

니코 카시니(Giovanni Domenico Cassini)도 그런 과학자였다. 카시니는 오늘날 이탈리아에 속하는 페리날도라는 구릉지 마을에서 17세기에 태어났다.

카시니는 처음부터 과학자는 아니었다. 첫 경력은 오히려 사이비 과학자인 점성술사였다. 점성술은 모든 행성들에 제각기 다른 인간적 특징이 있다고 믿고, 사람의 성격과 운명은 그가 태어난 순간에 그 천체들이 뜨고 있었나 지고 있었나 하는 점에 영향을 받아서 정해진다고 믿는 이론이다. 점성술은 일종의 편견이다. 상대를 더 깊이 알려고 애쓰지 않고 그의 한 가지 속성에만 근거해서 — 그 속성이란, 그의 피부 속 멜라닌 색소의 양, 코 모양, 그의 출생 시점에 행성들과 별자리들의 위치 같은 사소한 정보일 수도 있다. 여기서 별자리 또한 인간이 코스모스에 근거 없이 제 생각을 투사한 결과다. — 그에 관한 사실무근의 가정을 끌어내는 일인 셈이니까. 천문학과 점성술은 원래 하나였지만, 인류가 코스모스에서 자신의 실제 위치를 깨닫고 각성한 뒤 사정이 달라졌다.

1543년에 폴란드의 성직자였던 니콜라우스 코페르니쿠스(Nicolaus Copernicus)는 지구가 당시의 통념과는 달리 태양계의 중심이 아님을 보여주었다. 사실은 지구도 다른 행성들도 모두 태양 주변을 돌고 있었다. 지구를 태양계의 중심에서 끌어내린 것은 인간의 자존심에 큰 타격을 주었고, 이것은 이후 과학이 줄줄이 가할 그런 타격 중 첫 번째였다. 코페르니쿠스로부터 1세기 뒤에도, 아직 그 타격을 받아들이지 못한 사람들이 있었다. 조반니 카시니가 그랬다. 카시니는 엄청나게 좋은 일자리를 제의받고 수락했다. 태양왕으로 불리는 프랑스 루이 14세(Louis XIV)의 제의였다. 루이 14세는 자신이 절대 군주로서 지배하는 것은 신의 뜻이라고 믿었다. 하지만 그는 유럽 군주 중 처음으로 과학의 잠재력, 그리고 과학이 국가 안보에도 기여할 수 있으리라는 가능성을 깨달은 사람이기도 했다.

　루이 14세는 세계 최초로 정부가 운영하는 현대적 과학 연구소였던 아카데미 데 시앙스(Académie des Sciences), 즉 과학 한림원을 설립했다. 카시니는 그 절대 군주의 궁정에 도착한 뒤 왕에게 자신이 파리에 오래 머물지는 않을 것이라고 말했다. 길어야 한두 해쯤 머물겠다고. 하지만 왕이 새로 지은 천문대를 카시니에게 맡기면서 마음대로 운영해도 좋다고 하자, 카시니는 고향으로 돌아가고 싶은 마음을 차츰 잃었다. 과학에서는 어떤 자리를 한 가문이 세습하는 경우가 잦지 않다. 그러나 파리 천문대는 이후 125년 동안 줄곧 카시니 집안이 운영했다. 카시니는 향후 100년 동안 최신 정보로 가득한 지도라는 명성을 누릴 만큼 훌륭한 달 지도를 작성해서 후원자에게 보답했다. 루이 14세는 또 경도를 좀 더 정확하게 결정하기 위해서 남아메리카로 측정 여행을 떠나는 탐사대도 후원했다. 경도는 통상과 영토 확장의 야심을 품고 먼 곳으로 나간 그의 함대를 지휘하는 선장들에게 매우 중요한 항행 정보였다.

　카시니가 태양계 크기 계산에 나선 1672년에는 행성들 사이의 거리비는 알려져 있었지만, 거리 자체는 알려지지 않은 상태였다. 그런데 루이 14세의 탐사대 덕분에 이제 지구 위 여러 장소 사이의 거리를 예전보다 더 정확히 측정할 수 있었다. 카시니는 지구 위 두 지점의 거리를 정확히 알 수 있다는 데 착안해서, 그 값을 토대로 기하학적 계산을 수행함으로써 화성까지의 거리를 계산해 냈다. 그런데 우리가 행성들 사이의 거리비를 알 경우, 개중 어느 한 행성까지의 거리만이라도 알면 행성들 사이의 거리를 모두 계산해 낼 수 있다. 카시니는 이 방법으로 자신이 한때 부정했던 코페르니쿠스 체계에 따른 태양계의 실제 크기를 계산해 냈다. 그는 또 영국의 로버트 훅(Robert Hooke)과

조반니 카시니가 1679년 발표한 달 지도. 이후 100년 넘게 이것보다 더 나은 지도는 나오지 않았다.

는 별개로 목성의 대적점(Great Red Spot, 대적반)을 발견했다. 오늘날까지도 두 사람이 발견의 공을 나눠 갖는다.

　　카시니는 성능이 갈수록 좋아지는 망원경으로 목성의 하루 길이를 측정했고, 거대 기체 행성의 표면에 드러난 독특한 띠들과 점들을 발견했다. 화성의 하루 길이도 측정했는데, 오늘날 알려진 값과 겨우 3분 차이 날 만큼 정확했다. 화성의 하루는 지구의 하루보다 37분 정도 길다.

다시 목성을 관측하기 시작한 카시니는 그의 가장 중요한 업적이 되었을 수도 있는 발견에 아슬아슬하게 다가갔다. 하지만 타고난 성격은 버릴 수 없었던 모양이다. 보수적 시각 때문에, 그는 증거가 이끄는 대로 따라가지 못했다.

연거푸 발생하는 문제 하나가 그를 괴롭히고 있었다. 목성의 위성들이 일으키는 식(蝕)이 예측한 시점에 꼬박꼬박 일어나지 않고 관측할 때마다 매번 시기가 달라지는 문제였다. 그것은 혹시 지구에서 목성까지의 거리가 달라지기 때문일까? 두 행성은 각자 다른 궤도로 태양을 돌고 있으니까 그럴지도 모르는 일이었다. 그러나 그 시절 과학자들은 광속이 무한하다고 가정했고, 그렇다면 두 행성 간의 거리가 조금씩 달라진들 목성의 식이 발생하는 시기에는 아무 영향이 없어야 했다. **그렇다면 혹시 광속이 유한한 것일까?** 말도 안 되는 소리. 당시 모든 전문가는 빛이 무한한 속도로 달린다고 믿었다. 그들이 모두 틀릴 리는 없었다. 광속이 유한하다는 생각은 카시니에게는 너무 황당하고 혁명적인 생각이었다. 그는 그 가설을 기각했다. 만일 카시니가 과학계의 통념 대신 증거를 믿었다면, 그로부터 350년이 흐른 지금까지도 코스모스를 측정하는 척도로 쓰이는 광속을 그가 알아냈을지도 모른다. 하지만 그는 그것을 터무니없는 생각이라고 여겼다.

카시니의 아쉬운 판단으로부터 몇 년 후, 올레 뢰머(Ole Rømer)라는 덴마크 천문학자가 파리 천문대에서 카시니의 조수로 일하게 되었다. 뢰머는 목성 위성들의 식을 관측하던 중, 카시니가 기각했던 것과 비슷한 데이터 불일치를 발견했다. 그리고 뢰머는 데이터를 있는 그대로 받아들였다. 그는 그것을 광속의 유한성을 보여 주는 증거로 여겼다.

하지만 그런 카시니도 실로 모범적인 태도로 데이터에 충실했던 일화가 있다. 절대 군주로서 누구든 마음대로 처벌하고 처형할 권한을 가졌던 루이

14세의 심기를 거스르면서까지. 발단은 왕이 카시니에게 자신의 영토가 정확히 얼마나 넓은지 계산해 보라고 시킨 일이었다. 그때까지는 정확한 프랑스 지도가 작성된 예가 없었고, 하물며 프랑스의 모든 산과 강과 계곡을 빠짐없이 그려 넣은 지형도는 더욱더 없었다. 사실은 다른 어떤 나라에도 없었다. 카시니는 그 일을 맡아서 실력을 유감없이 발휘했다. 하지만 그 결과는 왕을 기쁘게 하지 못할 것 같았다.

그래도 카시니는 궁정으로 가서 왕에게 대충 이렇게 말했다. "폐하, 좀 실망스러운 소식을 갖고 왔습니다. 우리는 그동안 프랑스가 아주 크다고 믿어 왔습니다만, 저희 조사에서 드러난 바로는 유감스럽게도 폐하의 영토는 우리가 지금까지 생각했던 것보다 훨씬 작습니다." 왕의 표정이 심각해졌고, 신하들은 긴장했다. 하지만 루이 14세는 뜻밖에 사람 좋은 반응으로 모두를 놀라게 했다. 왕은 껄껄 웃으면서 카시니에게 말했다. 프랑스의 모든 적이 빼앗은 것보다도 더 많은 땅을 카시니가 자신에게서 빼앗았다고.

21세기의 우주선에 왜 조반니 카시니의 이름이 붙었을까? 그가 토성 고리의 실체를 처음 알아냈기 때문이다. 그는 토성 고리가 한 덩어리로 된 물체가 아니라 행성을 도는 수많은 위성으로 이뤄져 있을 것이라고 주장했다. 또 고리들 사이에 틈이 있다는 것도 관측했는데, 그 틈은 지금도 카시니 간극이라고 불린다.

하지만 어떻게 해야 거기까지 갈 수 있을까?

우리가 태양계에서 우리보다 바깥쪽에 있는 행성들로 우주선을 보내기 위해서는 수많은 사람이 고민하고 연구해야 했다. 그중에는 유명한 사람도 몇 있었지만, 대부분은 유명하지 않은 이들이었다. 게다가 인류의 태양계 탐사에 가장 크게 이바지했다고도 말할 만한 사람은 사실상 무명이다.

카시니 우주선은 발사 시 무게가 5,400킬로그램이 넘었고 크기도 버스만 해서 당시 NASA가 발사한 우주선 중에서 제일 컸다. 그 무게에는 플루토늄 238 연료 30킬로그램도 포함되었다. 그것은 향후 20년 넘게 쓸 수 있는 양이었다. 하지만 우주선의 여행을 가능케 한 동력은 그 연료가 아니었다. 우주선은 중력의 무지개를 타고 외행성계로 날아갔다. 그리고 인류가 해낸 그 업적의 뿌리는 우리가 보통 생각하는 것보다 더 먼 과거로 뻗어 있다. 그 뿌리의 일부는 심지어 스러진 희망의 무덤 깊숙이 묻혀 있다. 하지만 꿈은 어떻게 해서든 결국 되살아난다. 우리가 우주 시대의 첫 황금기에 이뤘던 역사적 탐사들과 이후의 탐사들을 해낼 수 있었던 것은 두 이름이 — 하나는 실명이었고 다른 하나는 가명이었다. — 똑같이 잊힌 한 남자 덕분이었다.

알렉산드르 샤르게이(Aleksandr Shargei)는 1897년, 당시 러시아 제국의 일부였던 우크라니아 폴타바에서 태어났다. 그의 어머니는 말썽꾼을 떳떳이 자처하며 황제에 항의하는 정치 집회에 적극 참여하는 용감한 여성이었다. 알렉산드르가 다섯 살 때 어머니는 황제의 경찰에게 잡혀갔고, 정신 병원에 수용되었다. 당국이 어머니를 끌고 간 뒤, 소년은 꾀죄죄한 오두막에 혼자 남았다. 소년은 아버지의 물리학 교과서와 수학 교과서를 안식처로 삼았다. 그러나 알렉산드르가 열세 살이 되었을 때, 아버지마저 죽었다. 그는 할머니와 함께 살았고, 어려운 형편에도 불구하고 이름난 고등학교에 들어갔다. 졸업 후에는 우크라이나 최고의 공학 대학에 합격했다. 하지만 입학한 지 두 달밖에 안 된 1914년, 황제의 군대에 징집되어 제1차 세계 대전에서 싸우게 되었다. 열일곱 살의 샤르게이는 1914년 카프카스 산맥의 전선에서, 쉴 새 없는 포화 속에서, 오수와 시체와 쥐가 들끓는 참호 속에서 달을 올려다보며 그곳으로 갈 방법을 궁리했다.

꿈은 지도다. 생지옥 같은 최전선에서, 샤르게이는 사람이 직접 달로 가서 탐사하는 전략을 과학적으로 구상해 보았다. 그냥 상상이 아니라 구체적인 계획이었다. 그는 지구에서 로켓을 발사하면, 달 궤도에 안착시킬 수 있으리라고 생각했다. 달 궤도에 도착하면, 탐사자 중 한 명은 궤도선에 남고 나머지 두 명은 궤도선에 딸린 조립식 착륙선에 탈 것이다. 궤도선이 계속 달을 도는 동안, 착륙선에 탄 사람들은 달 표면을 밟을 것이다. 정찰을 마치면, 착륙선은 달을 이륙해서 궤도선과 랑데부한 뒤 함께 지구로 돌아올 것이다. 어쩐지 익숙한 시나리오가 아닌가?

제1차 세계 대전은 끝났지만, 샤르게이의 지옥은 이어졌다. 이제 그는 혁명기 러시아의 위험천만한 정치적 지뢰밭을 조심조심 헤쳐나가야 했는데, 그는 달로 가는 방법을 궁리하는 것보다 그 일에 훨씬 더 소질이 없었다. 샤르게이처럼 백군(白軍), 즉 반혁명파 군대에서 싸웠던 사람들은 당시 "인민의 적"으로 간주되었다. 그는 이곳저곳 떠돌며 날품팔이라도 하려 했으나 매번 서류를 제시하자마자 퇴짜 맞았다. (구)소련에서는 편히 살 수 없었기에, 1918년에 그는 폴란드로 탈출하고자 했다. 그즈음 그는 비쩍 야윈 데다가 아팠다. 그래서 그를 체포한 국경 수비대 대원들은 어차피 죽을 사람의 운명을 앞당길 필요가 없겠다고 판단했다. 뼈만 남은 샤르게이는 비틀비틀 풀려났다.

어떻게 했는지는 몰라도 그는 어릴 때 살았던 폴타바의 오두막으로 돌아갔다. 그곳에서 어린 딸을 둔 어느 이웃 부인이 그를 간호해서 건강을 되찾아 주었다고 한다. 그가 이후 3년 동안 무엇을 했는지는 알려지지 않았다. 그는 종적 없이 사라졌다. 그러다 이윽고 세상에 다시 나타났을 때, 그는 더 이상 알렉산드르 샤르게이가 아니었다. 평온하게 살고자 하는 절박한 마음에서, 그는 반동 분자의 전력이 없는 웬 죽은 남자의 이름과 서류를 도용했다. 그는 이제 유리 콘드라튜크(Yuri Kondratyuk)였다. 또한 제1차 세계 대전 중 쓴 책 『행성 간 공간의 정복(*The Conquest of Interplanetary Space*)』의 저자였 는데, 관심을 보이는 출판사가 없어서 자비로 낸 책이었다. 그 책은 남들이 아 무도 내다보지 못한 미래로 콘드라튜크가 띄워 보낸 편지였다. 그는 그 책을 "행성 간 로켓을 만들려고 이 글을 읽는 누군가"를 위해서 썼다.

그 책에서는 콘드라튜크가 미래에 대해 품었던 확신이 느껴진다. 그의 비 참했던 처지를 떠올리자면 더욱 인상적인 일이 아닐 수 없다. 책에 담긴 그의 목소리는 과학적 신념 그 자체다. 그는 그 글로써 자신보다 더 나은 시대를 사 는 운 좋은 이방인을 도와주려고 했다. 그와 독자는 서로 다른 세대를 이어 주는 열망, 코스모스를 알고자 하는 열망으로 우정을 맺을 터였다.

책의 첫 문장은 그가 독자에게 지레 좌절하지 말라고 호소하는 격려의 메시지다. 콘드라튜크는 이렇게 썼다. "우선, 당신이 이 책의 주제에 겁먹지 않 기를 바란다. 비행의 가능성으로 말하자면, 로켓을 우주로 보내는 일이 이론 적으로는 불가능할 게 전혀 없다는 점만 기억하기 바란다."

이렇게 대담하게 장담한 뒤, 그는 달로 가는 현실적인 방법을 설명함으로 써 자신의 주장을 뒷받침했다. 그런데 그 책에는 더 중요한 개념도 담겨 있었 다. 콘드라튜크는 우주선이 행성에서 행성으로, 별에서 별로 이동할 때 쓸 수 있는 수단도 제안했다. 중력 도움(gravitational assist, 스윙바이(swing-by)라 고도 한다. — 옮긴이)이었다. 우주선이 행성이나 위성을 근접 비행하면서 그 천 체의 중력으로부터 추진력을 얻을 수 있다는 발상이었다.

콘드라튜크의 발상이 현실에서 처음 시험된 것은 그가 저 글을 쓴 때로부터 40년 뒤였다. 1959년, (구)소련 우주선 루나 3호는 조석력 때문에 늘 지구에서 얼굴을 돌리고 있는 달의 뒷면을 촬영하러 갈 때 그 방법을 썼다. NASA의 행성 간 우주선들도 1973년 발사된 매리너 10호 이래 모두 콘드라튜크의 중력 도움을 활용했다. 보이저 호들도 거대 목성의 중력에 편승해서 태양계 바깥쪽으로 새총처럼 발사됨으로써 성간 우주의 망망대해로 나갔다.

1920년대 말, 콘드라튜크는 (구)소련 정부에 차출되어 곡물용 엘리베이터를 설계하게 되었다. 당시 (구)소련은 금속 부족을 겪고 있었다. 콘드라튜크의 과제는 못을 하나만 쓰고서 최대한 큰 엘리베이터를 만드는 것이었다. 완성된 엘리베이터는 워낙 컸기에, "마스토돈(Mastodon)"이라는 별명이 붙었다. 그러나 설계를 마친 그를 비밀 경찰이 체포하러 왔다. 불가능한 과제를 해낸 것이 사보타주에 해당한다는 이유였다. **국가의 적이 아니고서야 대체 누가 못을 딱 하나만 쓴 곡물용 거대 엘리베이터를 만드는 허황한 짓을 해내겠는가!** 스탈린 시절 (구)소련에서는 이런 황당한 논리가 통했다. 콘드라튜크의 엘리베이터가 이후 60년 동안 잘 작동하다가 화재로 소실되었다는 사실은 그의 처지에 아무 도움이 되지 못했다.

30대 초반의 콘드라튜크는 특수한 강제 노동 수용소에서 3년형을 살았다. "샤라시카(sharashka)"라고 불린 그곳은 과학자와 공학자만을 모아서 국가의 가장 야심 찬 사업들을 맡기는 새로운 형태의 감옥이었다. 콘드라튜크는 풍력 발전 사업에 배정되었다. 하지만 그는 여전히 머릿속에서는 행성과 달로 갈 우주선을 쏘아 올렸다. 그가 역시 코스모스 탐사를 꿈꾸는 세르게이 코롤료프(Sergey Korolyov)를 만난 것도 샤라시카에서였다. 코롤료프는 훗날 (구)소련 로켓 사업의 책임 공학자가 될 사람이었다. 콘드라튜크의 명석함

1897년 알렉산드르 샤르게이로 태어난 유리 콘드라튜크는 제1차 세계 대전 중에 과학적으로 타당한 달 왕복 탐사 방법을 생각해 냈다. 그로부터 50년 뒤 NASA의 아폴로 프로그램이 성공리에 실현해 낼 방법이었다. 콘드라튜크는 또 심우주 여행의 수단으로 중력 도움을 처음 떠올렸다. 그는 자신이 우주 시대에 얼마나 크게 기여할지 모르는 채로 죽었다.

을 알아본 코롤료프는 언젠가 자신이 이끌고 싶은 로켓 사업에 콘드라튜크가 함께하기를 바랐지만, 콘드라튜크는 자신의 처지에 조금이라도 변화가 있으면 비밀 경찰이 더 깐깐하게 파고들 리라는 생각에 겁먹었다. 그는 자신이 샤르게이라는 사실이 드러나면 어떻게 될지 두려웠기에 코롤료프의 제안을 거절했다.

제2차 세계 대전이 발발해 독일이 러시아를 침공해 오자, 콘드라튜크는 최전선 부대에 자원해 통신대를 이끌었다. 그의 최후는 정확히 알려지지 않았지만, 아마도 그는 1942년 2월 밤 오카 강 방어선에서 벌어진 격렬한 전투의 포화 속에서 사라진 듯하다. 알렉산드르 샤르게이, 다른 이름으로 유리 콘드라튜크는 겨우 44세였다. 그의 인생은 그렇게 끝났다. 하지만 그의 꿈은 끝나지 않았다.

몇십 년 뒤인 1961년, 잘생긴 얼굴에 머리카락을 짧게 쳐올린 아이오와 주 출신의 공학자 존 코닐리어스 후볼트(John Cornelius Houbolt)는 버지니아 주 랭글리 연구소에서 밤늦게까지 일하고 있었다. 그는 도저히 풀 수 없을 것 같은 문제에 가로막혀 있었다. 아폴로 프로그램 초기에 과학자들과 공학자들은 지구에서 발사한 로켓을 달에 곧장 착륙시키는 방법을 알아내려고 애썼다. 로켓이 지구 중력을 벗어나서 달까지 가려면 아주 강력한 로켓이어야 할 것이다. 하지만 그런 로켓이 달 표면에 꽝 하고 부딪히지 않고 사뿐히 착륙할 방법이 있을까? 더군다나 그 로켓이 다시 이륙해 우주인을 안전히 지구로 데려오는 것은 더욱더 가망 없는 일로 보였다. 존 후볼트와 동료들이 볼 때, '직접 발

NASA 공학자 존 후볼트는 콘드라튜크의 발상을 바탕으로 달 궤도 랑데부 계획을 세웠다.
칠판에 그려진 저 계획 덕분에 달 여행이 가능해졌다.

사(direct ascent)'라고 불리는 그 방법은 여의치 않을 것 같았다.

일설에서는 사방에 커피잔이 널려 있고 쓰레기통이 종잇장으로 넘쳐 흐르던 후볼트의 연구실을 웬 유럽 출신 과학자 두 명이 노크했다고 한다. 그중 한 명의 손에는 타이핑된 나달나달한 문서가 들려 있었다. 40년 전 출간된 콘드라튜크의 책을 영어로 번역한 문서였다. 두 남자는 콘드라튜크의 꿈이 꺼지지 않도록 살려두고 있었다.

이 이야기에는 다른 버전들도 있다. NASA가 공식적으로 인정하는 버전에서는 NASA가 1964년 콘드라튜크의 책을 입수해 번역했다고 한다. 나는 NASA를 대단히 존경하지만, 이 공식 버전의 이야기는 좀 의아하게 느껴진다. 1961년에 열두 살이었던 나는 그 시절 냉전의 열기를 기억한다. 미국과 (구)

소련이 경쟁에서 이기기 위해서라면 모든 것을 다 파괴할 의향마저 있었다는 사실을 기억한다. 그랬던 시절에 NASA가, 혹은 미국이나 (구)소련의 다른 기관이라도, 자국이 거둔 최대의 성과를 가능케 해 준 공로를 비록 오래전에 죽은 사람이라고는 하나 상대국 국민에게 돌릴 수 있었을까?

콘드라튜크의 발상을 알고 한 일이었든 그저 우연의 일치였든, 아폴로 11호는 콘드라튜크의 방법을 좇아서 아직까지 인류 역사상 가장 신화적인 업적으로 남아 있는 비행에 성공했다. 콘드라튜크의 기여는 우주선이 달에 착륙했다가 지구로 무사히 귀환하는 일에만 미치지 않았다. 그가 중력 도움을 발견했다는 사실에는 아무도 이의를 제기하지 않는다. 그는 우리 선조들이 나뭇가지에 매달려서 나무에서 나무로 이동했던 것처럼 우주선이 행성에서 행성으로 건너갈 수 있으리라는 생각을 처음 떠올린 사람이었다. 그러니 1973년 매리너 10호 이래 우주 시대의 모든 발견은 그에게 빚졌다고 말해도 과언이 아닐 것이다. 카시니 우주선도 예외가 아니었다. 카시니 호는 금성, 지구, 목성의 중력 도움을 받아서 토성으로 날아갔다.

지구를 제외하면, 아름다운 장식을 단 토성이야말로 태양계에서 가장 사랑받는 행성이다. 아마추어의 변변찮은 망원경으로도 지구에서 또렷이 보이는 장엄한 고리들 덕분에 토성은 우주 여행과 미래의 동의어가 되었다. 보름달이 뜬 여름밤이면 나는 가끔 밤하늘을 올려다보면서 지구에도 고리가 있다면 어떨까 상상해 본다. 만약 지구에 고리가 있다면, 공원 벤치에 앉은 연인들 위로 얼마나 희한한 그림자가 드리워졌을까? 우리 눈에 고리 속을 굴러가는 얼음

덩어리 하나하나까지 다 보였을까?

왜 어떤 행성에는 고리가 있는데 다른 행성에는 없을까? 왜 지구나 화성에는 없을까? 만약 토성에 고리가 없다면, 우리는 그 행성을 알아보지 못할 것이다. 고리 없는 토성은 헐벗은 것처럼 보일 것이다. 그런데 애초에 어쩌다 고리가 생겼을까? 프랑스 천문학자 에두아르 로슈(Édouard Roche)는 1848년에 망원경으로 토성을 관찰하다가 그런 의문을 떠올렸다. 로슈는 토성의 고리가 하나 이상의 위성이 남긴 잔해일 것으로 추측했다. 위성이 행성에 너무 가까이 다가갔다가 육중한 행성의 중력 때문에 쪼개진 것이라고. 경솔한 위성은 먼저 궤도가 흐트러졌을 테고, 위성 자체도 잡아 늘여지기 시작했을 것이다. 그래서 행성을 부분적으로 감싸는 호처럼 길쭉하게 늘어났을 테고, 결국에는 산산조각이 났을 것이다.

로슈는 모든 행성에 대해서 소행성, 혜성, 작은 위성 따위가 행성에 얼마나 가까이 다가왔을 때 행성의 중력이 만드는 조석력으로 산산조각 나서 고리로 변하는지 계산할 수 있는 방정식을 도출해 냈다. 우리는 그 거리를 **로슈한계(Roche limit)**라고 부른다. 그런데 토성의 고리가 언제 형성되었는가 하는 문제에 대해서는 NASA의 카시니 우주선이 토성계에서 대담한 작전을 수행하기 전까지 과학자들 사이에 논쟁이 분분했다. 일부 천문학자들은 고리가 거의 토성만큼 오래되었을 것이라고 보았다. 40억 년도 더 전에 토성이 갓 태어난 태양 주변의 기체와 먼지 원반에서 응집되던 때에 하나 이상의 위성이 로슈 한계를 침범했을 것이라는 주장이었다. 반면 다른 과학자들은 고리가 꽤 최근에 생겼을 것이라고 보았다. 생긴 지 약 1억 년밖에 안 되었을 것이라

2006년 NASA 카시니 우주선의 레이더 영상에 잡힌 타이탄의 표면. 군데군데 메테인 호수가 있다.

고. 카시니 호는 후자의 손을 들어주었다.

　　그러면 지구의 로슈 한계는 얼마일까? 만약 달이 1만 9000킬로미터 안
으로 다가온다면 — 말이 나왔으니 말인데, 실제 그런 일이 벌어질 가능성은
전혀 없다. — 달은 로슈 한계를 침범한 대가를 치를 것이다. 하지만 만에 하나

카시니 호가 7년의 여행을 마치고 토성에 다다라서 북극 위를 나는 모습을 그린 상상도.

그런 일이 발생한다면, 달을 잃는 것은 우리가 걱정해야 할 문제 축에도 못 낄 것이다. 그리고 나는 지금 이대로의 달이 좋으니까, 그런 일은 없으리라는 것이 다행이다. 태양계에서 우리 달만큼 나를 감동시키는 위성은 딱 하나 더 있다. 그 위성이 위성으로는 유일하게 지구처럼 두꺼운 대기가 있는 데다가 지구를 연상시키는 표면 특징을 — 호수와 산맥이 있고 비가 내린다. — 갖추고 있어서 그런지도 모르겠다. 짙은 주황색 스모그에 가려져 있던 그 모습을 우리가 알게 된 것은 유럽 우주국이 NASA와 협력해 카시니 호에 딸려 보낸 하위헌스 탐사선 덕분이었다.

2004년 7월 1일, 7년에 걸친 행성 간 항해를 마친 카시니-하위헌스 호가 토성계에 다다랐다. 인간의 우주선이 토성을 방문한 것은 그것이 네 번째였지만, 위성 타이탄의 표면을 살펴볼 탐사선이 간 것은 처음이었다. 하위헌스의 이름을 딴 탐사선은 모선에서 분리된 뒤 용감하게 타이탄의 대기로 들어가서 활활 타오르는 방패가 되어 추락했다. 제동 시스템은 제대로 작동했다. 탐사선은 순간 덜컥 멎었다가 곧 낙하산을 펼쳤다. 그다음에는 느리게 하강하면서 시야를 가리는 짙은 주황색 구름을 뚫고 들어갔고, 곧 산맥과 메테인 호수가 산재한 놀랍고 복잡한 표면을 보았다. 20년 전에 칼 세이건을 비롯한 몇몇 과학자들이 예측했듯이, 타이탄에는 메테인과 에테인으로 이뤄진 바다가 있었고 얼어붙은 물이 있었다. 타이탄은 좀 심심하고 생명 없는 우리 달보다 훨씬 더 복잡하고 멋진 위성이었다.

카시니 호가 처음 토성 북반구에 도착했을 때, 그곳은 한겨울이었다. 태양은 5년 뒤에야 떠올랐고, 마침내 토성 북반구에 봄이 시작되었다. 햇빛에 드러난 북극의 모습은 충격적이었다. 진한 분홍색과 보라색으로 소용돌이치는 육각형이 떠올랐는데, 기하학적으로 흠잡을 데 없이 반듯한 육각형은 그곳에서 웬 지적 생명체가 모종의 목적으로 토성 표면을 가꾸고 있는 게 아닌가 하는 생각을 떠올리게 했다. 하지만 사실 그 무늬는 극지방에서 바람 속도가 갑자기 바뀌는 바람에 암모니아가 대규모로 용승한 결과였다. 그 육각형은 폭풍 중의 폭풍이다. 그곳에서는 천둥과 벼락이 미친 듯이 떨어지고, 수많은 폭풍이 또 다른 폭풍을 일으키고 있다.

봄은 지구에서도 때로 난폭하고 격렬한 계절이다. 그러나 카시니 호가 자살을 명령받은 계절은 이후 7년간 이어지는 토성의 여름이었다. 카시니 호는 1997년 발사되어 토성으로 갈 때까지 중력 도움 항법의 힘을 빌렸지만, 지구의 관리자들이 그 우주선을 조종해서 새로운 궤적을 취하도록 만들 수 있는 것은 우주선에 실린 로켓 연료 덕분이었다.

2017년 4월, 그 연료가 다 떨어져 갔다. 이제 카시니 호가 가장 대담한 명령에 따라 죽음의 하강을 할 차례였다. 카시니 임무를 담당하는 과학자들, 그중에는 이 탐사가 한낱 꿈에 지나지 않았던 1980년대부터 관여해 온 사람들도 있었는데, 그들은 카시니 호가 철저히 파괴되어야 한다는 것을 잘 알았다. 우주선이 정처 없이 방랑하도록 내버려 두는 것은 위험했다. 그랬다가는 혹 생명이 숨어 있을지도 모르는 어느 위성과 충돌할 수도 있으니까. 우주선이 우주로 나간 지 20년이 넘었어도 그곳에 여태 지구의 생명이 잠복해 있을 가능성도 배제할 수 없었는데, 정말 그렇다면 우주법으로 정해진 NASA의 '행성 보호를 위한 생명체 격리 규정'을 위반하게 될 터였다. 운에 맡겼다가 자칫 카시니 호가 타이탄이나 엔켈라두스에서 진화할 생명의 운명을 바꿔 놓을지도 모르는 일이었다.

이제 우주선에 입력되어 있는 다른 모든 명령을 압도하는 끔찍한 명령을 내릴 때였다. 카시니 호는 지구에서 아주 멀리 있었기에, 광속으로 달리는 메시지가 우주선에게 도착하기까지는 1시간 넘게 걸릴 터였다. 우주선이 어떤 상황에서도 스스로를 보호할 수 있도록 설계했던 바로 그 기술자들이 이제 우주선에게 자진해 죽음으로 뛰어들라고 명령했다.

"놀라운 일을 해낸 작은 우주선"은 영웅적으로 깨어났다. 카시니 호는 토성으로 뛰어들기 전에 마지막으로 다시 한번 활기를 되찾았다. 엄청난 힘을 거스르면서 몸을 바로 세웠다. 우주선은 추진 엔진을 100퍼센트 가동했고, 그 와중에도 내내 그 설계자들이 바랐던 것보다 더 많은 데이터를 충실히 지구로 보내 주었다. 카시니 호는 토성의 가혹한 대기 저항과 싸웠다. 그러다 곧 연료 탱크가 바닥났고, 싸움은 끝났다. 우주선은 부서지기 시작했다. 먼 행성의 유성우가 되어, 놀랍도록 생산적이었던 삶을 마감했다. 2017년 9월 17일, 지구의 제트 추진 연구소에서는 과학자들이 서로 얼싸안고 눈물을 흘리면서 카시니 호의 공식 사망 시간을 기록했다. 세계시로 11시 55분이었다.

　카시니 호가 거둔 성과는 한둘이 아니었다. 카시니 호는 이전까지 알려지지 않았던 토성의 위성을 수십 개 발견했고, 위성 엔켈라두스에 액체 물이 있다는 증거를 발견했고, 토성의 자기장과 중력장을 지도화했다. 카시니-하위헌스 탐사 같은 사업은 우리에게 인간으로서 자긍심을 느끼게 하는 보기 드문 사건이다. 생각해 보라. 우리는 세상에 없던 새로운 기술들을 놀랍도록 빠르게 개발하고 완성해 냈다. 인류가 스푸트니크 호에서 시작해 카시니 호의 자살까지 오면서 우주에서 여러 성과를 거두는 데 걸린 시간은 겨우 60년이었다. 이 사실은 우리가 앞으로는 코스모스에서 무엇을 배울 수 있을지 잔뜩 기대하게 만든다.

누군가의 꿈이 그 사람과 함께 죽을 때도 있지만, 다른 시대의 과학자들이 그 꿈을 건져내어 달까지, 그리고 그보다 더 멀리까지 데려가는 때도 있다. 유리 콘드라튜크는 자칫 깡그리 잊힐 수도 있었다. 그가 정말로 우주 탐사에 이바지했는가 하는 문제를 두고 논란이 따를 수도 있었다. 하지만 다행히 그를 기억하고 그가 합당한 공을 인정받을 수 있도록 애쓴 사람이 한 명 있었다.

닐 암스트롱은 달 여행에서 돌아온 이듬해, 우크라이나에 있는 콘드라튜크의 허름한 오두막을 찾아갔다. 그곳에서 암스트롱은 무릎을 꿇고, 떠내도 될 듯한 흙을 좀 떠냈다. 자신이 간직하기 위해서였다. 모스크바로 돌아간 뒤, 암스트롱은 당시 (구)소련이었던 그 나라의 지도자들에게 부디 자신의 신화적인 비행을 가능케 해 준 콘드라튜크를 기려 달라고 간곡히 부탁했다.

9장

거짓 없는 마법

저는 우리 세계를 플랫랜드라고 부릅니다.
우리가 그렇게 부르기 때문이 아닙니다. 저의 행복한 독자들,
3차원 공간에서 사는 특권을 누리는 당신들에게 우리 세계의
본질을 좀 더 명확하게 알려 드리고 싶기 때문입니다.
— 에드윈 애벗 애벗(Edwin Abbott Abbott), 『플랫랜드(*Flatland*)』에서

양자 역학을 이해하는 사람은
아무도 없다고 말해도 될 것 같습니다.

— 리처드 파인먼(Richard Feynman),
『물리 법칙의 특성(*The Character of Physical Law*)』에서

2차원 풍경에서 전자들이 흐르는 모습을 시각화한 이 섬세한 이미지는 화학자이자
물리학자인 에릭 헬러(Eric Heller)가 만드는 독창적인 예술 작품이다. 헬러는 자신이
전자의 흐름으로 그림을 그린다고 설명한다. 전자들은 몇몇 지점에서 이 풍경으로 들어가서
넓게 퍼지면서 무작위적인 체계, 혼란한 움직임, 놀라운 이미지를 만들어 낸다.

OPTICKS:

OR, A

TREATISE

OF THE

Reflections, *Refractions*,
Inflections and *Colours*

OF

LIGHT.

The FOURTH EDITION, *corrected*.

By Sir *ISAAC NEWTON*, Knt.

LONDON:

Printed for WILLIAM INNYS at the West-
End of St. *Paul's*. MDCCXXX.

자연은 가장 은밀한 비밀을 빛으로 쓴다. 우리 별 태양에서 오는 빛은 지구의 모든 생명을 움직인다. 식물은 빛을 먹고 당을 만든다. 빛은 우주의 거리를 측정하는 잣대로, 시공간 자락에 다이아몬드 부표를 땀땀이 꿰맨다. 빠져나오지 못하고 갇힌 빛은 블랙홀(black hole)이다. 우리가 암흑 물질(dark matter)과 암흑 에너지(dark energy)의 정체를 아직 모르는 것은 그것들이 빛을 내지 않기 때문이다. "빛을 보다."라는 표현은 종교적 계시를 받았다는 뜻으로도 쓰인다. 그러나 뭐니 뭐니 해도 빛에 가장 집착하는 사람은 천문학자들이다. 그리고 그들이 빛을 연구하기 시작하자마자, 그중 최고의 천재들마저도 그 속성에 어리둥절하게 되었다.

아이작 뉴턴을 예로 들어보자. 1665~1666년 겨울, 청년 뉴턴은 선조 대대로 살아온 잉글랜드 링컨셔의 울스소프에 있는 자기 방에서 빛과 색의 물리적 속성을 알아내고자 부지런히 연구했다. 그 마음이 얼마나 간절했던지, 그는 바늘을 자기 눈에 찌르는 일도 서슴지 않았다. 정말이다. 뉴턴은 20대 무

아이작 뉴턴 경의 『광학: 빛의 반사, 굴절, 회절 및 색에 관한 연구(*Opticks: or, A Treatise of the Reflexions, Refractions, Inflexions and Colours of Light*)』에는 그가 30년간 수행한 빛, 시각, 색에 관한 실험들이 담겼다. 이 책은 1704년 익명으로 처음 출간되었다.

럼 이미 미적분이라는 새로운 수학 분야의 기초를 닦았고, 일련의 실험을 통해서 색이 빛의 특징이라는 사실을 알아냈다. 그는 우리가 보는 사물의 어떤 면이 빛의 속성이고 어떤 면이 우리 신경이 만들어 낸 것인지 가려내고 싶었다. 색은 빛에 숨어 있을까, 아니면 우리 눈에 숨어 있을까?

앎의 열망에서, 뉴턴은 용기를 끌어모아 돗바늘을 집어 든 뒤 결연히 그것을 왼쪽 눈동자 아랫부분에 지그시 찔렀다. 그는 그림을 곁들여서 광학 실험 결과를 기록한 공책에 그 실험을 "눈에 압력을 주는 실험"이라고 태연히 적었다. 그리고 만약 빛이 가득한 방에서 그 실험을 하는 경우에는 자신이 눈을 감고 있더라도 눈앞이 좀 환해지면서 크고 "푸르스름한 원"이 떠올랐다고 적어두었다. 그가 겪었을 통증을 감안하자면 별로 대단한 결과가 못 되는 것처럼 보일 수도 있겠지만, 뉴턴은 그렇게 손수 고안한 단순한 실험들로 무지개를 처음 설명해 냈고 흰빛 속에 모든 색깔의 빛들이 다 담겨 있다는 사실도 알아냈다.

뉴턴이 연구한 현상들을 대부분의 다른 사람들은 '원래 그런 것'으로 여겼다. 사과는 원래 땅으로 떨어지는 법이고, 빛은 원래 그렇게 창문에 비쳐드는 법이라고. 뉴턴의 위대함은 마치 네 살배기 아이처럼 일상적인 현상에 "왜?" "어떻게?" 하고 묻는 데서 나왔다.

뉴턴은 이를테면 이렇게 물었다. 빛은 무엇으로 만들어졌을까? 만약 빛을 최소 구성 단위로 쪼갤 수 있다면, 무엇을 보게 될까? 그는 빛이 직선으로 움직인다는 사실을 알아차렸다. 그렇지 않다면 그림자의 또렷한 테두리를 어떻게 설명하겠는가? 마치 하늘에서 계시가 내려오는 것처럼 구름 틈새로 곧바르게 내리비치는 햇살을 어떻게 설명하겠는가? 개기일식 때 세상이 완전히 캄캄해지는 것은? 이런 관찰을 근거로 해서, 뉴턴은 빛이 입자들 — 그는 "미립자(corpuscles)"라고 불렀다. — 의 흐름이라고 추론했다. 광선이란 한 줄로 날아온 빛의 미립자들이 우리 눈의 망막에 부딪히는 현상이라고 보았다.

한편 바다 건너 네덜란드에는 뉴턴의 빛 입자 이론에 격렬히 반대하는 사람이 있었다. 그는 다름 아니라 토성 고리의 속성을 처음 알아내고 최대 위성인 타이탄을 처음 발견한 네덜란드 천문학자, 크리스티안 하위헌스였다. 하위헌스도 뉴턴처럼 일상적인 현상에 호기심이 넘치는 사람이었다. 그는 평생 심한 우울증과 씨름하면서도, 세상을 바꾸는 일을 해내는 데는 그렇게 기운찰 수가 없었다. 하위헌스는 추시계를 발명했다. 추가 그리는 호가 늘 일정한 시간 단위를 정확하게 또한 지속적으로 유지하도록 만드는 데 필요한 수학 공식을 유도해 내, 이후 300년 동안 최첨단 시간 측정 수단으로 사용될 방법의 표준을 마련했다.

하위헌스는 또 장래성이 있을 것 같은 기계를 하나 더 설계해 원형을 스케치해 두었다. 그는 그 기계를 "환등기(magic lantern)"라고 불렀다. 그 설계가 제대로 기능하는 영사기로 진화하려면 몇백 년이 더 있어야 했지만, 하위헌스는 17세기에 이미 그것으로 틀 영화까지 생각해 두었다. 영화의 내용은 그의 우울한 성격에서 비롯했을 것이다. 그가 펜화로 그린 애니메이션은 죽음이 짧게 춤춘다는 내용이다. 죽음은 먼저 장난스럽게 인사한 뒤, 제 해골을 뚝 떼어서 중산모처럼 팔에 낀다. 그다음 머리 없는 모습으로 우쭐우쭐 걷다가, 해골을 원위치에 올려두고, 다시 절한 뒤, 가만히 서 있다. 관객을 바라보고 오싹하게 웃으면서.

그리고 하위헌스는 뉴턴처럼 새로운 수학 분야를 개척했다. 운에 좌우되는 게임의 결과를 예측하는 이론, 즉 오늘날 확률 이론이라고 불리는 분야였다. 또한 하위헌스는 역시 뉴턴처럼 자신만의 빛 이론을 갖고 있었다. 그러나

1659년에 크리스티안 하위헌스는 영사기를 설계했고, 그 영사기로 틀
최초의 애니메이션 영화까지 그렸다. 죽음의 춤추는 모습을 담은 짧은 영상이었다.
이 예술 형식의 잠재성이 현실에서 실현되기까지는 수백 년이 걸렸다.

그 이론은 뉴턴의 것과는 달랐다. 하위헌스는 빛이 총알처럼 줄줄이 발사된
입자들로 구성되어 있는 것은 아니라고 보았다. 그는 빛이 사방으로 퍼지는
파동 같은 것이라고 보았다.

소리가 파동으로 전파된다는 사실은 그 시절에 이미 알려져 있었다. 문
이 약간만 열려 있어도 건너편 목소리가 안에서도 들리는 것은 소리가 물처럼

문을 돌아 들어오기 때문일 것이다. 소리굽쇠를 아무 금속이나 대고 때린 뒤 그것이 진동하는 모습을 보면, 윙윙하는 소리의 파동이 사방으로 퍼져나가는 모습이 눈에 보일 듯 확연히 느껴진다. 하위헌스는 빛도 소리처럼 파동으로 퍼진다고 생각했다.

그러면 어느 천재가 옳았을까? 빛이 입자인가, 파동인가 하는 문제에 대한 해답은 알고 보니 예상보다 훨씬 더 복잡했다.

이 대목에서 토머스 영(Thomas Young)이 등장한다. 그는 거의 모든 일을 다 할 수 있는 사람이었다. 그리고 정말로 거의 모든 일을 다 했다. 1773년 잉글랜드 서머싯에서 태어난 그는 삼촌이 물려준 넉넉한 유산 덕분에 자신의 호기심을 충족시키는 일이라면 뭐든지 자유롭게 할 수 있었다. 그 결과, 그는 놀랍도록 다양한 분야에서 중요한 업적을 남겼다.

이전 몇백 년 동안, 많은 사람이 자신들의 문명과는 풍습도 신앙도 판이했던 옛 문명이 남긴 암호 메시지를 해독하는 일에 도전했지만 족족 실패하기만 했다. 19세기 초 유럽 인들은 고대 이집트 상형 문자를 해독하려는 그 도전자들의 경주를 흥미롭게 지켜보고 있었다. 그러던 1819년, 중요한 기호 6개가 어떤 소리를 나타내는지 알아냄으로써 돌파구를 연 사람이 영이었다. 언어를 배우는 데 열심이었던 그는 인도-유럽 어족의 계통도를 처음 작성하기도 했다. 인도-유럽 어족이란 용어 자체가 많은 현대어가 인도와 유럽에 공통의 뿌리를 두고 있다는 사실을 표현하기 위해서 그가 만든 말이었다.

영은 물리학에서도 새 장을 열었다. 그는 에너지라는 단어를 현대적인 의미로 처음 쓴 사람이었다. 분자, 즉 둘 이상의 원자가 화학 결합을 통해 이룬 입자의 크기를 처음 잰 사람이기도 했다. 게다가 우리가 보기에는 변변찮기만 한 19세기 초의 기술로 측정했음을 감안할 때, 그는 놀랍도록 정답에 가까운 값을 얻었다.

의사로서 영은 안구 변형으로 인한 시각 결함을 확인하고 그 현상에 난시(亂視, astigmatism)라는 이름을 붙였다. 그의 업적을 늘어놓자면 한도 끝도 없지만, 그중에서도 그가 19세기 초에 설계했던 한 간단한 실험은 후대의 물리학을 오늘날 우리가 사는 이상한 나라로 빠뜨린 주범이었다. 더군다나 마분지 몇 장만 있으면 뚝딱 할 수 있는 실험이었다.

영은 마분지에 세로로 슬릿(slit, 틈)을 하나 낸 뒤 탁자에 세웠다. 다른 마분지에는 세로로 슬릿 2개를 평행하게 낸 뒤 첫 번째 마분지와 가까운 곳에 세웠다. 그 너머에는 슬릿들을 통과한 빛이 가 닿는 화면이 될 세 번째 마분지를 세웠다. 그다음 실험실 불을 다 끄고 아르강 등(Argand lamp)만 밝혔다. 아르강 등은 심지를 써서 가장 강한 빛을 얻을 수 있는 등이었기 때문에 1800년대 초에는 최첨단 기술이었다. 영은 등에 초록 유리로 된 갓을 씌웠다. 다른 색의 빛들은 다 걸러지고 한 색의 빛만, 즉 한 주파수의 빛만 슬릿을 통과하도록 만들기 위해서였다. 왜 그래야 했을까? 여러 색의 빛들이 겹치면 자신이 관찰하고 싶은 미묘한 간섭 패턴이 흐려질 것이라고 여겼기 때문이다.

영은 초록 등을 슬릿이 하나 있는 마분지 앞에 놓았다. 빛이 그 슬릿을 통과한 뒤 이중 슬릿까지 통과해 건너편 마분지에 가 닿도록 배치한 것이다. 한 색의 빛이 두 겹의 슬릿을 통과해 건너편 마분지에 다다랐을 때 어떤 패턴을 그리는지 보기 위해서였다. 만약 빛이 입자라면, 개개의 빛 입자들이 슬릿을 통과한 뒤 건너편 벽으로 가서 서로 떨어진 2개의 빛 웅덩이를 이룰 것이

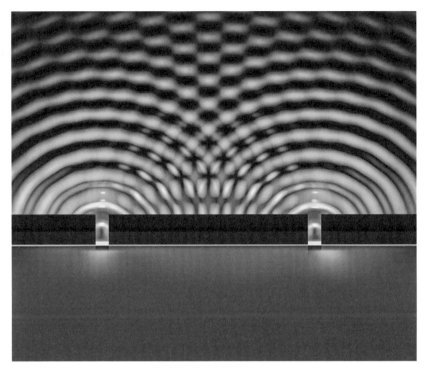

두 슬릿을 통과한 빛이 파동처럼 행동하며 간섭 무늬를 그리고 있다.
토머스 영의 1801년 실험을 재현한 것이다.

다. 하지만 결과는 그렇지 않았다.

　그 대신 일련의 수직 막대들을 관찰했다. 이것은 두 파동이 퍼져나가면서 **중첩**했을 때, 달리 말해 **간섭**했을 때 나타날 수 있는 패턴이었다. 영은 빛이 파동임을 증명한 셈이었다. 빛은 호수에 인 물결들이 서로 부딪히듯이 교차해 간섭 패턴을 만들어 냈다.

　과학계는 영의 실험 결과에 미적지근한 반응을 보였다. 그들은 자신들이 따르는 최고의 천재인 아이작 뉴턴이 완벽하기를 바랐다. 뉴턴은 과학자라기보다는 성인(聖人)이었다. 그런데 토머스 영이라는 신출내기가 뉴턴이 반쯤 틀렸다고 증명한 셈이었다. 뉴턴이 자신만만하게 선언했던 것과는 달리, 빛은 늘 입자로 행동하는 것은 아니었다. 과학에서 권위에 기댄 주장이 별로 무게 있게 여겨지지 않는 데는 이유가 있다. 자연이, 오직 자연만이 결론을 내리기 때문이다. 그리고 자연은 부릴 줄 아는 재주가 아주 많으니, 어느 시점이든 자연에 대한 우리의 이해가 완전하다고 믿는 사람은 바보가 아니고서야 없을 것이다. 뉴턴은 틀렸다, 부분적으로. 영은 옳았다, 부분적으로. 그러나 이 이야기에서 정말로 혼란스러운 대목은 아직 시작되지도 않았다.

영이 남긴 시한 폭탄은 도화선이 길었다. 그 도화선이 다 타서 폭탄이 터지는 데는 100년이 걸렸다. 그날 밤 영으로서는 알 수 없었던 빛의 속성이야말로 가장 괴상한 속성이었지만, 다른 누구도 알 수 없기는 마찬가지였다. 그 속성은 당시의 가장 강력한 현미경으로도 관찰할 수 없을 만큼 작디작은 규모에서만 드러나기 때문이다. 과학은 19세기 말에야 고대 이집트 무덤보다 더 깊은 미스터리를 간직한 숨은 세계의 입구를 찾아낼 도구를 개발했다.

시작은 1897년 케임브리지 대학교에서였다. 그곳에서 물리학자 조지프 존 톰슨(Joseph John Thomson)은 사람들이 그때까지 있는 줄도 몰랐던 입자와 파동의 세계로 들어가는 문을 열어젖혔다. 어떻게 보면 톰슨의 탐구는 물질 세계가 원자로 이뤄졌으리라는 생각을 직관적으로 떠올렸던 2,500년 전 고대 그리스 철학자 데모크리토스에게까지 거슬러 올라갔다. 그러나 그 원자를 직접 본 사람은 아무도 없었기에, 수백 년 동안 원자란 과학자들이 그냥 믿는 개념에 지나지 않았다. 그런데 톰슨은 원자보다 더 작은 것을 발견했다. 더구나 그것을 모두가 눈으로 볼 수 있게 해 주었다.

슬릿이 뚫린 마분지를 쓰는 대신, 톰슨은 진공관 속에 전기를 흘렸다. 전도체인 금속 전극을 가열하자, 진공관 속에서 입자들이 흘러가는 것이 보였다. 그는 진공관에 자석을 가까이 가져다 댐으로써 입자들이 흐르는 경로를 바꿀 수도 있었다. 톰슨은 그 입자에 "전자(electron)"라는 이름을 붙였다.

톰슨이 1934년에 한 말을 미국 물리학회가 온라인에 올려둔 녹음 파일을 통해 그의 육성으로 들을 수 있다. 녹음 속에서 톰슨은 이렇게 말한다. "전자만큼 첫눈에 실용성이라고는 전혀 없어 보이는 물질이 또 있었을까요? 전자는 워낙 작아서, 수소 원자의 질량에서 그 질량을 무시해도 좋은 정도가 아닙니까. 게다가 그 수소 원자 자체도 여간 작은 것이 아니라, 전 세계 인구만큼의 개수를 모으더라도 당시의 과학으로는 검출할 수 없었을 만큼 작으니까요."

그의 목소리에서는 ― 약 100년 전 그 순간에 얼어붙은 음파인 셈이다. ― 전자 발견으로부터 긴 세월이 흐른 뒤에도 여전히 놀라워하는 듯한 느낌을 확인할 수 있다. 사람들은 그때 원자를 구성하는 기본 입자를 처음 눈으로 보았다. 과학이 자연의 금고를 열어젖혔다. 그리고 그때부터 사태가 희한해졌다. 물질의 최소 단위라고 여겼던 원자에 전자처럼 그것보다 더 작은 구성 단위가 있다면, 빛도 마찬가지지 않을까? 언제나 빛에 매료된 과학자들은 빛을 구성하는 더 작은 단위를 분리해 낼 방법을 찾아보기 시작했다. 그것이 거울 나라로 들어가는 입구였다. 기존의 물리 법칙이 더 이상 적용되지 않는 이상한 나라로 넘어가는 문턱이었다.

20세기 말, 과학자들은 영의 이중 슬릿 실험을 전혀 다른 차원에서 실시

해 볼 수 있었다. 이제 그들은 빛을 그 최소 단위인 광자(photon)로 분리할 수 있었다. 광자를 한 번에 하나씩 영의 악명 높은 이중 슬릿에 통과시킬 수 있게 된 것이다. 광자 하나가 오른쪽 슬릿을 통과한다. 그다음 광자도 오른쪽 슬릿을 통과한다. 세 번째 광자는 왼쪽 슬릿을 통과한다. 광자들은 이렇게 차례차례 완벽하게 무작위적인 패턴에 따라 슬릿을 통과한다. 우리가 그 모습을 아무리 오래 지켜보더라도, 패턴은 계속 무작위적일 것이다. 전체 광자들이 두 슬릿을 대충 반반씩 통과할 것이다.

그런데 이때 우리가 마분지 너머로 시선을 들어서 광자들이 가서 부딪히는 실험실 건너편 벽을 보면, 무엇이 보일까? 충돌하는 두 파동의 간섭 패턴이 아니라, 광자들이 똑같은 크기의 두 덩이로 나뉘어 모인 모습일 것이다. 잠깐, 파동은 어디 갔지? 영의 간섭 패턴은 어디 갔지? 여기서부터 본격적으로 기묘한 일이 벌어진다. 나는 여러분에게 그 이유를 설명할 수 없다. 이 현상을 이해

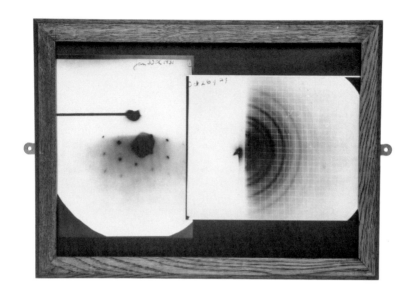

J. J. 톰슨은 음극선관(옆 쪽 사진)을 활용한 기구로 원자에 음전하를 띤 입자, 즉 전자가 들어 있음을 증명했다.
아버지의 연구를 이은 그 아들 조지 패짓 톰슨(George Paget Thomson)은 전자를 결정에 통과시킨 뒤
건너편 금박에 가서 부딪히게 만드는 실험으로(위 사진) 전자가 파동처럼 행동한다는 사실을 보여 주었다.
아원자 입자의 이런 모호한 속성은 지금까지도 우리를 당황스럽게 한다.

하는 사람이 지구에 아직 한 사람도 없기 때문이다. 만약 여러분이 이 사실을 잠자코 받아들이지 못하겠다면, 이후 벌어지는 일도 불만스러울 것이다. 우리가 지금까지 발견한 세계 중 가장 작은 양자 세계에서는 **관측이라는 단순한 행위가 현실을 바꾼다.**

좋다. 광자들이 계속 슬릿을 통과하게 하고, 이번에는 우리가 절대 안 보겠다고 약속하자. 우리가 안 보는 동안, 광자들은 무작위적으로 두 슬릿 중 하나를 통과한다. 이제 눈을 떠 보자. 그러면 이번에는 두 파동이 겹쳐져서 밝고 어두운 띠를 이룬 토머스 영의 간섭 패턴이 나타나 있다! 믿기 힘들지만, 우리

는 광자가 어느 슬릿을 통과하는지 지켜보지 않음으로써 건너편 벽의 패턴을 바꿀 수 있는 것이다. 나도 이 이야기가 황당하게 들린다는 것은 알지만, 과학자들이 이 실험을 수행했을 때 그 결과는 매번 이처럼 관찰자의 유무에 따라 달라졌다. 간섭 패턴이 나타나지 않았던 것은 실험자가 빛을 광자로 쪼개지 못했기 때문이 아니었다. 실험자가 광자들이 어느 슬릿을 통과하는지 지켜보고 있었기 때문이었다.

하지만 광자는 누군가 자신을 지켜보고 있다는 사실을 어떻게 알까? 광자는 눈도 없고 뇌도 없다. 그런데 어떻게 자신이 관찰당한다는 것을 알까?

광자는 워낙 작으니 우리가 그것을 보려면 모종의 복잡한 기술을 써야만 할 테고, 그 기술이 섬세한 광자에게 영향을 미쳐서 광자를 바꾸지 않을까? 이것은 물론 합리적인 생각이다. 하지만 그렇다고 해서 광자가 우리가 지켜볼 때는 입자처럼 행동하지만 지켜보지 않을 때는 파동처럼 행동하는 이유가 설명되는 것은 아니다. 빛이 근본적으로 입자라면, 우리가 지켜보든 말든 파동 패턴은 결코 만들어 내지 못할 것이다. 게다가 광자들은 자신들이 전체적으로 하나의 간섭 패턴을 이루기 위해서 각자 자신이 어느 위치로 가야 하는지를 어떻게 알까? 바로 이것이 양자 역학의 핵심에 있는 골치 아픈 수수께끼다.

아이작 뉴턴과 크리스티안 하위헌스는 둘 다 옳기도 했고 틀리기도 했다. 빛은 파동인 동시에 입자이고, 어느 쪽도 아니기도 하다. 게다가 이 현상은 광자에만 국한되지 않는다. 모든 아원자 입자가 이런 행동을 보인다. 광자든 전자든 다른 어떤 기본 입자든, 우리가 관찰하기 전에는 확률 법칙에 따르는 불확실한 상태로만 존재한다. 그랬다가 우리가 관찰하는 순간, 전혀 다른 상태로 바뀐다.

하위헌스가 없었다면, 우리는 양자 세계에서 갈피를 잃었을 것이다. 하위헌스가 만든 확률 이론은 지금까지도 우리가 양자 현실의 법칙을 이해하는 데 쓸 수 있는 유일한 열쇠다. 모든 입자는 무작위적이고 종잡을 수 없는 확률의 지배를 받는다. 이 현상은 우리가 어떤 장면을 보고 있다고 생각하는 순간 금세 그 장면이 다른 장면으로 바뀌는 시각적 착시와 좀 비슷하다.

우리가 아직 그 경계선을 발견하지는 못했지만, 아무튼 우리 일상 세계의 법칙이 물러나고 우리가 아는 한 가장 작은 규모의 세계에 적용되는 법칙이 등장하는 경계선이 존재한다. 그 작은 세계는 우리가 일상에서 겪는 경험과는 분리되어 있다. 그렇다면 우리는 우리가 사는 세계와는 전혀 다른 차원과 규칙을 가진 세계를 어떻게 이해할까? 쉬운 일이 아니다.

내가 아는 한, 에드윈 애벗의 1884년 걸작 『플랫랜드: 다차원 세계의 모험 (*Flatland: A Romance of Many Dimensions*)』은 우리가 양자 세계라는 까다로운 세계를 생각해 볼 때 입문서로 쓸 만한 최고의 책이다. 나와 칼은 「코스모스」 시리즈의 첫 번째 책과 다큐멘터리에서도 우주의 거대 구조와 시공간의 곡률을 소개할 때 『플랫랜드』를 언급했지만, 과학과 수학이 안겨 주는 비직관적 경험을 이해하는 데 이보다 유용한 책은 또 없으니까 다시 한번 이야기하겠다. 『플랫랜드』는 2차원 세계에서 사는 거주자들의 이야기다. 그런 세계를 떠올려보면, 우리도 추가 차원이 있는 세계로 도약한다는 것이 어떤 것일지 상상해 볼 수 있다.

자, 우리는 납작한 도형 모양의 지붕들이 있고 납작하고 길쭉한 차들이 도로를 달리는 도시 위를 날고 있다. 언뜻 더없이 평범한 세상 같지만, 이 세계에는 공간 차원이 하나 부족하다. 세 번째 차원이 없다. 이곳에서는 모든 시민이, 모든 사물이, 그리고 그들이 알고 사랑하는 모든 사람이 납작하다. 집도 납작한 사각형이다. 삼각형 집도 있다. 그것보다 더 복잡한 도형, 이를테면 팔각형 집도 있다. 어쨌든 모두 완벽하게 납작하다.

우리는 그 플랫랜드의 시민들을 더 자세히 살펴볼 수 있을 만큼 다가간다. 작은 비타민 알약처럼 생긴 존재들이 작은 다각형을 타고 달리거나 거리를 거닐고 있다. 그들은 왼쪽으로 꺾을 수도 있고 오른쪽으로 꺾을 수도 있다. 앞으로 갈 수도 있고 뒤로 갈 수도 있다. 하지만 위로 가거나 아래로 가는 것은 있을 수 없다.

당신이 그 플랫랜드에 방문했다고 하자. 당신은 소리쳐서 사람들을 부른다. 당신의 목소리는 꼭 딴 세상에서 흘러나온 소리처럼 울린다.

대답이 없다. 그 대신 타닥타닥 발소리가 들린다. 한 플랫랜드 주민, 플랫랜더(Flatlander)가 이 정체 모를 목소리가 대체 어디서 나오는 것인지 알아보려고 집에서 뛰쳐나왔다. 작고 납작하고 길쭉한 그는 혼란에 빠져 이리저리 허둥댄다. 그는 자신이 미친 게 아닌가 싶어서 두렵다. 그에게는 당신의 목소리가 자기 안에서 나온 것처럼 느껴지기 때문이다. 그 세계에서는 위에서 오는 소리란 것은 없다. 그 세계에는 '위'라는 것이 없으니까.

당신 같은 3차원 물체는 플랫랜드의 평평한 표면에 접촉하고 있는 발바닥 부분으로만 그 세계에 존재할 수 있다. 플랫랜더는 움직이다 말고 우뚝 서서 어리둥절해한다. 당신의 발바닥이 그 세계와 접촉한 영역이 플랫랜더에게는 허깨비처럼 느껴진다.

당신은 무릎을 꿇고, 최대한 조심스럽게 작고 길쭉한 플랫랜더를 집어 올린다. 그리고 말한다. "미안합니다. 당신이 얼마나 기묘하게 느낄지 알아요. 걱정할 건 없습니다. 당신은 잠시 3차원으로 안전한 여행을 떠나온 것뿐입니다. 해롭지 않습니다. 당신이 사는 세계를 새로운 관점에서 바라볼 수 있는 기회입니다."

우리의 플랫랜더는 충격을 받는다. 하지만 이내 상황을 파악한다. "그러니까 이게 **위**라는 거군요." 그는 난생처음 납작한 집들과 이웃 플랫랜더들을 내려다보면서 중얼거린다. 자신이 사는 2차원 세계를 3차원에서 바라보는 일은 인생을 바꿔 놓는 경험이다.

이만하면 충분하다. 그를 더 괴롭힐 필요는 없다. 당신은 그를 2차원 세계로 부드럽게 내려놓는다. 그의 절친한 친구가 허둥지둥 달려와서 그를 맞는다. 그녀에게는 그가 불가사의하게 사라졌다가 난데없이 도로 나타난 것처럼 보였을 것이다.

우리는 3차원이라는 아늑한 공간에서 산다. 이것보다 차원이 더 적은 세계를 상상하기는 쉽지만, 더 많은 세계를 상상하기는 몹시 어렵다. 0차원 세계는 점이다. 차원이랄 것도 없는 그냥 점 하나다. 1차원 세계는 모든 것이 선분인 세계다. 2차원 세계는 플랫랜드다. 3차원은 우리가 사는 세계다.

우리는 2차원 존재가 3차원 세계를 미처 상상하지 못하고 오리무중에 빠지는 모습에 웃는다. 하지만 양자 현실로 오면, 우리가 바로 그 꼴이 된다. 차원이 다른 세계를 상상하기 어려워하는 존재가 되고 만다. 우리도 우리 나름의 플랫랜드에 살고 있다.

코스모스에는 우리가 아직 발견하지 못한 차원들과 역설적인 현실들이 있

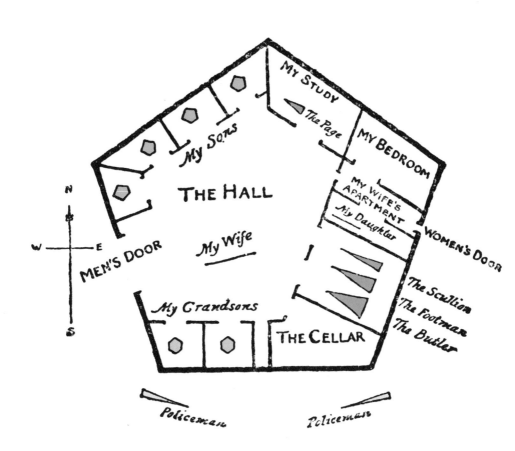

에드윈 애벗는 1884년에 출간한 소설『플랫랜드』에서 그림 같은 집에서
2차원 가족이 살아가는 2차원 세계를 상상했다.

다. 우리가 인식하는 차원 외에 그 위로도 더 많은 차원이 있고, 그 아래로도 더 많은 차원이 있다. 세상에는 가끔 그런 다른 차원으로 가는 문을 열어젖히는 탐구자가 나타나고는 한다. 뉴턴과 하위헌스, 토머스 영, 마이클 패러데이, 제임스 클러크 맥스웰(James Clerk Maxwell), 아인슈타인은 그런 탐구자들 가운데 가장 유명한 이름들이다. 그런데 — 그들보다 훨씬 덜 유명한 — 또 다른 탐구자가 있었으니, 그는 남들이 다들 아무 데로도 통하지 않는 문이라고 여겼던 문을 열어젖힌 사람이었다. 그 일은 그가 우주의 모순을 두고 볼 수 없었기 때문에 시작되었다.

빛이 파동인 동시에 입자라는 역설은 많은 사람을 좌절시켰다. 과학계에서는 급기야 그 문제는 덮어두는 편이 낫다고 여기는 사람이 나오기 시작했다. 20세기 전반에는 누구든 그 문제를 건드리는 사람은 과학자 경력의 막다른 골목으로 들어가는 꼴이라고 여겨졌다. 그러나 존 스튜어트 벨(John Stewart Bell)은 그 문제를 그냥 놔둘 수 없었다. 여러분은 그의 이름을 한 번도 들어보지 못했을 수도 있다. 그래도 그는, 비록 계량하기 어려운 방식일지언정, 여러분의 삶과 미래에 영향을 미쳤다. 그의 혁명은 아직 진행 중이다. 하지만 그의 이야기를 살펴보려면, 먼저 그를 이 일에 끌어들인 계기였던 한 신비로운 현상부터 알아봐야 한다.

이중 슬릿 실험 때처럼 빛을 그 구성 단위인 광자로 쪼개 보자. 그러면 드라마가 시작된다. 한 광자를 붙잡아서, 빛의 양자 꾸러미인 그것을 반으로 쪼개어 에너지를 나누자. 새로 만들어진 두 광자는 심오한 물리적 의미에서 서로 결합한 존재다. 양자 물리학자들이 쓰는 용어로 말하자면, 서로 **얽힌**(entangled) 상태다. 두 광자가 공간적으로나 시간적으로 아무리 멀리 떨어져 있더라도, 둘의 유대는 끄떡없이 유지된다. 꼭 플라톤이 말했던 고대 그리스 인의 사랑 개념처럼 들린다. 그들은 하나의 인간이 둘로 나뉘어서 멀리 떨어진 것이 연인이라고 믿었다니까. 두 존재는 평생 서로의 유일한 영혼의 짝이고, 설령 우주 끝에서 끝까지 떨어져 있더라도 상대의 내면에 민감하게 공명한다.

우리가 그런 두 광자 중 한쪽의 스핀을 관측한다고 하자. 그 순간, 그 광자의 영혼의 짝도 스핀을 바꾼다. 이 두 광자가 특수해서 그런 게 아니다. 우리가 아는 한, 모든 광자가 이렇다. 그리고 이런 원격 관계는 우주 역사 내내 지속되어 왔다. 두 광자는 초기 우주에서 — 거의 140억 년 전에 — 태어난 뒤 갈라져서 반대 방향으로 날아갔다. 둘은 수백억 광년 거리로 멀어졌을 수도 있다. 그런데도 둘 사이의 결합은 긴 시간과 먼 공간을 극복해서 지속된다.

광자는 — 전자도 다른 기본 입자도, 일단 얽힌 상태라면 다 마찬가지다. — 어떻게 그토록 오래 서로에게 충실할까? 더 기묘한 사실은, 누군가가 둘 중 한쪽을 관측하기만 하면 그 놀라운 헌신 관계가 당장 깨진다는 점이다. 측정이라는 단순한 행위만으로. 우리는 그저 둘 중 한쪽의 스핀을 측정하기만 하면 된다. 아무 광자나 하나 골라 보자. 여기 있다! 우리가 고른 우주 커플의 반쪽이다. 그러면 바로 이 순간 어딘가에서, 어쩌면 수십억 광년 떨어진 곳에서, 이 광자의 영혼의 짝이 갑자기 심상찮은 기색을 느낀다. 짜릿함이 사라졌다. 유대가 깨어졌다. 둘은 더 이상 결합된 관계가 아니다. 우리가 둘 중 한쪽을 관측한 것 때문에 세상이 시작된 때부터 이어져 온 결합이 깨진 것이다.

제3자의 관측이라는 언뜻 해롭지 않아 보이는 행위가 어떻게 그토록 깊고 지속적인 관계를 끊을 수 있을까? 광자는 어떻게 코스모스 건너편의 짝에

양자 얽힘은 관측 외에는 무엇도 견뎌내는 신비로운 관계다.

게 결별 메시지를 전달할까? 상대 광자는 또 어떻게 그 메시지를 순간적으로 받아낼까? 두 광자는 어떻게 광속보다 빠른 교신으로 메시지를 서로에게 전할까? 이 질문은 과학이 아직 답하지 못한 중요한 질문 중 하나니, 여러분이 혼란스럽더라도 걱정할 일은 아니다. 아인슈타인처럼 위대한 천재도 이 질문을 처음 떠올린 뒤 남은 평생 골머리를 썩였으니까.

과학자에게 논리적 불가능성만큼 흥미로운 문제는 또 없다. 우주에서 제일 빠른 빛에도 속도 한계가 있는 마당에, 광자가 먼 거리를 순간적으로 가로질러서 다른 광자와 교신한다는 것은 불가능한 일이다. 아인슈타인은 그런 일을 "유령 같은 원격 작용(spooky action at a distance)"이라고 불렀고, 그런 일이 가능한 우주에서 산다는 것은 거의 견딜 수 없는 일이라고 여겼다.

이중 슬릿 실험에서 왼쪽 아니면 오른쪽 슬릿을 선택해 통과했던 입자들을 기억하는가? 그 선택은 그야말로 무작위적인 선택이었다. 하지만 무작위적 선택에도 규칙이 있다. 하위헌스의 확률 이론은 이 사실에 근거해 만들어졌고, 우리가 도박에서 확률을 계산할 수 있는 것도 이 사실 덕분이다.

아인슈타인은 광자의 얽힘 문제에 확률 이론을 적용해 본 뒤 경악했다. 만약 광자가 뻔뻔하게 광속을 어길 수 있다면, 우주와 세상 만물은 자연 법칙이 얼마든지 깨질 수 있는 카지노에 지나지 않는다! 이 난국을 타개하기 위해서, 아인슈타인은 그 카지노의 주사위에 우리가 아직 정체를 모르는 모종의 조작이 되어 있을 것이라는 발상을 떠올리고 그것을 "숨은 변수(hidden variable)"라고 불렀다. 이것은 입자에게 앞으로 수십억 년 뒤에 할 행동까지 지정해 주는 메커니즘이므로, 정말로 그런 숨은 변수가 있다면 광속보다 빠른 교신은 필요 없고 심란한 미스터리는 설명된다.

인류는 과거에도 이런 경험을 한 적 있었다. 약 100만 년 전, 우리 선조들은 불을 길들였다. 불의 정체를 정확히 알지는 못했지만, 그래도 그것을 활용해 문명을 건설했다. 양자 물리학도 마찬가지다. 우리는 양자 세계를 완벽하게 이해하지 못하더라도 그것을 과학은 물론이고 그 밖의 여러 분야에서 다양하게 활용할 수 있다. 선조들이 불의 원리를 모르면서도 불을 이용했듯이, 우리는 복잡한 양자 역학의 미스터리에서 이 문제적 측면을 수십 년 동안 그냥 받아들여 왔다.

그때 한 소년이 나타났다. 1928년 아일랜드 벨파스트의 노동자 동네에서 태어난 소년은 양자라는 불을 이해하고 말겠다는 열망을 키웠다. 존 스튜어트 벨은 아인슈타인의 숨은 변수가 실재하는지 확인해 보고 싶었다. 그래서 단순한 산술적 개념들과 확률 이론으로 아인슈타인의 추측을 시험할 수 있는 사고 실험을 생각해 냈다. 벨은 얽힌 광자들이 어떤 울타리를 통과해서 지나가는데 그 울타리의 말뚝들은 살짝 기울어진 상태, 달리 말해 **편광된** 상태라고 가정했다. 어떤 광자는 말뚝에 빗맞아 튕길 테고, 어떤 광자는 말뚝을 통과해 지나간다. 벨은 그런 무작위 과정의 결과를 기록할 수 있는 계수 메커니즘이 있다고 상상했다.

모든 광자는 우리가 그 편광 상태를 측정하기 전에 스스로 자신이 어느 방향으로 편광되어 있는지 안다고 가정하자. 벨은 다양한 각도로 기운 필터들을 씀으로써 이 발상을 실제로 시험해 볼 수 있다고 말했다. 그는 먼저 수직으로 선 말뚝 틈으로 광자가 얼마나 많이 통과할지 계산해 보았다. 그다음에는 말뚝을 45도로 기울여서 통과하는 광자가 적어지도록 만들고, 이때는 광자가 얼마나 많이 통과할지 계산해 보았다. 만약 광자들이 숨은 변수의 지시를 따른다면, 이때 어떤 광자가 통과할 것인가 하는 통계가 달라질 터였다. 하지만 벨은 아인슈타인의 숨은 변수를 발견하지 못했다. 설령 그런 변수가 있

아인슈타인이 실패했던 일에 성공한 존 스튜어트 벨. 오늘날 우리가 양자 기술 혁명을 보게 된 것은 벨이 자연의 책에 빈 페이지가 있는 것을 잠자코 받아들이지 않았기 때문이다.

더라도 그것은 서로의 상태를 광속으로 교신할 수 있을 만큼 가까운 거리에서는 작용하지 않을 테고 어떻게 해서인지는 몰라도 그것보다 훨씬 먼 거리에서만 작용할 텐데, 그렇다면 그것이 곧 '유령 같은 원격 작용'인 셈이었다.

　단순한 발상이었지만, 과학자들이 벨의 실험을 실제로 설계해 수행하기까지는 6년이 더 걸렸다. 이후 실험은 거듭 반복되었고, 그때마다 광자들은 수학적으로나 실험적으로나 존 스튜어트 벨이 생각했던 대로, 즉 숨은 변수는 없다는 것을 보여 주는 방식대로 행동했다. 아인슈타인이 가장 두려워했던 일은 사실이었다. 우리는 고전 물리학의 범위를 벗어난 영역, 하나의 광자가 동시에 두 지점에 존재할 수 있는 영역으로 들어섰다. 우리를 비롯해 세상의 모든 존재를 구성하는 기본 입자들은 자신들도 알지 못하는 사건에 반응한다. 양자 세계의 무법적 카지노에는 객관적 현실이라는 것이 없다.

　우리가 **아직 발견하지 못한** 원리들의 지배를 받는 기묘한 양자 세계는 저 우주 밖에 멀리 있는 게 아니다. 양자 세계는 우리 안에도 있다. 우리 일상과 경험의 모든 차원에서 불가능해 보이는 마법을 부리고 있다.

　무엇이든 좋으니 아무거나 한번 바라보라. 이 책의 글자들이든, 강아지든, 달이든. 무엇이든 그 물체는 빛으로 구성된 이미지를 당신의 눈으로 보내온다. 바로 이 순간 그 빛이 당신의 망막에 도달하고, 그러면 망막 세포들은 화학적으로 변한다. 물체에서 날아온 광자들이 망막 세포들을 자극하기 때문이다. 망막은 그 변화를 0.8초쯤 저장했다가, 또다시 우르르 몰려오는 광자들을 맞기 위해서 그 이미지를 지운다. 망막이 모든 광자를 다 감지하는 것은 아니다. 그럴 수도 없다. 망막은 자신에게 오는 광자 중 소수만을 받아들인다. 그리고 망막의 어떤 세포가 광자를 받아들일지 예측하기란 불가능하다. 시각처럼 중요한 활동에서도 우리가 아는 것은 확률뿐인 셈이다. 그렇다면 세상에

또 하나의 창백한 푸른 점. 양전하를 띤 스트론튬 원자 하나가 두 전극 사이에 붙들려 있다. 폭이 2150억분의 1밀리미터밖에 안 되는 원자가 우리 눈에 보이는 것은 그것이 레이저 빛을 흡수했다가 재방출하기 때문이다.

확실한 것이 있을까? 모든 것이, 심지어 시각마저도 확률에 지배된다면, 세상에 절대적 현실이란 게 있을까?

이런 양자 우주에서, 고전적 개념의 현실을 구원할 방법이 있을까? 과학자들은 전통적인 인과율을 보존할 수 있는 방법을 하나 떠올렸다. 다세계 해석(many worlds philosophy)이라는 방법이다. 이 해석을 이론이라고 부를 수는 없다. 과학적으로 검증할 방법이 (아직은) 없기 때문이다. 어쨌든 그 내용은, 이론적으로 일어날 수 있는 모든 가능성 있는 사건들이 우리가 접근할 수 없는 다른 평행 코스모스들에서 실제로 일어난다고 보는 것이다. 세계가 서로 다른 방향으로 갈라질 수 있는 분기점에 다다를 때마다 어김없이 갈라져서 무한한 수의 현실들이 탄생한다는 것이다.

아니면 확률이라는 것 자체가 우리의 착각에 불과할지도 모른다. 확률이란, 우리의 무지가 낳은 허깨비일 뿐일까? 만약 우주에서 벌어지는 모든 사건이 세상이 시작된 때부터 이미 예정되어 있던 일들이라면 그럴 것이다. 이런 생각은 '초결정론(superdeterminism)'이라고 불린다. 초결정론적 우주에서는 크든 작든 모든 사건이 — 평화 조약의 파국적 결렬도, 한 번의 재채기도, 한 꿀벌이 한 꽃을 꽃가루받이해 주는 일도, 당신이 지금 이 책을 읽는 일도 — 우주가 시작된 순간에, 즉 우주가 겨우 구슬만 했던 순간에 빈틈없이 다 결정된 일이다. 상상해 보라. 이 모든 사건이 — 그리고 그 밖에도 무수히 많은 사건이 — 우주가 탄생한 순간에 이미 장차 벌어질 일로 정해져 있었다니. 우리 인간도 우주의 다른 모든 존재처럼 기본 입자로 만들어졌기에, 우리도 양자 세계를 지배하는 그런 법칙에 똑같이 종속되어 있을 것이다.

초결정론에는 또 다른 미덕이 있다. 양자 얽힘의 수수께끼, 즉 서로 얽힌 두 입자가 마치 광속을 능가할 수 있다는 듯이 먼 거리를 순식간에 가로질러서 교신하는 수수께끼를 풀어 준다는 점이다. 초결정론적 코스모스에서는 얽힌 입자 쌍이 우주 끝에서 다른 끝으로 떨어져 있더라도 한쪽이 스핀을 바꾸는 순간에 다른 쪽으로부터 연락을 받을 필요가 없다. 상대 입자는 바로 그 순간에 스핀을 바꾸도록 처음부터 운명 지어져 있었으니까. 그렇게 운명 지어져 있었다는 점은 첫 번째 입자도 마찬가지이고, 두 입자 중 한쪽을 관측해 그들의 결합을 끊어 버리는 침입자도 마찬가지다.

똑……

이다음 순간에 벌어질 일도…….

딱……

그다음 순간에 벌어질 일도…….

초결정론이 양자 얽힘의 수수께끼에 대한 답을 준다는 것은 좋은 소식이다. 나쁜 소식은 그것이 우리의 주체성을, 스스로 결정하고 자신의 길을 개척할 자율성을 빼앗는 것 같다는 점이다. 만약 우리가 사는 우주가 초결정론적 우주라면, 우리는 거의 140억 년 전 쓰어진 대본에 고분고분 따르면서도 스스로는 내가 그 논쟁에서 참 똑똑했지, 참 이기적이었지, 참 용감했지 하고 생각하면서 살아가는 셈이다. 만약 내가 나 자신에게서 딱 한 가지만 바꿀 수 있다면 참 좋을 텐데 하고. 그러나 우주에 자유 의지가 없다면, 우리는 그저 결정론적으로 움직이는 로봇에 지나지 않는다.

그렇더라도 최소한 우리는 양자 역학의 불확정성을 이용할 방법을 알아내고 불완전한 지식이나마 그것을 바탕으로 새로운 기술을 만들어 낼 줄 알 만큼 똑똑한 존재다. 우리는 양자 시계를 만들었다. 양자 시계는 한 번도 감아

상형 문자를 포함한 세 언어로 새겨진 로제타석은 고대 이집트 문자를 해독하는 열쇠로 쓰였다.

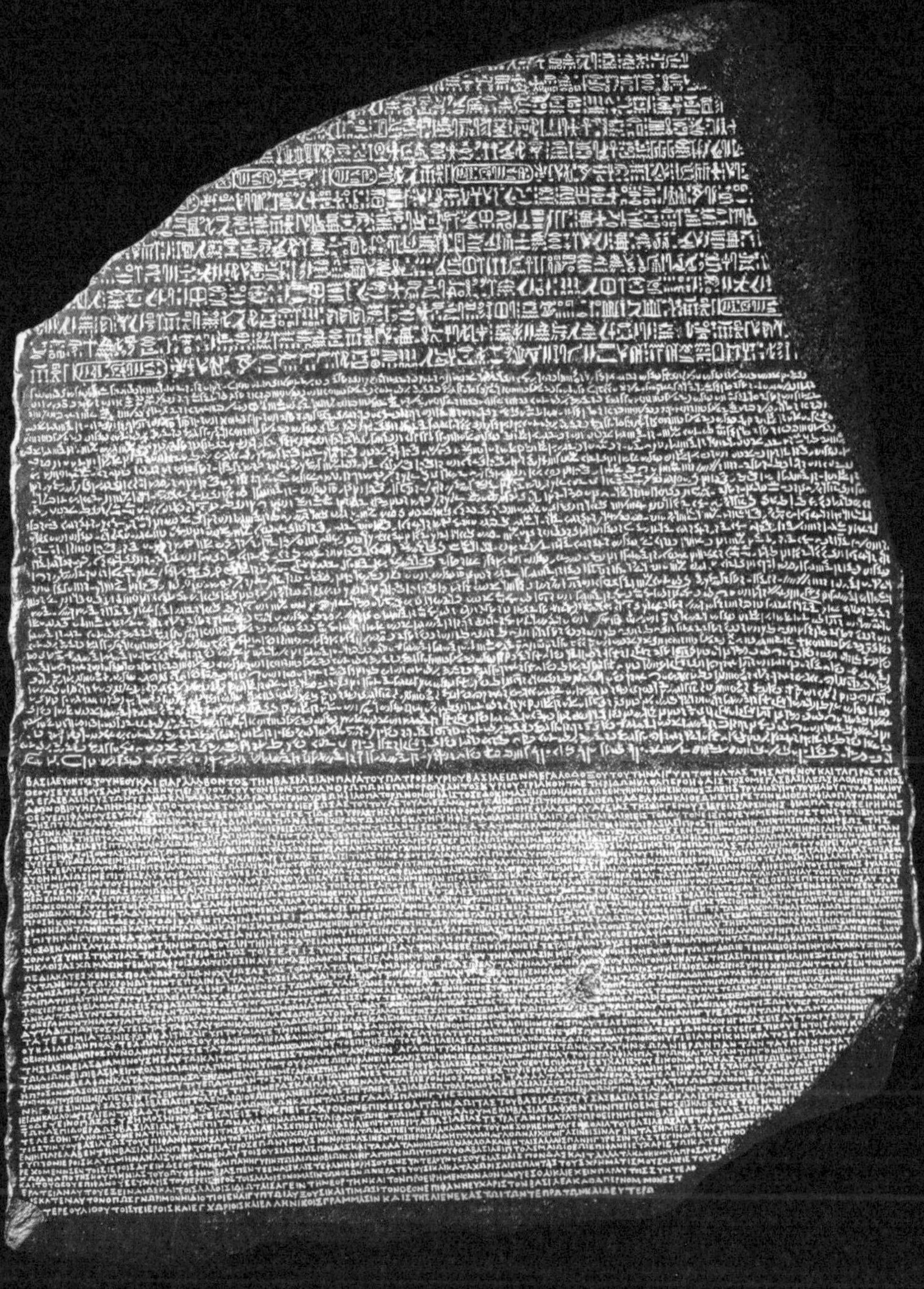

줄 필요가 없다. 앞으로 150억 년이 흘러도 그동안 그 시계는 겨우 1초쯤 어긋날 것이다. 150억 년은 우주가 시작된 때부터 지금까지 흐른 시간보다 더 긴 시간이다.

　어쩌면 우리는 정말 결정론적 세계에서 사전에 프로그래밍이 된 입자들의 집합에 지나지 않는지도 모른다. 그래도 진짜 그런 존재처럼 살지는 말자. 더구나 우리에게는 그것이 참인지 아닌지 확인해 볼 방법이 없다. 우리가 양자 세계를 자유롭게 탐구할 수 있는 것이 어찌 보면 모두 토머스 영에게서 시작된 일이었다는 사실은 또 얼마나 놀라운지. 기억하겠지만, 영은 잊었던 고대 이집트 언어를 해독할 열쇠를 알아낸 사람이기도 했다. 그는 그 상형 문자가 뜻만이 아니라 소릿값도 뜻한다는 사실을 처음 깨우쳤다. 그는 그 사실을 기원전 2세기에 세 언어로 새겨진 로제타석을 연구해서 알아냈는데, 세 언어 중 다른 하나가 그가 아는 고대 그리스 어였다.

　영의 연구는 현재의 양자 암호화 기술로 이어졌다. 양자 암호화는 누군가 해킹하려고 시도하는 순간 사라져 버리는 암호를 만들 수 있는 수단이다. 이 암호의 열쇠는 얽힌 광자들을 통해서 전달되고, 이 암호를 지켜 주는 보험은 바로 관찰자 효과다. 스파이가 메시지를 읽으려고 시도하는 순간, 광자들의 얽힘이 깨져서 메시지가 읽을 수 없는 형태로 변할 테니까.

　우리는 광자가 어떻게 입자인 동시에 파동일 수 있는지 아직 모른다. 내가 과학에서 좋아하는 점 중 하나는 과학이 우리에게 모호함을 참아내는 능력을 요구한다는 것이다. 과학은 우리에게 자신의 무지를 겸허하게 받아들이도록 요구하고, 증거가 나타날 때까지 판단을 유보하도록 요구한다. 그렇더라도 우리는 변변찮으나마 이미 가진 지식을 활용해 현실의 새로운 언어들을 찾아보고 해독하는 일만은 문제없이 계속할 수 있다.

이 방대한 코스모스에서 우리는 모두 **플랫랜더**다. 그런 우리가 **위**를 상상해 보려고 노력하는 것, 그리고 그것을 찾아보려고 노력하는 것이 바로 과학이다.

10장

두 원자 이야기

생 피에르에 다가가면서 보니, 산에서 시뻘건 화염이 뿜어져 나와
하늘로 치솟았다가 여기저기 마구 떨어지고 있었다. …… 우리가
항구에 들어간 직후인 7시 45분쯤 엄청난 폭발이 일어났다.
산이 산산조각이 났다. …… 불의 폭풍 같았다.

— 1902년 플레 산 분화 때 마르티니크 생 피에르 시에
정박했던 로라이마 호의 선원

물리학자는 원자가 자신을 이해하는 수단이다.

— 조지 월드(George Wald)가 로런스 조지프 헨더슨(Lawrence Joseph
Henderson)의 책 『환경의 적합성(The Fitness of The Environment)』
1958년 판을 위해 쓴 서문에서

1958년 미군이 태평양 환초에서 대기권 핵 실험을 하는 모습을 군사 관계자들이 지켜보고 있다.

물질의 왕국은 자신의 보물을 여러 차원에 저장하고 있다. 최근까지 우리는 그 차원이 하나뿐인 줄 알았다. 다른 차원들도 있다는 것을 몰랐다.

우리가 성냥을 켜면, 화학 반응이 일어나면서 분자에 저장되어 있던 에너지가 풀려난다. 기존의 화학 결합이 끊어지고 새 결합이 만들어진다. 맞닿은 분자들이 더 빠르게 움직이기 시작하고, 그래서 온도가 높아진다. 반응은 곧 스스로 지속되는 과정, 즉 연쇄 반응이 된다. 불꽃이라는 형태로 풀려나온 에너지는 그동안 — 어쩌면 몇 년 동안 — 원자핵을 도는 전자들이 매개하는 원자들 사이의 화학 결합에 갇혀 있었고, 우리가 성냥을 긋자 숨어 있던 그 화학 에너지가 풀려나온 것이다. 그러나 물질에는 그것보다 더 깊은 차원도 있다. 원자 내부에도 다른 종류의 에너지가 담겨 있기 때문이다. 그것보다 더 깊은 차원도 있다. 원자핵 속으로 들어가는 차원이다.

이 숨겨진 에너지원은 지구가 형성되지도 않았던 수십억 년 전에 먼 별의 용광로에서 만들어졌다. 생명의 비밀은 바로 이 미시 우주에 담겨 있다. 인간의 미래는? 그 역시 원자와 원자핵의 규모에서 결정될 것이다. 그리고 좋든

창조적이면서도 파괴적이고, 장엄하면서도 무시무시한 불.
불은 인류 문화가 진화하는 데 결정적인 역할을 해 왔다.

나쁘든, 과학이 그 열쇠가 될 것이다.

원자란 무엇일까? 원자는 무엇으로 이뤄졌을까? 원자들은 어떻게 서로 결합할까? 원자처럼 작은 것에 어떻게 그토록 큰 힘이 담겨 있을까? 원자는 어디에서 왔을까? 그 답은, **우리가 온 곳과 같은 곳**이다. 원자의 기원을 알아보는 일은 우리의 기원을 알아보는 일이기도 하다. 이 탐구는 우리를 머나먼 시공간으로 데려간다. 지금부터 여러분에게 '두 원자 이야기'를 들려드리겠다.

오래전, 아직 지구도 없던 때, 세상에는 차갑고 희박한 기체만 있었다. 기체는 원자 중에서도 가장 단순한 원자인 수소와 헬륨으로 이뤄졌다. 기체는 차츰 중력에 서로 이끌려서 구름을 이루었고, 구름은 빙글빙글 돌면서 차츰 평평해지고 밀도가 높아졌다.

중력은 물질을 점점 더 서로 가까이 잡아당겼다. 구름 속 원자들은 점점 더 빠르게 움직였고, 그러다 그만 전체가 폭삭 붕괴했다. 그러자 온도가 엄청나게 높아졌고, 구름은 천연 핵융합로가 되었다. 물리 법칙에 따라 움직이는 원자들은 그 가없는 어둠 속에서 서로 만나 융합했다. 그러자 빛이 생겼다. **별**이 탄생한 것이다.

그 기본 입자들의 덩어리에서는 한 종류의 원자핵이 — 헬륨 원자핵이 — 형성되었다. 그 상태로 훌쩍 수십억 년이 흘렀고, 나이 든 별은 갖고 있던 수소 연료를 모조리 헬륨으로 바꿔냈다. 이제 죽음을 앞둔 별은 요람기에 그랬던 것처럼 다시 한번 붕괴했다. 그리고 그 속에서 헬륨 원자핵이 다른 헬륨 원자핵 2개와 융합해 우리 이야기의 주인공을 만들어 냈다. 탄소 원자핵

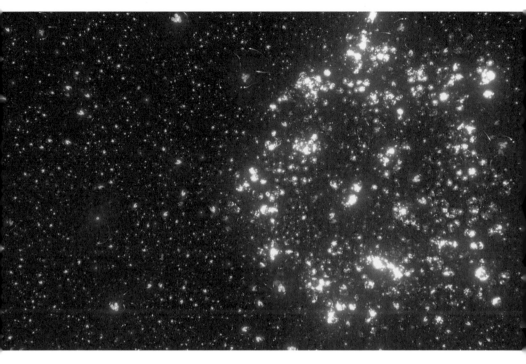

우리가 성냥을 켤 때 벌어지는 일을 미시적 규모로 보면 이런 모습이다. 분자 차원에서 본 불은 화학 반응이
급속히 꼬리에 꼬리를 물고 벌어지는 현상이다. 원자들 사이의 기존 결합이 끊어지고
새 결합이 형성되는 과정에서 에너지가 빛과 불의 형태로 화르르 쏟아져나온다.

이 탄생한 것이다.

그동안 우리 은하의 다른 곳에서도 별들이 태어나고 죽는 과정이 비슷하
게 반복되고 있었다. 우리 이야기의 두 번째 주인공 역시 그렇게 죽어 가는 별
의 심장에서 태어났다. 별이 격렬하게 폭발하며 초신성이 될 때, 그 속에서 양
성자와 중성자 226개가 탄소 원자핵과 융합해 우라늄 원자핵으로 바뀌었다.
우리의 두 원자는 이후 우리 은하 곳곳을 떠돌아다녔다.

탄소 원자는 어쩌다 보니 지구로 흘러 들어왔다. 그리고 수십억 년 뒤 우

연히 어느 복잡한 분자를 구성하는 재료가 되었는데, 그 분자는 자신과 거의 같은 복제본을 만들 줄 안다는 특별한 성질을 가지고 있었다. 그것은 생명 탄생에 핵심적이었던 분자, DNA였다. 이렇게 해서 우리의 탄소 원자는 생명의 탄생에 작은 힘이나마 보태게 되었다. 탄소 원자는 처음에는 바다 밑에서 사는 단세포 생명체의 일부였다가, 그다음에는 고대 물고기의 무지갯빛 비늘을 이루었다가, 바다에서 육지로 진출한 양서류의 발톱을 이루었다. 그처럼 다양한 형태들을 취하는 동안 우리의 탄소 원자에게는 아무런 자의식도 자유 의지도 없었다. 탄소 원자는 그저 자연 법칙에 따라 작동하는 우주라는 거대한 기계에서 작디작은 하나의 톱니에 지나지 않았다.

또 다른 주인공, 초신성에서 만들어진 우라늄 원자는 어떻게 되었을까? 이즈음에는 지구가 불덩이로부터 형성되어 있었고, 그 작은 원자는 왜인지는 몰라도 지구에 이끌렸다. 어쩌면 원자는 초신성 폭발의 충격파를 타고 날아왔을 수도 있고, 어쩌면 우리 태양의 중력에 이끌렸을 수도 있다. 어느 쪽이든, 우라늄 원자는 초기 지구의 화산투성이 표면으로 떨어져서 지구 내부 깊숙이 들어갔다.

시간이 흐르자 지표면이 식었다. 그러나 지구의 내부는 여전히 녹은 바위와 금속으로 뜨거웠다. 그 마그마는 느릿느릿 움직였고, 우라늄 원자도 그 흐름에 실려서 땅속을 오래 떠돌다가 결국 지표면까지 올라왔다. 원자는 지구 내부에서 고온과 고압을 겪었는데도 말짱했다. 원자는 작고, 오래되고, 강하고, 내구성이 좋다. 그렇게 해서 지금으로부터 수백만 년 전, 우리 우라늄 원자는 지표면에 있는 어느 바위의 일부가 되었다. 시간이 흐르자 바위는 땅에 묻혔고, 그 위로 키 큰 솔숲이 자랐다. 우리를 포함해 세상의 모든 것은 원자로 이뤄져 있다. 하지만 19세기 말까지만 해도 그 원자 속에서 광란의 움직임이 벌어지고 있다는 사실을 아무도 몰랐다.

은하 반대편에서 온 두 원자가 드디어 만날 시점이 되었다.

그 일은 파리에서 벌어졌다. 1898년 어느 날 아침, 마차 한 대가 오늘날의 체코에 해당하는 동유럽에서 캔 돌을 담은 캔버스 자루들을 싣고 로몽 가로 왔다. (그 속에 수많은 원자와 더불어 우리의 우라늄 원자가 있었다.) 마차는 예전에 근처 의대의 시신 보관소로 쓰였던 허름한 헛간 앞에 멈췄다.

헛간에서 기다리는 사람은 물질에 대한 우리의 이해를 바꿔 놓은 과학자, 서른한 살의 마리 퀴리(Marie Curie)였다. (우리의 탄소 원자는 그녀의 망막의 일부가 되어 있었다.) 그녀는 펑퍼짐하고 지저분한 자루들을 보고 이상하게 들뜬 듯했다. 엑스선이 발견된 게 몇 년 전이었다. 마리 퀴리와 그 동료이자 남편인 피에르 퀴리(Pierre Curie)는 어떻게 물질에서 피부를 뚫고, 심지어 벽을 뚫고 볼 수 있게끔 해 주는 복사선이 나오는지 알고 싶었다. 그들은 자루 속 돌에 피치블렌데(pitchblende)라는 물질이 들어 있다는 것을 알았다. 오늘날 우라니나이트(uraninite) 또는 역청 우라늄석이라고 불리는 그 물질이 바로 그런 초능력의 원천이었다. 마리 퀴리가 거친 천 자루를 묶은 끈을 자르자, 여태 향긋한 솔잎이 묻어 있는 칙칙한 갈색 돌이 나왔다. 두 사람은 잔뜩 쌓인 돌에서 역청 우라늄석을 정제하는 노동 집약적 작업에 착수했다. 만사 제쳐두고 매달려야 하는 일이었다. 마리 퀴리는 훗날 "우리는 꿈속인 양 몽롱하게 오직 그 일에만 몰두했다."라고 적었다. 두 사람은 악조건에서도 원석 정제 작업으로 우라늄이 50~80퍼센트 함유된 역청 우라늄석을 얻어냈고, 그것을 실험 용기에 담아 선반에 보관했다. 그것만 해도 인상적인 성과였지만, 두 사람은 그것보다 더 희귀한 것을 찾고 있었다. 그들은 3년 동안 수 톤의 원석을 정제한 끝에 마리 퀴리가 "라듐(radium)"이라고 이름 붙인 물질을 소량 추출해 냈다.

그들은 귀중한 라듐으로 이런저런 실험을 해 보다가 그 물질이 고온에 전혀 영향을 받지 않는다는 사실을 발견하고 놀랐다. 이상한 일이었다. 대부분의 물질은 그처럼 강한 열을 받으면 성질이 극적으로 변한다. 이상한 일은 또 있었다. 라듐은 자발적으로 에너지를 방출했는데, 화학 반응을 통해서 방출하는 것이 아니라 무언가 알 수 없는 메커니즘을 통해서 그렇게 했다. 마리 퀴리는 이 새로운 현상을 "방사능(radioactivity)"이라고 명명했다. 그리고 피에르와 함께 계산해 본 결과, 라듐 덩어리에서 자발적으로 흘러나오는 에너지는 같은 양의 석탄을 태울 때 나오는 에너지보다 훨씬 더 클 것이라는 사실을 알아냈다. 놀랍게도 방사능은 화학 에너지보다 100만 배 더 많은 에너지를 낼 잠재력이 있었다. 당시 그들은 온전히 이해하지 못했지만, 이것은 분자 차원에 간직되어 있던 에너지가 방출되는 것과 그것보다 더 깊은 차원에 간직되어 있던 훨씬 더 큰 힘이 방출되는 것이 서로 다르기 때문이었다.

헛간 선반에 줄줄이 놓인 비커와 유리병에는 역청 우라늄석이 담겨 있었다. 마리 퀴리가 남긴 기록에는 어느 날 두 사람이 저녁 식사 후 실험실로 돌아갔던 일이 적혀 있다. 모든 용기가 인광성 빛을 은은하게 내뿜고 있었다. 헛간으로 들어설 때, 마리는 가스등을 켜려는 피에르의 팔에 손을 얹어서 저지했다. 선반이 순수한 마법으로 빛났다. 모든 병이, 모든 플라스크가, 모든 시험

마리 퀴리는 파리의 실험실에서 남편 피에르 퀴리와 함께 연구했고,
그가 죽은 뒤에도 혼자 연구를 계속해 우라늄과 방사능의 성질을 탐구했다.

관이 푸르스름한 빛으로 환히 빛났다. 마리 퀴리는 이렇게 썼다. "허름한 헛간에서 빛나는 시험관들은 지상의 별들 같았다."

마리 퀴리는 그 빛이 방사성 원자 내부에서 벌어진 일 때문일 것이라는 올바른 결론을 끌어냈다. 이전 수천 년 동안 사람들은 원자란 더 쪼갤 수 없는 것이라고 여겼다. '원자(原子, atom)'라는 단어 자체가 그리스 어로 '나눌 수 없음'을 뜻하는 말에서 왔다. 원자는 물질의 최소 단위로 여겨졌다. 그러나 마리 퀴리의 지상의 별들은 원자가 누구도 미처 몰랐던 무대에서 누구도 미처 보지 못했던 물질의 활동이 벌어지는 세계라는 사실을 보여 주는 증거였다. 퀴리는 그런 원자들이 화학 반응에는 영향을 받지 않는다는 것을 보여 주었다. 그 원자들을 얻어내려면 완전히 새로운 전략, 새로운 자연 법칙, 새로운 기술이 필요했다.

100년 넘게 흐른 지금도 마리 퀴리가 남긴 공책들과 요리책들은 그가 발견했던 방사능으로 은은히 빛난다. 1906년, 피에르 퀴리가 마차에 치여 46세의 나이로 세상을 떠났다. 마리 퀴리는 이후 28년 더 살면서 연구하다가 66세에 재생 불량성 빈혈로 죽었는데, 아마도 방사능에 만성적으로 노출되었던 탓일 것이다.

마리 퀴리는 라듐이 의학과 산업 분야에서 유용할 것이라고 믿었지만, 자신이 세상에 준 선물에 위험한 면도 있다는 사실은 인정하지 않았다. 그러나 오래지 않아 뛰어난 선견지명을 지닌 다른 누군가가 그 어두운 가능성을 알아차렸다. 허버트 조지 웰스(Herbert George Wells)는 과학의 새로운 발견을 흥미로운 이야기로 구성해 사람들의 마음을 사로잡는 데 천재적인 작가였다. 그는 타임머신과 외계인 침공을 상상했고, 원자가 무기화된 미래 세계도 상상했다.

1914년 출간한 『해방된 세계(*The World Set Free*)』에서, 웰스는 "원자 폭탄(atomic bomb)"이라는 말을 만들어 냈다. 그리고 그것을 무력한 민간인들에게 떨어뜨렸다. 그가 무대로 삼은 시대는 당시만 해도 비현실적일 만큼 먼 미래로 여겨졌던 1950년대였다. 라이트 형제가 첫 비행에 성공한 지 10년밖에 안 된 시점에, 웰스는 원자력을 동력으로 삼은 비행기가 영국 해협을 건너는 모습을 상상했다. 고글과 헬멧을 착용한 조종사는 정면만 뚫어지라 응시하면서 흐릿하게 모습을 드러내기 시작한 도시를 바라본다. 그의 얼굴이 굳는다. 그는 몸을 숙였다가 조종실 바닥에서 묵직한 폭탄을 들어 올린다. 그는 이로 공이를 뽑고, 폭탄을 옆으로 내던진다. 폭탄이 목표물에 닿자, 엄청난 폭발이 일어난다. 그 충격파에 그의 비행기가 기우뚱한다. 한때 베를린 도심이었던 곳이 이제 이글이글 끓는 화산 칼데라처럼 보인다.

과학이 실제로 소설을 따라잡는 데는 20년밖에 걸리지 않았다.

H. G. 웰스의 소설을 읽은 사람 중 레오 실라르드(Leo Szilard)라는 젊은 물리학자가 있었다. 1933년 9월 12일, 헝가리에서 망명한 실라르드는 런던의 스트랜드 팰리스 호텔에 묵고 있었다. 그는 막 《타임스》에 실린 어니스트 러더퍼드(Ernest Rutherford) 경의 연설문을 읽고 심기가 거슬린 참이었다. 러더퍼드는 많은 업적 중에서도 특히 한 원소가 다른 원소로 바뀔 때 방사선이 방출된다는 사실을 발견한 일로 핵물리학의 아버지로 일컬어지는 과학자였다. 실라르드가 못마땅한 점은 그 러더퍼드가 우리가 원자 구조에 대한 지식에서 에너지를 얻어낼 가능성은 없다고 단언한 점이었다. 실라르드는 생각할 일이

있을 때 즐겨 쓰는 수단이었던 산책에 나서기로 했다.

길을 걸으면서, 실라르드는 한가운데에 양성자와 중성자가 모여 있고 그 곁에 휙휙 나는 전자들의 베일이 덮여 있는 원자의 구조를 떠올렸다. 그가 사우샘프턴 가와 러셀 광장이 교차하는 지점에서 신호등이 바뀌기를 기다릴 때, 번뜩 어떤 생각이 떠올랐다. 만약 우리가 중성자 1개를 흡수하고 대신 중성자 2개를 내놓는 원소를 찾아낼 수 있다면, 그것을 사용해 연쇄 핵반응을 일으킬 수 있으리라는 발상이었다. 중성자 2개가 중성자 4개를 낳고, 중성자 4개가 중성자 8개를 낳고……. 그렇게 계속되면 결국에는 원자핵에 갇힌 엄청난 에너지가 풀려날 것이다. 이것은 화학 반응이 아니라 핵반응이었다.

실라르드는 신호등이 바뀌기를 기다리는 행인들 틈에 서 있었을 것이다. 어쩌면 H. G. 웰스가 상상한 원자 폭탄을 떠올렸을지도 모른다. 그러다 그만 그 자리에 굳었을지도 모른다. 뒷사람들이 그를 밀치고 지나갔을지도 모른다. 실라르드는 체스의 발명에 얽힌 전설을 알았을까? 오래전 칼에게 들은 이야기이지만, 기하급수적 증가의 힘을 이렇게 잘 보여 주는 이야기를 달리 찾지 못했으니 소개해 보겠다. 체스의 기원에는 여러 설이 있다. 인도에서 유래했다는 설도 있고, 페르시아에서 유래했다는 설도 있다. 체스에서 가장 중요한 말은 킹이고, 체스의 목적은 킹을 잡는 것이다. 페르시아 어로 이 게임은 '샤마트(shahmat)'라고 하는데, '샤'는 왕을, '마트'는 죽음을 뜻한다. '체크메이트(checkmate)'라는 단어가 여기에서 유래했다.

또 다른 설에 따르면 체스는 7세기 바그다드에서 만들어졌다고 한다. 왕은 게임을 처음 보고 아주 기뻐했고, 게임을 발명한 재상에게 무엇이든 좋으니 소원을 들어주겠다고 말했다. 재상이 그것보다 더 소박할 수 없을 것 같은 청을 했을 때, 왕은 얼마나 놀랐을까? "폐하, 제가 원하는 것은 체스판의 첫

1000년경 페르시아에서 만들어진 체스 말들. 왼쪽 2개는 킹, 그 옆은 룩, 오른쪽은 비숍이다.
모두 상아로 만들어졌고, 하나는 흰색과 구별하기 위해서 초록색으로 염색되었다.

칸에는 쌀 한 톨을 놓고, 두 번째 칸에는 그 2배를 놓고, 세 번째 칸에는 그 2배를 놓고……, 이런 식으로 마지막 칸까지 채워서 받는 것입니다.”

“쌀알?” 왕은 귀를 의심했다. “짐은 비옥하고 넓은 땅, 종마가 가득한 마구간, 에메랄드, 다이아몬드, 루비를 생각하고 있었는데.” 하지만 재상은 완강했다. 자신이 원하는 것은 오직 쌀알뿐이라고 했다. “그럼 그러자꾸나.” 왕은 거의 거저라고 생각하면서 대답했다.

왕은 신하들을 불러서 알현실에 쌀 포대를 가져오게 했다. 한 신하가 쌀알을 세기 시작했다. 첫 몇 칸은 금방 넘어갔지만, 갈수록 더 많은 포대가 필요했다. 한 칸 한 칸 넘어갈수록 쌀알을 세는 일도 만만치 않았다. 한 명이 하기에 힘들어졌다.

쌀알이 늘어나자 더 많은 사람이 매달려서 헤아려야 했고, 칸칸이 쌓인 쌀알 더미가 높아지다 못해 급기야 방에 있는 사람들과 가구마저, 심지어 왕좌마저 그 속에 파묻혔다! 2배씩 늘어나는 것, 즉 기하급수적 증가의 힘은 이

345

토록 강력하다. 결국 왕이 재상의 청을 들어주려면 체스판에서 이제 겨우 네 번째 줄 중 가운데 칸에 왔을 뿐인데도 쌀알 **5억 톨**이 필요했다. 이러다 곧 쌀이 왕궁 밖으로 흘러넘치고, 도시 전체가 쌀에 파묻힐 터였다! 쌀 바다에 바그다드와 주변 지역까지 잠길 판이었다.

체스판의 마지막 칸인 64번째 칸에 다다르면, 재상은 약 **1850경 톨**의 쌀을 받을 터였다. 쌀 **700억 톤**이라니! 오늘날 지구에 사는 사람 모두가 150년 동안 먹을 수 있는 양이다. 왕은 청을 들어주다가 파산했고, 전설에 따르면 이후 재상이 대신 왕좌에 앉았다. 체크메이트. 그가 가진 힘은 수학 지식뿐이었다.

레오 실라르드는 기하급수적 증가의 힘을 잘 알았다. 우리가 만약 저 깊은 원자핵의 세계에서 연쇄 핵반응을 일으킬 수 있다면 웰스가 상상한 원자 폭탄 같은 것을 만들 수 있다는 사실도 알았다. 그는 그 파괴적 가능성에 몸서리쳤다. 그러나 그것은 아주아주 오래전에 시작되어 끊임없이 이어진 인류 폭력의 역사에서 가장 최신의 발명일 뿐이었다.

우리는 무엇으로 문명을 평가하는가? 그 문명의 경제로? 소통하고 여행하는 능력으로? 전쟁에 쏟는 재화의 비율로? 무기의 살해 범위, 즉 무기가 얼마의 거리를 가로질러서 적을 죽일 수 있는가 하는 점으로? 무기 하나로 몇 명의 목숨을 빼앗을 수 있는가 하는 점으로? 사회의 공감 범위, 즉 그 사회가 관심을 쏟을 가치가 있다고 여기는 집단의 규모가 얼마인가 하는 점으로? 미래 감각, 즉 그 사회가 미래를 얼마나 많이 내다보고 계획하며 그 미래를 보호하고자 애쓰는가 하는 점으로?

우리가 살상 능력을 갈수록 키워 온 것이 인류 역사의 면면한 흐름 중 하나였다는 사실은 슬프지만 엄연한 현실이다. 5만 년 전에는 지구의 모든 인간이 작은 무리로 떠도는 수렵 채집인이었다. 그들은 한정된 범위에서 서로를 소리쳐 부름으로써 소통했다. 달리 말해, 시속 약 1,200킬로미터인 음파의 속도로 소통했다. 그것보다 먼 거리에서는 사람이 가장 빠르게 달릴 수 있는 속도가 곧 가장 빠른 소통 속도였다. 그즈음 그들은 더 먼 거리에서 상대를 죽이는 능력을 개발해 냈고, 그들의 살해 범위는 활시위가 튕겨낸 활이 나는 거리만큼 넓어졌다. 활 하나로는 한 사람만 죽일 수 있었으니, 전투자 대 피해자의 비는 일대일이었다. 그러나 우리 선조들은 과히 호전적이지는 않았다. 그 시절에는 인구는 아주 적었고 공간은 아주 많았기 때문이다. 무력 충돌을 벌이느니 다른 곳으로 이동하는 편이 나았다. 무기는 거의 전적으로 사냥용이었다. 한편 그들의 공감 범위는 좁았을 것이다. 한 무리를 이룬 약 50~100명의 사람들에게 국한되었을 것이다.

인류가 의식하는 시간 범위는 농업의 발명과 함께 비약적으로 커졌다. 사람들은 몇 달 뒤의 수확을 바라고 지금 작물을 기르며 장시간 노동을 하기 시작했다. 나중의 이득을 위해서 현재의 만족을 미뤘다. 미래를 계획하기 시작한 것이다.

약 2,500년 전, 우주력으로는 12월 31일 자정에서 고작 6초쯤 전이었을 때, 인류는 새로운 형태의 전쟁을 벌이기 시작했다. 알렉산드로스가 정복한 영토는 마케도니아에서 인더스 계곡까지 뻗었다. 이제 수백만 명으로 구성된 집단에 충성을 바치는 사람들이 많아졌다. 먼 거리를 가로지르는 교신 및 운송의 최대 속도는 돛과 말의 속도였다. 그러나 무기 기술이 발전하면서 살해 범위도, 무기 대 사망자 비도 기하급수적으로 커졌다. 10배로 커졌다. 예전에

무기의 진화. 약 1만 년 전 지금의 알제리에서 그려진 암벽 벽화에 활과 화살이 보인다.
한편 기원전 4세기의 전투를 그린 폼페이의 바닥 모자이크화로 오면, 왼쪽에서 진군해 오는
알렉산드로스의 군대와 다리우스 3세가 이끄는 오른쪽 군대가 모두 발전된 무기를 갖추고 있다.

는 시체 한 구가 누워 있었을 자리에 이제 열 구가 누워 있었다. 공성 기구를
다루는 병사는 자신이 죽이는 피해자들의 얼굴을 볼 필요도 없었다. 그는 성
벽 건너편에서 벌어지는 살육으로부터 멀리 떨어져 있었다.

　　기원전 4세기 스파르타의 왕 아르키다모스 3세(Archidamus III)는 불
굴의 무용으로 유명했다. 적군과의 육탄전에 직접 참여하기를 좋아했다는 그
는 투석기가 발사체를 내던지는 모습을 처음 보고 이렇게 한탄했다. "아, 헤라
클레스여, 인간의 용맹함이 사라졌습니다!"

오늘날 운송의 최대 속도는 지구를 벗어나는 탈출 속도인 시속 약 4만 킬로미터다. 교신의 최대 속도는 광속이다. 우리의 공감 범위도 비약적으로 커졌다. 어떤 사람은 10억 명이 넘는 집단에 공감하고, 어떤 사람은 우리 종 전체에, 또 어떤 사람은 생명 모두에게 공감한다. 살해 범위는, 최악의 경우, 지구 문명 전체다.

우리는 어떻게 여기까지 왔을까? 이것은 과학과 국가가 치명적인 포옹을 한 결과였다. 특히 문제적이었던 한 과학자는 파괴력은 강하면 강할수록 좋다고까지 여겼다. 최초의 핵전쟁이 시작된 시점을 정확히 짚어 말하기는 어렵다. 인류의 첫 화살이 나무 위를 날았던 시절까지 거슬러 올라가는 일이라고 여기는 사람들도 있을 테지만, 그보다 훨씬 나중에 3개의 메시지로 시작된 일이었다고 보는 사람들도 있을 것이다.

아돌프 히틀러의 생일 며칠 전이었던 1939년 4월 24일, 독일의 젊고 총명한 과학자 파울 하르테크(Paul Harteck)는 총통에게 바칠 특별한 선물을 떠올렸다. 나치의 국방군 최고 사령부에게 보낼 편지를 들고 함부르크 거리를 성큼성큼 걷는 그는 우리가 최신 핵물리학의 지식을 활용한다면 그 어떤 재래식 병기와도 비교할 수 없을 만큼 파괴력이 강한 폭탄을 만들 수 있을 것이라는 정보를 최고 사령부에게 전하게 되어 들떴다. 그가 아돌프 히틀러에게 선물하려는 것은 원자 폭탄이었다. 하지만 히틀러는 결국 핵무기를 손에 넣지 못할 터였다. 그가 점령지 내의 뛰어난 물리학자들을 하도 많이 죽이고 가두고 유럽에서 쫓아낸 탓이었다. 그 물리학자들이 우연히도 유태인 혹은 자유주의자였기 때문에, 혹은 많은 경우 둘 다였기 때문에.

같은 해 8월 2일, 두 과학자가 알베르트 아인슈타인을 만나서 중요한 일을 결정짓고자 롱아일랜드의 커초그(Cutchogue)로 차를 몰고 나섰다. 차에 탄 두 사람은 둘 다 헝가리 출신 망명자이자 물리학자였지만, 이후 둘의 인생 경로는 극과 극으로 다를 터였다. 그러나 이날만큼은 두 사람이 공동의 임무로 뭉쳤다.

둘 중 한 사람이 레오 실라르드였다. 대부분의 사람처럼 그도 전쟁이 목전임을 감지했다. 1939년 8월 그날은 그가 맨해튼 밖으로 나갈 일이 있을 때마다 태워 주던 물리학자가 사정이 되지 않았기 때문에, 그는 대신 에드워드 텔러(Edward Teller)라는 젊은 과학자에게 운전을 부탁했다. 텔러는 부다페스트에서 박해받다가 가족과 함께 뮌헨으로 피했고, 그곳에서 교통 사고로 오른쪽 다리를 잃었다. 1930년대 초, 텔러와 가족은 다시 한번 피난을 떠나서 미국으로 왔다. 텔러와 실라르드의 목적지인 커초그에는 아인슈타인의 여름 별장이 있었다. 위대한 과학자와 실라르드는 책과 논문이 가득한 식탁에 마주 앉았다. 텔러는 바로 옆 부엌에서 초조하게 기다리고 있었다. 그때는 그가 그런 낮은 위치였다.

하르테크가 히틀러에게 핵무기의 가능성을 알리는 것을 제 의무로 여겼듯이, 실라르드는 프랭클린 루스벨트(Franklin Roosevelt) 대통령에게 그런 무기의 엄청난 잠재력을 알리고 싶었다. 지구에 아인슈타인만큼 높은 명망과 영향력을 가진 과학자는 또 없었으므로, 실라르드는 무기의 가능성을 알리는 편지에 아인슈타인의 서명이 들어 있다면 대통령이 틀림없이 봐줄 것이라고 믿었다.

아인슈타인은 양가적인 감정으로 편지를 읽어 보았다. 히틀러가 핵무기를 수중에 넣는다는 것은 상상만 해도 악몽이었다. 하지만 이 새롭고 위험한 지식의 장기적 결과는 어떻겠는가? 지식은 일단 풀려나면 도로 거둬들일 수 없다. 아인슈타인은 맨해튼 프로젝트(Manhattan Project)라고 불릴 미국의 향후 원자 폭탄 개발 계획에는 관여하지 않았지만, 원자핵이 전쟁에 활용될 수 있다는 가능성을 대통령에게 경고하기는 했다. 마지못해 서명하는 그의 손이 잠시 떨렸다.

전쟁이 끝난 뒤, 아인슈타인은 어느 기자에게 만일 독일이 원자 폭탄 개

Albert Einstein
Old Grove Rd.
Nassau Point
Peconic, Long Island

August 2nd, 1939

F.D. Roosevelt,
President of the United States,
White House
Washington, D.C.

Sir:

Some recent work by E.Fermi and L. Szilard, which has been communicated to me in manuscript, leads me to expect that the element uranium may be turned into a new and important source of energy in the immediate future. Certain aspects of the situation which has arisen seem to call for watchfulness and, if necessary, quick action on the part of the Administration. I believe therefore that it is my duty to bring to your attention the following facts and recommendations:

In the course of the last four months it has been made probable - through the work of Joliot in France as well as Fermi and Szilard in America - that it may become possible to set up a nuclear chain reaction in a large mass of uranium,by which vast amounts of power and large quantities of new radium-like elements would be generated. Now it appears almost certain that this could be achieved in the immediate future.

This new phenomenon would also lead to the construction of bombs, and it is conceivable - though much less certain - that extremely powerful bombs of a new type may thus be constructed. A single bomb of this type, carried by boat and exploded in a port, might very well destroy the whole port together with some of the surrounding territory. However, such bombs might very well prove to be too heavy for transportation by air.

Yours very truly,

A. Einstein

(Albert Einstein)

발에 실패하리라는 사실을 미리 알았더라면 자신은 그 편지에 결코 서명하지 않았을 것이라고 말했다. 반면 에드워드 텔러에게는 그런 이중적 감정이 없었다. 그는 원자를 무기화하는 일이 신나서 기다릴 수 없을 지경이었다.

러시아의 물리학자인 게오르기 니콜라예비치 플료로프(Georgy Nikolayevich Flyorov)도 자신의 지도자 이오시프 스탈린에게 연쇄 핵반응의 무기화 가능성을 알리려고 몇 번이나 시도했다. 하지만 1942년 2월에 (구)소련은 독일군에게 포위되어 있었다. '원자 폭탄' 프로젝트는 완성에 몇 년은 걸릴 일이었다. 궁지에 몰린 스탈린 처지에서 그런 프로젝트는 고려조차 하기 힘들 만큼 비실용적인 일로 보였다.

플료로프는 공군 중위로 배치받아 머물고 있던 러시아 북서부 도시 보로네시에서 대학 도서관을 방문했다. 그는 얼마 전 핵물리학 논문을 한 편 발표했기에, 유럽과 미국의 저명 물리학자들이 자신의 논문에 뭐라고 반응했는지 알고 싶었다. 그는 학술지들을 초조하게 뒤져보았지만, 자신의 논문이 언

레오 실라르드는 세계에서 가장 유명한 과학자가 루스벨트 대통령에게 원자에 잠재된 파괴력을 경고해 주기를 바라는 마음에서 1939년 이 편지를 알베르트 아인슈타인에게 가져갔다. 편지 내용은 다음과 같다. "1939년 8월 2일 롱아일랜드 페코닉 나소 포인트 올드 그로브 로드 알베르트 아인슈타인 보냄 / 워싱턴 D. C. 백악관 F. D. 루스벨트 미합중국 대통령 귀하 / 각하, 저는 최근 E. 페르미와 L. 실라르드의 연구 결과를 받아서 읽어 본 후, 가까운 시일 안에 우라늄 원소가 새롭고 중요한 에너지원이 될 수 있다고 생각하게 되었습니다. 현 상황을 볼 때, 각하의 행정부가 이 사실을 유심히 살펴보아야 하고 필요하다면 얼른 행동에 나서야 할 것 같습니다. 따라서 저는 다음 사실과 권고를 각하께 알려드리는 것이 제 의무라고 여깁니다. / 지난 4개월 동안 프랑스에서 졸리오가 수행한 연구, 미국에서 페르미와 실라르드가 수행한 연구 덕분에 다량의 우라늄이 연쇄 핵반응을 일으킬지도 모른다는 가능성이 떠올랐습니다. 그러면 막대한 힘이 발생할 테고, 라듐과 같은 새로운 원소들이 다량 생성될 것입니다. 그 반응을 가까운 시일에 현실화할 수 있다는 전망이 이제 거의 확실한 사실로 보입니다. / 새로운 현상은 폭탄 제조에도 활용될 수 있을 것이고 — 비록 이 점은 아직 확실하지 않습니다만 — 게다가 그 신형 폭탄은 엄청나게 강력할 것입니다. 그런 폭탄 하나를 배로 실어 항구에서 터뜨린다면, 항구는 물론이고 주변 지역까지 초토화될지도 모릅니다. 단 그런 폭탄은 너무 무거워서 비행기로 운반하기는 어려울 가능성이 높습니다. / 이만 줄입니다. / 당신의 진실한 / 알베르트 아인슈타인"

급된 대목이 하나도 없었다. 그는 어리둥절했다. 전 세계 물리학자들 중 그의 논문을 언급할 가치가 있다고 여긴 사람이 단 한 명도 없다니. 처음에는 상처를 받았지만, 그는 곧 상황을 깨달았다. 미국과 독일의 학술지들은 핵물리학 논문은 무엇이든 싣지 않고 있었다. 그것은 두 나라 다 은밀히 원자 폭탄 제작에 착수했기 때문이었다. 발표된 데이터가 없다는 점에서 ― "한밤중에 짖지 않은 개"인 셈이었다. ― 확신을 품은 플료로프는 스탈린에게 독자적 핵무기 프로그램의 필요성을 설득하는 일에 박차를 가했다.

세 경우 모두, 각자의 지도자에게 살해 범위를 어마어마하게 넓힐 수 있다는 정보를 알린 사람은 ― 장군이나 무기상이 아니라 ― 과학자였다.

미국 전쟁부가 원자 폭탄 개발 프로젝트의 본부로 낙점한 곳은 뉴멕시코 주 로스앨러모스라는 외딴 장소였다. 그곳을 추천한 사람은 프로젝트 책임자인 물리학자 J. 로버트 오펜하이머(J. Robert Oppenheimer)였다. 그는 10대 때 요양하느라 그곳에서 지낸 적 있었다. 그런데 에드워드 텔러에게는 그 원자 폭탄도 성에 차지 않았다. 텔러는 그것보다 더 큰 살해 범위를 가진 무기, 원자 폭탄을 한낱 원자핵으로 이어진 도화선을 당기는 성냥으로 쓰도록 설계된 무기, 나중에 열핵 무기(thermonuclear weapon)라는 이름을 얻을 무기를 꿈 꿨다. 그는 애정을 담아서 그 무기를 "슈퍼(Super)"라고 불렀다.

당시 과학계에서 텔러와 극과 극처럼 달랐던 인물을 꼽으라면 조지프 로트블랫(Joseph Rotblat)이었을 것이다. 로트블랫은 폴란드 바르샤바의 부잣집에서 태어났지만, 텔러처럼 모든 것을 잃었다. 나치가 침공해 오기 직전이었던 1939년 여름, 그는 영국 리버풀 대학교에 연구원으로 오라는 초청을 받았다. 그런데 떠나기 직전에 사랑하는 아내 톨라(Tola)가 응급 맹장 절제술을 받게 되었고, 톨라는 몸이 여행을 견딜 만큼 회복될 때까지 뒤에 남아야 했다. 톨라는 남편에게 자신은 몇 주 뒤면 뒤따라갈 수 있다고 말하면서 그 혼자 미리 가서 살 집을 준비해 두라고 부득부득 우겼다.

맨해튼 프로젝트에 참여한 과학자들이 풀어야 할 숙제는 실라르드가 런던 산책 중 처음 떠올렸던 연쇄 핵반응을 개시할 화학적 도화선을 찾아내는 일이었다. 과학자들과 공학자들은 자신들이 유례없는 파괴력을 지닌 폭탄을 만드는 것은 그것보다 더 위중한 위험을 피하기 위해서라는 생각으로 스스로를 설득했다. **자신들의** 정부는 믿을 수 있다고 믿었다. 다른 나라 정부들과는 달리, 자신들의 정부는 그런 무기를 선제 공격에 쓰지 않으리라고 믿었다.

그 과학자들은 핵무기를 핵전쟁의 억지 수단으로 보는 관점을 처음 채택한 이들이었다. 그들은 원자 폭탄을 가진 히틀러에 대한 공포를 자신들의 일을 정당화하는 근거로 삼았다. 하지만 독일이 항복하고 히틀러가 죽은 뒤, 폭탄 개발에 참여했던 수천 명의 연합국 과학자 중 자리에서 물러난 사람은 한 명뿐이었다.

그 한 명이 조지프 로트블랫이었다. 이후 사람들이 그 결정에 관해서 물을 때마다, 로트블랫은 남들보다 그가 더 양심적이었기 때문에 그런 게 아니었느냐는 식의 질문에는 늘 아니라고 답했다. 그저 미소 지으면서, 결국 바르샤바를 떠나지 못하고 전쟁의 회오리 속에서 연락이 끊긴 아내가 몹시 그리웠을 뿐이라고 말했다. 유럽에서 전쟁이 끝나자, 그는 마침내 바르샤바로 돌아가서 아내를 찾아볼 수 있었다. 하지만 찾지 못했다. 찾아낸 것은 사망자 명단에 오른 이름뿐이었다. 톨라는 홀로코스트로 목숨을 잃었다. 베우제츠(벨체크) 절멸 수용소에서 처형되었다. 로트블랫은 이후 60년을 더 살았다. 재혼은 하지 않았고, 핵무기 감축 운동에 끝까지 앞장섰다.

전쟁 중 원자 폭탄 개발에 나섰던 세 나라 중 종전 전에 성공한 나라는 미국뿐이었다. 역사학자들은 미국의 성공 요인 중 하나는 이민자를 많이 받아들였던 것이라고 본다. 맨해튼 프로젝트를 이끌었던 사람 가운데 미국 태생은 2명뿐이었고, 미국에서 박사 학위를 받은 사람은 1명뿐이었다.

핵무기가 핵전쟁 억지 수단이 되어 주리라는 과학자들의 생각은 잘못 짚은 것이었다. 결국 미군 폭격기가 일본 히로시마와 나가사키에 원자 폭탄을 투하해 제2차 세계 대전을 끝냈다. 두 달 뒤, 트루먼 대통령이 오펜하이머를 치하하고자 그를 집무실로 불렀다. 트루먼의 입장에서는 실망스럽게도, 오펜하이머는 치하받을 기분이 아니었다. 그는 트루먼에게 이렇게 말했다. "대통령 각하, 저는 손이 피로 물든 기분입니다."

트루먼은 넌더리 난다는 표정으로 오펜하이머를 보며 경멸조로 말했다. "바보처럼 굴지 마시오. 손이 피로 물든 사람이 있다면 그건 나요. 그리고 나는 그 사실이 아무렇지도 않소."

하지만 오펜하이머는 굽히지 않고 도리어 대통령에게 물었다. "러시아가 폭탄을 보유하는 데 얼마나 걸릴 것 같습니까?"

트루먼은 대답했다. "절대 못 가질걸!"

오펜하이머가 떠나자, 트루먼은 역정 난 얼굴로 보좌관에게 말했다. "저 징징거리는 과학자를 두 번 다시 내 곁에 들이지 마! 알아들었어?"

그로부터 4년이 채 못 되어, 러시아가 원자 폭탄을 터뜨렸다. 과학자들이 세 통의 편지에서 상상했던 핵무기 경쟁은 더 무시무시한 두 번째 국면으로 접어들었다.

물리학자 J. 로버트 오펜하이머(밝은색 중절모를 쓴 사람)와 다른 사람들이 1945년 7월 16일 뉴멕시코 주 앨라모고도에서 실시된 첫 원자 폭탄 시험의 잔해를 살펴보고 있다.

전쟁 후, 살해 범위가 더 큰 무기를 개발하고 싶다는 텔러의 꿈이 현실이 되었다. 1950년대 초 미국에서 공산주의자를 색출하는 마녀 사냥이 한창이었을 때, 텔러는 자신의 옛 상사이자 맨해튼 프로젝트를 훌륭하게 이끌었던 로버트 오펜하이머에게 불리한 증언을 기쁜 마음으로 당국에 귀띔했다. 그는 오펜하이머의 비밀 정보 취급 인가를 몰수해야 한다고 주장했고, 그리하여 결국 오펜하이머의 경력을 끝장내는 데 일조했다. 오펜하이머는 텔러가 사랑하는 '슈퍼' 폭탄 제작에 반대하는 입장이었다. 텔러는 또 "핵무기를 유지하고 개량하기 위해서"는 대기권 핵실험이 반드시 필요하다는 거짓 주장을 내세우면서 포괄적 핵실험 금지 조약이 체결되는 것을 막는 데 힘썼다.

이후 세계의 핵무기 보유량은 크게 줄었지만, 핵전쟁의 유령은 여전히 우리 곁을 어른거린다. 아직도 인류 문명 전체를 파괴하고도 남는 양의 핵무기가 존재한다. 우리는 모락모락 연기를 피우는 화산의 그림자 속에서 어쩌면 이렇게 태연히 잠잘 수 있을까? 현재의 우리처럼 위중한 위험을 접하고도 꿈에 빠져서 몸이 마비된 듯 아무것도 하지 않고 가만히 있는 사람들은 다른 시대에도 있었다.

푸에르토리코와 베네수엘라 사이에 있는 카리브 해의 섬, 마르티니크. 그곳 생 피에르 시에 있는 한 술집으로 두 남자가 들어왔다. 1902년 4월 23일 밤이었다. 두 남자는 경찰관이었다. 술집에서 벌어진 험악한 싸움을 말리려고 호출된 것이었다. 술집 단골들이 내준 공간에서 두 남자가 싸우고 있었다. 한 사람은 아프리카 혈통인 스물일곱 살의 러드거 실바리스(Ludger Sylbaris)로, 어찌나 크고 건장한지 별명이 "삼손(Samson)"인 남자였다. 옛 싸움으로 얻은 흉터가 있는 그는 단도를 휘둘렀다. 상대방도 주눅 들지 않았다. 그는 바에 내리쳐서 깨뜨린 술병을 쥐고 실바리스에게 돌진했다. 실바리스도 움찔하지 않고 칼을 들고 상대에게 돌진했다. 경찰관들이 도착한 것은 그가 상대를 깊게 베었을 때였다. 경찰관들은 그에게 쇠고랑을 채우고 생 피에르 감옥으로 끌고 갔다. 그는 돌계단을 끌려 내려가서 끔찍한 지하 감옥에 갇혔다. 감방은 좁고 악취가 났으며 침대도 없었다. 무덤 같은 곳에 갇힌 것이 무서웠지만, 실바리스는 반항적인 태도를 버리지 않았다. 바닥에 퍼질러 앉아, 철문을 닫는 경찰관을 비웃는 얼굴로 올려다보았다. 철문에는 작은 숨구멍 하나가 나 있을 뿐이었다. 실바리스는 캄캄한 고독 속에 버려졌다.

새하얀 집들이 있는 프랑스 식민지 생 피에르 시의 3만 명 가까이 되는 주민 중 페르낭 클레르(Fernand Clerc)는 가장 부자 축에 끼었다. 그의 집 난간에 서면 그가 소유한 럼 양조장들, 가구 공장들, 사탕수수와 커피 농장들이 내다보였다. 섬 경제의 근간을 이루는 산업들이었다. 그 모든 것 위로 플레 산이 장엄하게 솟아 있었다. 섬 군데군데 솟은 봉우리 중 하나인 플레 산은 오래 잠자고 있는 휴화산이었다.

그때 클레르는 희한한 것을 목격했다. 사방에 서리가 내린 것 같았다. 화창하고 포근한 날 아침에 어떻게 서리가? 그는 난간을 손가락으로 훑어보고는 그것이 서리가 아니라 무슨 먼지임을 알아차렸다.

성당이 종을 울리기 시작했다. 클레르는 도시를 좀 더 가까이 살펴보려고 망원경에 눈을 가져다 댔다. 모두 아직 잘 시간이었다. 거리는 비었다. 그가 망원경을 산으로 향하는 순간, 귀가 먹먹해지는 굉음이 — 포탄 소리 같은 것이 — 터지면서 하늘로 재가 기둥처럼 솟구쳤다. 그의 아내 베로니크(Véronique)가 십자가를 움켜쥐고 난간으로 달려 나와서 남편의 눈을 보며 설명을 요구했다.

재가 떨어지기 시작했을 때, 미국 영사의 아내인 클래라 프렌티스(Clara Prentiss)는 매사추세츠 주 고향 집으로 돌아갈까 하는 생각을 떠올리는 중이었다. 아니, 안 될 일이었다. 다음 주에 자신이 열기로 되어 있는 파티가 있다. 파티를 미룰 순 없었다.

《레 콜로니(*Les Colonies*)》 신문의 편집장이자 발행인인 마리우스 위라르(Marius Hurard)는 신문의 최신판을 살펴보고 있었다. 그는 아직 젊고 활력이 넘치는 남자였다. 1면 기사는 어느 권위 있는 화산 전문가가 플레 산은 위험하지 않으니 안심하라고 말했다는 내용이었다. 유일한 문제는 "권위 있는 전문가"가 마리우스 위라르 자신이라는 점이었다. 1면에 실린 또 다른 기사의 제목은 "체조 및 사격 클럽이 초대합니다."였다. 내용은 이랬다.

> 화산이 깨어난 모습을 잘 볼 수 있도록
> 플레 산 분화구를 찾아갈 예정이니 함께하십시오.
> 이후 피크닉이 이어집니다. 잊지 못할 경험이 될 겁니다!

얼마나 많은 가난한 익명의 주민들이 나쁜 예감을 품고도 섬을 떠날 자원이 없어 그냥 머물렀는지, 우리는 영영 알 수 없을 것이다. 얼마나 많은 주민이 하늘에서 떨어져 죽는 새를 보면서도 이런 말을 들었는지, 알 수 없을 것이다. "걱정 마. 무서울 수도 있겠지만, 과거에도 이런 일이 있었는데 그때도 아무 문제 없었어. 신문에서도 걱정할 필요 없다고 하잖아."

거리는 재투성이가 되었다.

푸세(Fouché) 시장은 밤늦게까지 시장실에 혼자 남아서 다가오는 예수 승천일 공식 만찬 및 무도회의 상세 계획을 다듬었다. 제복을 입은 하인들은 흰 리넨 두루마리로 가구에서 조명까지 모든 것을 덮어씌웠다. 식탁에 차려진 은식기, 유리잔, 도자기 그릇 위에도 리넨이 덮였다. 그러나 닫힌 창으로 용케 스며든 재가 리넨마저 금세 뒤덮었다. 호텔 직원들은 여기저기 다니면서 마지막으로 한 번 더 바닥을 쓸고 식탁에서 재를 훔쳤다. 부채를 든 직원들도 대기하고 있었다. 하인들은 걱정스러운 눈빛을 주고받았지만, 일터를 떠나는 사람은 없었다.

마르티니크 섬에서 그나마 과학자에 가장 가까운 사람은 초등학교 교사인 가스통 랑드(Gaston Landes)였다. 그는 혼비백산한 채 식물원에 서 있었다. 주변의 식물들과 다육식물들은 화산재 때문에 모두 죽어 있었다. 그는 일전에 분화구로 답사를 다녀와서 화산의 왕성한 움직임을 관찰한 내용을 신문에 기고하기도 했다.

땅에는 연기와 기체에 질식해서 떨어져 죽은 새들의 사체가 여기저기 널려 있었다. 그러나 랑드의 걱정은 그것보다는 곧 예정된 파리 여행이었다. 그는 파리에서 마르티니크 식물들의 표본을 보여 주고 강연도 하기로 되어 있다. 하지만 쏟아진 재 때문에 그의 표본들은 모두 죽어 버렸다.

생 피에르 성당의 신부는 분화구에서 날아온 검댕과 먼지로 행색이 꾀죄죄해진 신자들을 보면서 「시편」46장을 읽었다.

> 하느님은 우리의 힘, 우리의 피난처, 어려운 고비마다 항상 구해 주셨으니, 땅이 흔들려도 산들이 깊은 바다로 빠져들어도, 우리는 무서워 아니하리라. 바닷물이 우짖으며 소용돌이쳐 보아라, 밀려오는 그 힘에 산들이 떨어 보아라.

이제 집채만 한 돌덩이와 우람한 나무가 산에서 바다까지 흘러내리는 이류(泥流)를 타고 내려오고 있었다. 때때로 화산이 땅을 찢을 듯한 굉음을 냈다.

푸세 시장은 절망적인 심정으로 책상에 앉아 있었다. 그는 최후의 결의를 짜내어, 이런 내용의 공고문 원고를 썼다. "시민 여러분, 겁내지 마십시오. 가까운 시일에 용암이 도시에 도달하는 일은 없을 겁니다. 우리는 화산으로부터 7킬로미터나 떨어져 있습니다. 도시와 플레 산 사이에 놓인 2개의 깊은 계곡과 늪을 다 채울 만큼 용암이 많이 나오는 일은 없을 겁니다."

푸세는 틀리지 않았다. …… 용암 부분은. 그러나 화산은 용암보다 더 멀리 미치고, 더 빨리 움직이고, 더 무섭고, 어찌나 뜨거운지 물처럼 흐르는 물질도 뿜어낼 터였다. 주민 중 일부는 입수할 수 있었던 정보에 근거해 스스로 타당한 결정이라고 판단한 잔류 결정을 내렸다. 다른 일부는 그냥 현실을 부정했다. 또 다른 일부는 우편선을 타고 안전한 장소로 대피했다. 그중 누구도 화산이 그동안 억눌러 왔던 압력을 어떻게 표출할지 제대로 상상하지 못했다.

분화의 첫 낌새가 나타난 때로부터 2주가 넘게 흐른 시점인 이틀 뒤, 화산이 처음으로 "빛나는 구름(nuées ardentes)"을 뿜어냈다. 희게 빛나는 불똥을 아래로 쏟아내라는 구름이었다. 큰 폭풍우 때보다 더 사납게 쳐대는 화산성 번개가 시뻘겋고 노랗게 빛나는 불의 돔 같은 용암과 결합해 더욱더 지옥 같은 풍경을 연출했다. 끔찍한 "빛나는 구름"은 계곡을 건너와서 도시를 태우기 시작했다.

5월 8일 동틀 녘, 스쿠너 범선의 갑판에 선 선원 수십 명은 마르티니크 섬을 바라보고 있었다. 화산은 잦아들기 시작한 것 같았다. 선원들은 그 모습에 안도해 웃으면서 농담을 주고받았다. 위험은 지나간 것 같았다. 화산은 쥐 죽은 듯 고요해졌다. 공기는 서늘하고 상쾌했고, 바다는 유리처럼 잔잔했다. 갑판에서 보는 생 피에르는 아름다웠다. 그런데 갑자기, 눈이 멀 듯한 섬광과 함께, 플레 산이 폭발했다. 불붙은 잔해의 구름이 하늘로 3킬로미터 가까이 치솟았다.

선원들의 놀라움은 공포로 변했다. 몇 명은 충격파에 떠밀려서 선체에 부딪혔고, 몇은 아예 배 밖으로 나가떨어졌다. 1902년 5월 8일 오전 8시 2분 플레 산이 분화했을 때, 그 폭발음이 얼마나 컸던지 800킬로미터 떨어진 베네수엘라에서도 들릴 정도였다.

플레 산은 불타는 기체, 돌, 먼지로 이뤄진 구름을 뿜어냈고, 구름은 허리케인처럼 거칠고 빠르게 움직였다. 빛나는 구름은 우르릉거리는 번개를 동반한 채 산비탈을 달려 내려와서 거침없이 계곡을 건넜다. 과열된 기체로 이뤄진 거대한 죽음의 구름이 계곡을 건너 도시에 도달하기까지는 몇 분밖에 걸리지 않았다. 죽음의 구름에 잡아먹힌 도시의 아침은 순식간에 밤으로 바뀌었다. 구름은 내처 바다에 닿고서야 멈췄다.

9,000년 전 차탈회위크의 화가는 마법적인 붓질 몇 획으로 성긴 화산 연기를 묘사했다. 우리가 아는 한 분화를 묘사한 가장 오래된 이미지인 그 그림은 인류가 화산과 의식적이고 기록적인 관계를 맺기 시작했음을 알려주었다. 불과 몇 분 만에 쑥대밭이 된 생 피에르는 그 관계의 또 다른 국면이 시작된 계기였다. 이후 화산학(volcanology)이라는 신생 과학 분야가 생겼고, 축제처럼 명랑한 발음의 '빛나는 구름'이라는 표현 대신 '화산 쇄설류(pyroclastic flow)'라는 분석적인 용어가 쓰이게 되었다. 생 피에르를 태워 버린 것은 화산 쇄설류였다. 그 힘은 전략 핵탄두 하나를 터뜨린 것에 맞먹었다.

사흘 뒤, 섬의 다른 지역에서 온 사람들이 아직도 모락모락 연기가 피어오르는 생 피에르의 거리를 샅샅이 뒤지면서 시신을 수습했고, 화산이 깡그리 태워 버리지 못한 것들을 마저 태웠다. 그때 문득 희미하지만, 분명히 사람이 부르짖는 소리가 들려왔다. 사람들은 못 믿겠다는 듯 마주 보다가 얼른 소리 나는 쪽으로 달려갔다. 감옥의 잔해에 다가가자 목소리가 점점 더 크게, 점점 더 절박하게 들려왔다.

실바리스가 겪고 결국 견뎌내어서 사람들에게 들려준 경험과 비슷한 일을 겪은 사람은 역사를 통틀어 몇 되지 않을 것이다. 화산이 폭발했을 때, 그를 가둔 사람들의 비명이 짧게 들려왔지만, 곧 괴괴한 침묵이 덮였다. 그다음 감방에 난 작은 숨구멍으로 뜨거운 열기가 들이닥쳤다. 그는 펄쩍 물러나서

이리 뛰고 저리 뛰며 열기를 피했는데도 어깨까지 심한 화상을 입었다. 그 후 사흘간 그는 먹을 것이라고는 감방 벽에 맺힌 물기밖에 없는 상태로 고통을 견뎠다. 지하 감옥의 벽이 두꺼운 독방에 갇혔던 덕분에 목숨을 건졌다.

실바리스는 생 피에르 시의 주민 3만 명 가운데 목숨을 건진 단 2명 중 하나였다. 그는 치료를 받고 건강을 되찾은 뒤, 바넘 앤드 베일리 서커스단 (Barnum & Bailey Circus)의 대표적 구경거리가 되어 세계를 순회하면서 불가능에 가까웠던 오싹한 생존담을 관객들에게 들려주었다.

우리는 어떤가? 우리도 자연의 힘을 과소 평가하고 있지 않은가? 우리는 미래에 우리에게 위험을 가할 시나리오들을 모두 예상할 수 있을 만큼 똑똑

1902년 플레 산 폭발 후 마르티니크 섬 생 피에르의 풍경.

한가? 언제 도망쳐야 할지 알 수 있을까? 알더라도 제때 섬을 빠져나갈 방법
이 없다면 어떡할까?

우리 두 원자 중 하나의 뒤를 마저 밟아 보자. 우라늄 원자는 두근두근 고동
치기 시작한다. 우라늄 원자는 본질적으로 불안정하다. 그래서 조만간 붕괴하
게 되어 있다. 원자핵에서 아원자 입자가 떨어져 나가고, 우라늄 원자는 전혀
다른 원소인 토륨 원자로 바뀐다. 이 과정에서 나오는 아원자 입자들은 생명

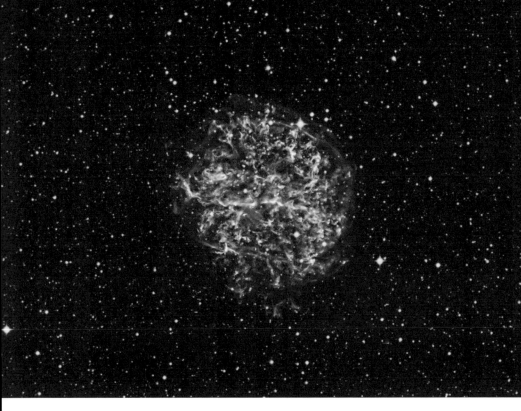

NASA의 찬드라 엑스선 망원경이 포착한 초신성 G292.0+1.8. 빠르게 팽창하는 이 초신성은 우리 은하에서 산소가 풍부한 세 초신성 중 하나로, 지구에 생명 탄생에 필요한 원소들을 — 산소(노란색과 주황색), 마그네슘(초록색), 규소, 황(파란색) — 제공해 준 별 탄생 사건을 보여 줄 만한 사례다.

의 미세 구조를 총알처럼 꿰뚫고 날면서 그 속의 분자에서 전자를 떼어낸다. 전리(이온화) 방사선은 그런 식으로 생명체에 영향을 미치고, 핵무기가 재래식 무기보다 훨씬 더 위험한 것이 바로 이 때문이다. 물론, 방사선은 우리 주변 어디에나 있다. 심지어 우리 몸속에도 있다. 방사선은 낮은 농도일 때는 위험하지 않다. 하지만 높은 농도일 때는 다르다. 몸이 방사선에 치명적인 수준으로 노출될 경우, 세포가 이상 반응을 일으켜서 걷잡을 수 없이 증식할 수도 있다. 암이다. 그러나 방사선의 유해성은 더 먼 미래까지 미친다. 방사선 때문에 염색체가 손상되면, 그 파괴적 여파가 아직 태어나지 않은 후손의 운명까지 바꿀 수 있다. 유전자에 돌연변이가 발생하는 것이다. 피해는 대물림되면서 우리의 미래까지 망친다.

지금 우리를 이루는 원자들은 지구로부터 수천 광년 떨어진 곳에 있었던 별들에서 지금으로부터 수십억 년 전에 만들어졌다. 따라서 우리의 기원을 탐색하다 보면 자연히 우리 시대와 우리 세계를 벗어날 수밖에 없다. 우리는 별의 물질로 만들어졌고, 나머지 우주와 깊게 연결되어 있다. 우리를 이루는 물질은 우주의 불길에서 탄생했다.

이제 우리는―70억 곱하기 10억 곱하기 10억 개 원자들의 집합으로서 긴 세월 진화해 오늘날처럼 걸어 다닐 수 있게 된 우리는― 물질의 핵심에 숨은 우주의 불길을 끌어내어 이용하는 방법을 알아냈다. 우리가 이 지식을 한 번 안 이상, 다시 모르게 될 수는 없다.

그리고 비극적이게도 우리의 혈통에는 광기가 흐른다.

이 악몽을 개시한 것은 과학자들이 쓴 세 통의 편지였다. 그런데 1955년에 또 다른 편지가 작성되었다. 이 편지는 인류에게 우리가 갖게 된 새로운 물리학 지식에는 새로운 사고 방식이 따라야 한다고 말하는 내용이었다. "우리는 …… 서로의 다툼을 잊지 못해서 죽음을 택할 것입니까? 인간 대 인간으로 호소합니다. 여러분이 모두 한 인류라는 것만 기억하고, 나머지는 잊어 주십시오." 이 선언문은 버트런드 러셀(Bertrand Russell)이 쓰고, 조지프 로트블랫이 발표하고, 알베르트 아인슈타인이 서명한 것이었다. 그 위대한 과학자가 공개적으로 지지한 최후의 성명서이기도 했다. 아인슈타인은 이 선언이 있고 며칠 후 죽었다.

그러면 우리의 또 다른 원자, 탄소 원자는 어떻게 되었을까?

그것은 당신 안에 있다.

PLANET HOP FROM
TRAPPIST-1e
VOTED BEST "HAB ZONE" VACATION WITHIN 12 PARSECS OF EARTH

11장

생명 거주 가능 영역이라는 덧없는 축복

우리는 애초부터 방랑자였다. 우리는 100킬로미터에 걸쳐
서 있는 나무 하나하나를 다 알고 있었다.
과일이나 열매가 익었을 때 우리는 그곳에 있었다.
해마다 우리는 짐승 무리가 옮겨 다니는 곳을
따라다녔다. …… 우리는 서로에게 의지했다.
혼자 한다는 것은 한곳에 정착하는 일처럼
바보 같은 생각이었다.

— 칼 세이건, 『창백한 푸른 점』에서

적색 왜성 트라피스트-1을 도는 7개의 외계 행성 중 네 번째인
트라피스트-1e로 여행 오라고 유혹하는 미래의 홍보 포스터를 상상한 그림.

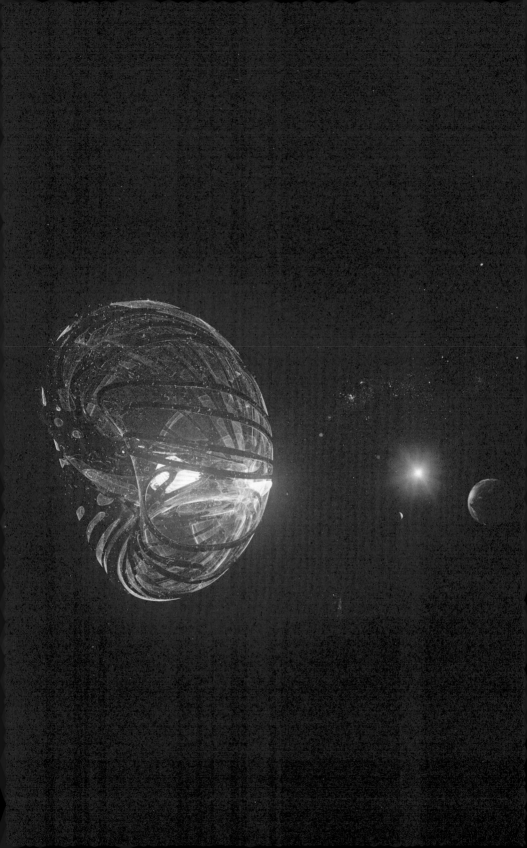

우리 은하에는 우주의 망망대해로 과감하게 모험에 나선 다른 세계의 우주선들이 있을지도 모른다. 내가 상상하는 것은 영화에 나오는 외계인 우주선 같은 게 아니다. 내 상상의 우주선은 좀 더 …… 생물학적이다. 다급한 필요에 따라 뚝딱뚝딱 금세 만들어진 게 아니라 긴 우주 여행의 전통을 거치면서 서서히 진화해 만들어진 형태를 가지고 있다. 어쩌면 그 우주선은 별에서 별로 다니면서 생명이 자리 잡은 세계들을 조사하고 있을지도 모른다. 그런 발전된 문명조차도 아직 예측을 해내지는 못하는 생명의 창발성을 더 자세히 살펴보기 위해서.

그런 조사 여행에 나선 외계 우주선을 상상해 보자. 우주선 겉면에 흩뿌려진 주근깨처럼 붙어 있던 작은 캡슐형 탐사선들이 용융된 암석과 움푹움푹한 표면으로 이뤄진 행성을 정찰하러 나선다. 탐사선들은 행성의 들끓는 대기를 스칠 듯이 낮게 날고, 그동안 모선은 다른 분석을 수행한다. 이 행성의 눈부시게 밝은 표면에서는 불의 정맥들이 얼기설기 교차하고 있다. 만약 우리가 이 지옥 같은 세계를 정찰했다면, 이곳에 생명이 탄생할 가망이 높다고 판

평범한 황색 왜성의 세 번째 행성을 조사하러 온 외계 우주선.
우주선 겉면에 우주의 복사선을 활용하는 투명한 껍질이 있다고 상상했다.

단했을까? 미래에 이 행성에 강아지와 난초가 있는 모습을 상상했을까? 탐사선 무리는 모선으로 돌아와서 겉면에 붙는다. 모선은 지옥불 같은 행성을 떠나서 별 쪽으로 이동한다.

초창기 지구는 겉보기에는 전망이 밝지 않았다. 우리 상상 속의 40억 년 전 정찰대는 그 대신 금성이 더 유력하다고 보았을 것이다. 당시 금성에는 푸른 바다와 널찍한 대륙들이 있었다. 어쩌면 생명도 있었을지 모른다. 옛날 그 시절은 금성이 태양의 '생명 거주 가능 영역(habitable zone)'에 들었던 시기였다. 행성의 위치가 생명 거주 가능 영역이라는 것은 그 모항성과의 거리가 딱 알맞아서 행성이 너무 뜨겁지도, 너무 차갑지도 않다는 뜻이다. 행성의 역사에서 생명을 길러내고 지탱할 수 있는 특별한 시기인 것이다. 그러나 생명 거주 가능 영역이라는 은총은 덧없다. 어떤 것도 영원할 수는 없기 때문이다.

현재 지구는 운 좋게도 태양의 생명 거주 가능 영역에서 안쪽 가장자리에 들어 있다. 하지만 그 영역은 매년 약 1미터씩 바깥쪽으로 이동하는 중이다. 지구는 이미 가장 쾌적하게 지낼 수 있는 시간의 70퍼센트를 썼다. 하지만 걱정할 필요는 없다. 아직 수억 년이 남아 있으니, 그동안 탈출 전략을 짜고 실행하면 된다. 태양의 은총이 우리를 떠나 다른 행성들로 옮겨 간다면, 그래서 지구가 더 이상 생명의 정원 역할을 하지 못한다면, 우리는 어디로 가야 할까? 우리 종은 망망대해 같은 은하에 흩어진 머나먼 섬들로 항해를 떠날까? 우리가 코스모스의 변화를 영원히 회피할 은신처는 없다. 어디든 최대 수십억 년 머무를 수 있을 뿐, 그 이상 더 머무를 안전한 장소는 없다.

여러분 주변에 있는 우리 행성의 아름다움을 둘러보라. 언젠가 그 모든 것이 자연 법칙에 따른 탄생과 파괴와 재탄생의 순환 과정에 삼켜지고 말 것이다. 코스모스는 아름다운 것을 진화시켜 냈다가 이내 그것을 산산이 부수

지금으로부터 10억 년 뒤 태양. 여전히 황색 왜성이지만,
핵 연료를 많이 소진한 상태다. 표면이 지금보다 더 뜨거워졌다.

고, 부서진 조각들로 새로운 것을 만들어 낸다. 중성자별들이 서로 충돌해 우
주 공간으로 금을 방출하듯이. 따라서 어느 세계에서든 오래 생존하고 싶은
종이라면 행성 간 대량 이주, 나아가 항성 간 대량 이주를 해내는 방법을 알아
내야 할 것이다.

　　그것을 어떻게 아느냐고? 변변찮은 정도이지만 우리가 지금 우주에 관해
서 아는 내용으로 미래를 조금이나마 내다볼 수 있기 때문이다. 인간의 활동
으로 말미암은 기후 변화가 인류 문명에 위험을 가할 가까운 미래를 말하는
게 아니다. 물론 우리가 수천 년, 수백만 년, 심지어 수억 년을 생존하고 싶다

면, 대기에 이산화탄소를 쏟아내는 짓을 지금 당장 그만두어야 한다. 하지만 일단 우리가 그 일은 잘해내리라고 믿어 보고, 그보다 더 먼 미래를 내다보자.

태양도 우리처럼 늙는다. 언젠가 태양은 핵에 품고 있는 수소 연료를 다 써 버릴 것이다. 지금으로부터 50억~60억 년 뒤에는 수소 핵융합이 벌어지는 영역이 서서히 바깥쪽으로 넓어질 것이다. 열핵반응이 벌어지는 껍질이 점점 더 확장되는 것이다. 그러다가 온도가 약 1000만 도 미만으로 낮아지는 때가 올 테고, 그러면 태양 내부의 수소 핵융합로가 작동을 멈출 것이다. 그 후 수억 년 동안, 태양의 자체 중력에 힘입어서 이제 헬륨을 풍부하게 가진 핵이 다시 한번 수축할 것이다. 수소가 타고 남긴 재가 연료가 되어 태양의 핵융합로를 재가동시킨다. 그 덕분에 태양은 수억 년의 시간을 더 벌 것이다. 그 반응에서 탄소와 산소 같은 원소들이 생성될 것이고, 추가 에너지가 생산되어 태양이 계속 빛날 것이다.

　태양은 대기가 일종의 별 폭풍을 일으키면서 우주 공간으로 확장됨에 따라 서서히 기체를 잃을 것이고, 결국에는 황색 왜성에서 적색 거성으로 바뀔 것이다. 그러면 금성과 지구에 미치는 중력이 약해져서 두 행성이 좀 더 안전한 거리로 이동하겠지만, 그 시기도 잠시일 것이다. 불그레하게 팽창한 적색 거성은 수성을 잡아 삼킬 것이다. 생명 거주 가능 영역이라는 은총의 영역은 더 멀리 더 빠르게 바깥쪽으로 이동할 것이다. 그리고 만약 우리 인류가 제대로 해낸다면, 우리도 그렇게 이동할 것이다. 태양의 진화는 우리가 어쩔 수 없는 일이지만, 우리에게는 새집을 찾아볼 시간이 10억 년쯤 있으니 코스모스에서 우리의 새집이 될 만한 세계들을 탐색할 시간은 충분하다. 그때쯤이면 인간 자체도 거의 틀림없이 지금과는 사뭇 다른 존재로 진화했을 것이다. 어쩌면 우리의 먼 후손들은 별의 운명 자체를 통제하거나 조절할 방법을 알아냈을지도 모른다.

태양이 진화함에 따라, 지구의 옆집인 화성도 바뀔 것이다. 화성 표면에 액체 물이 있게 될 텐데, 사실 그런 일이 처음은 아니다. 지금으로부터 30억 년 전 혹은 40억 년 전, 화성의 해변에 파도가 부서지고 후텁지근한 밤이 깃들던 때가 있었다. 희고 성긴 구름이 붉은 땅과 푸른 바다 위로 그림자를 드리우던 그 시절 화성은 지금의 지구와 희한하게 비슷했다. 화성 북반구 꼭대기에는 작고 흰 극관 얼음이 맵시 있게 덮여 있었다.

오래전 화성은 우리에게 친근하게 느껴지지만, 그 편하고 친근한 모습 뒤에는 — 적어도 인간의 관점에서 볼 때 — 한 가지 치명적인 흠이 있었다. 화성은 충분히 크지 않았다. 지름이 지구의 약 절반에 불과하다 보니, 화성은 철 성분의 핵이 녹아서 생명을 보호해 주는 자기장을 생성할 수 있을 만큼 충분한 열을 내부에서 내지 못했다. 태양풍의 날카로운 발톱이 화성을 할퀴자 화성의 구름과 바다는 우주 공간으로 흘러나갔고, 지금 우리가 아는 사막 행성이 되고 말았다.

과학자들은 화성에 생명 친화적 환경이 조성되었던 기간이 고작 2억 년쯤 지속되었을 것이라고 본다. 그때 화성에서 생명이 생겨날 기회가 있었는지, 우리는 아직 모른다. 만약 그럴 수 있었더라도 그것은 태양이 어렸던 오래전의 일이었는데, 태양은 중년 후반이 되었을 때 화성에게 두 번째 기회를 줄 것이다. 지금으로부터 10억 년 뒤 혹은 20억 년 뒤, 화성은 다시 한번 태양의 은총을 누릴 것이다. 두 번째 황금기도 첫 번째처럼 겨우 몇 억 년 지속될 것이

35억 년 전 화성의 풍경. 카세이 계곡 너머로 태양이 지고 있다. 현재 화성 표면에 난 크레이터들과 침식 패턴을 볼 때, 그 시절에는 화성에 물이 흘렀을 것이다. 태양이 더 늙으면 화성에게 그런 날이 다시 한번 올지도 모른다.

다. 화성에서 복잡한 생명이 진화하기에는 부족한 시간이지만, 우리 후손들이 화성을 임시 정착지로 삼고 그다음 이사할 곳을 물색하기에는 충분한 시간이다. 하지만 우리 후손들은 언젠가 태양의 생애 주기에 따라 더 멀리 내몰릴 것이다. 또다시 길을 떠날 때가 올 것이다. 늙어 가는 태양의 생명 거주 가능 영역은 끊임없이 바깥쪽으로 이동한다. 결국 화성에도 뜨거운 열기가 미칠 테고, 우리 같은 생명이 살기에는 너무 뜨거운 행성이 되어 버릴 것이다. 방랑자 인류의 먼 후손들은 여전히 방랑자일 것이다.

태양 대기는 점점 더 팽창하고, 붉어지고, 불룩해져서 급기야 화성 표면을 구워 버릴 것이다. 화성은 쩍쩍 갈라지고 까맣게 그을릴 것이다. 우리는 또 어디로 옮겨야 하나?

이즈음, 팽창하는 태양이 방출하는 강한 빛과 열은 멀리 목성까지 미칠 것이다. 암모니아와 물로 된 목성 대기는 증기가 되어 우주 공간으로 탈출할 테고, 그 덕분에 화려한 상층 대기에 가려졌던 그 아래 더 칙칙한 층들이 처음으로 노출될 것이다. 우리는 목성의 얼어붙은 위성 중 하나를 집으로 삼을 수 있을까? 유로파와 칼리스토를 감쌌던 두꺼운 얼음이 녹을 테고, 그 밑의 바다가 이전보다 **수천 배** 강해진 햇빛에 노출될 것이다. 그러면 다량의 수증기가 발생할 테고, 온실 효과가 걷잡을 수 없이 진행될 것이다.

또 다른 얼음덩어리 위성 가니메데에서는 새롭게 생겨난 액체 물이 간헐천처럼 수천 미터씩 솟구치는 바람에 표면이 쩍쩍 갈라질 것이다. 물줄기는 높이 치솟았다가 비처럼 후두두 떨어져서, 점점 더 액체로 덮여 가는 위성 표면을 적실 것이다. 한때 희박했던 대기는 수증기로 자욱해질 것이다. 만약 가니메데의 바다에서 그때까지 생명이 헤엄치고 있었다면, 이제 그들이 한껏 번성하고 진화할 좋은 기회를 잡을 것이다. 그렇다면 가니메데는 그들의 것으로 남겨두자. 어차피 우리가 찾는 새집은 태양으로부터 보다 더 안전한 거리에 있었으면 하니까.

토성도 안 된다. 토성은 이미 격렬하게 활동하는 태양에게 그 멋진 고리들을 다 빼앗긴 상태다. 토성의 위성 타이탄도 안 된다. 타이탄도 같은 범인에게 물과 대기를 다 빼앗겼다. 천왕성도, 해왕성도 안 된다. 두 행성의 구름층에서는 벼락이 쉴 새 없이 무섭게 내리친다.

가능한 세계가 다 소멸한 것처럼 보이는 순간, 저기 해왕성의 위성 중 하나인 트리톤이 나타난다. 그리스 신화에서 바다의 신의 아들이 트리톤이다. 그 이름을 딴 트리톤은 적색 거성으로 변한 태양으로부터 큰 혜택을 입었을 것이다. 적어도 우리 기준으로는 그렇다. 지금 트리톤의 표면은 꼭 캔털루프 멜론처럼 보이지만, 태양이 팽창하면 그곳은 꼭대기마다 흰 눈이 덮인 높은 산들이 늘어선 땅으로 변할 것이다. 지금 우리 하늘의 태양보다 7배 더 큰 적색 거성이 하늘에 걸려 그 흰 눈을 분홍빛으로 살짝 물들이고 있을 것이다. 적색 거성의 열기가 한때 싸늘했던 위성의 얼어붙은 암모니아와 물을 녹이면, 트리톤에는 넓은 바다가 생길 것이다.

만약 우리의 먼 후손들이 트리톤에 정착하는 데 성공한다면, 그들은 우리와는 다른 리듬으로 살아갈 것이다. 트리톤의 하루는 144시간이다. 겨울은 가혹하고, 50년 가까이 지속될 것이다. 그래도 지금으로부터 수십억 년 뒤의 트리톤은 인류에게 좋은 거주지가 될 수 있다. 대기, 물로 된 바다, 생명을 만들 수 있는 화학적 재료 등등 우리에게 필요한 것이 다 있기 때문이다. 물론 춥겠지만, 1월의 뉴욕 주 북부보다 많이 더 춥지는 않을 것이다. 그리고 그것은 곧 1년 내내 스키를 즐길 수 있다는 뜻이다. 중력이 지구보다 훨씬 약하니, 스키 점프 기록도 모조리 경신될 것이다.

그러나 언젠가 태양은 연료를 깡그리 소진할 것이다. 생명 거주 가능 영역이라는 덧없는 은총도 끝날 것이다. 뜨거운 적색 거성 시기가 끝나면, 태양의 대기는 다 사라지고 그 아래에서 작은 백색 왜성이 드러날 것이다. 그 별에는 몇 안 되는 살아남은 자식들을 데울 에너지조차 없다. 태양계 바깥쪽 세계들은 다시 한번 얼어붙을 것이다.

따라서 우리가 훨씬 더 장기적으로 임대할 집을 찾는다면 — 가령 겨우 2억 년만 쓸 게 아니라 그 이상 쓸 집을 찾는다면 — 그것보다 더 멀리 나가야

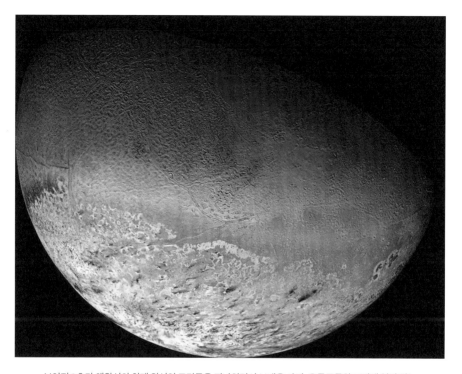

보이저 2호가 해왕성의 최대 위성인 트리톤을 지나치면서 보내온 사진. 우툴두툴한 표면에 얼어 있는 활화산들은 아마 질소, 먼지, 메테인 화합물로 구성되어 있을 것이다.

한다. 우리 태양계를 떠나서, 망망대해 같은 별들 사이 우주 공간으로 진출해야 한다.

여러분이 무슨 생각을 하는지 알 것 같다. **우리가 다른 별로 간다고?** 한때 달로 아장아장 걸음마를 내디뎠지만 이내 의지를 잃고 안전한 어머니 지구의 품으로 허둥지둥 돌아왔던 우리가? 가장 가까운 별이라도 달보다 1억 배 더 먼데, 무슨 근거에서 우리가 별들을 누비는 항해를 견딜 수 있을 것이라고 생각하지? 우리의 작은 우주선은 우주라는 심연에 잡아먹히지 않을까?

나는 우리가 해낼 수 있다고 생각한다. 왜? 예전에 해 봤으니까.

우리는 우리 은하에 섬처럼 점점이 흩어진 세계들로 항해하는 꿈을 꾼다. 빛의 압력을 이용하는 돛을 펼치고, 돌아오지 못할 지점을 넘어, 아무 데도 매인 데 없이 과감하게 떠나는 꿈을. 그런데 우리는 이미 한 번 그렇게 해 본 적이 있다. 옛날 옛적, 미지의 세계를 선택한 사람들이 살았다. 그들은 자신의 모든 것을 걸고 지도에 나와 있지 않은 바다로 나섰고, 용기에 대한 보상을 받았다. 낙원을 발견했다. 요즘 우리는 그들을 "라피타(Lapita) 사람들"이라고 부르지만, 이것은 정확한 이름이 아니다. 수십 년 전에 고고학자들이 그들의 사금파리를 처음 발견했을 때 무언가가 와전되어 붙은 이름일 뿐이다. 나는 그들을 라피타 사람들이라고 부르지 않는다. 그 대신 "항해자(Voyager)"라고 부른다. 이것이 그들에게 훨씬 더 걸맞은 이름이다. 지금으로부터 약 1만 년 전에 중국 남부 정착지의 인구가 불어나자, 이 항해자들은 더 남쪽에 있는 오늘날의 타이완 섬으로 옮겨서 세상의 가장자리를 개척했다. 그들은 그곳에서 수천 년간 행복하게 살았지만, 그곳도 다시 붐비게 되었다.

지금 우리처럼, 즉 말하자면 우주에서 격리된 상태로 자라서 코스모스의 다른 세계들을 가 보는 것은 고사하고 그곳들을 알 수 있으리라는 희망조차 없었던 우리처럼, 우리의 옛 선조들은 육지라는 한계에 갇힌 몸이었다. 먼 거리를 여행하고 싶다면, 그곳까지 걸어가는 수밖에 없었다. 걸을 수 있을 때까지 걷다 보면, 어느새 물가에 다다랐다. 아직 중동의 페니키아 인들, 크레타의 미노스 인들 같은 위대한 해상 문명의 시대가 오기 전이었다. 그리고 옛 인류는 대부분의 기간 동안 해안 가까이로만 다녔다. 어업을 하든 무역을 하든, 늘 육지를 시야에서 잃지 않도록 주의하면서 다녔다. 선조들에게는 그 한계가 우주라는 바다의 가장자리인 셈이었다.

우리의 항해자들이 불가능해 보이는 일을 시도하려고 나섰던 계기가 무엇이었는지는 알 수 없다. 그들이 살았던 땅은 지진과 화산 분출이 잦은 지각판 위에 있었다. 그들은 땅을 더 이상 못 믿게 되었을까? 아니면 적대적인 이웃 집단 때문에 살기가 힘들어졌을까? 기후가 변해서 생계가 어려워졌을까? 다시 늘어난 인구가 부담이 되었을까? 남획으로 섬 자원이 고갈되기 시작했을까? 아니면 그냥 저 너머에 무엇이 있는지 알고자 하는, 아무리 위험해도 저 멀리 신비로운 곳까지 가 보고 싶다는 인간의 타고난 호기심 때문이었을까? 동기가 무엇이었든, 그들은 차츰 두려움을 정복했고 결국 대담한 모험에 나섰다.

나는 그날 아침을 상상해 본다. 젊은이와 늙은이를 가릴 것 없이 마을 주민 모두가 둘도 없는 항해에 나설 채비에 한창이다. 남자들은 나무껍질을 벗기고, 갈대로 통나무를 동여매거나 돛을 엮는다. 여자들은 동물 뼈와 돌로 낚싯바늘을 만든다. 내 상상 속에서, 온 마을 사람들이 물가에 모인다. 해변에는 스무 척쯤 되는 쌍동선들이 모래사장과 얕은 물에 반반씩 걸쳐 놓여 있다. 배에는 개와 돼지와 닭 같은 작은 가축들, 항아리에 담긴 쌀과 빵나무 열매와 고구마, 새장에서 삐악삐악 울어대는 군함새 새끼들이 실려 있다.

동녘 하늘의 색이 바뀌면서 수평선에 해가 뜰 기미가 보인다. 그것을 신호로, 항해자들은 배에 탄다. 그들이 떠날 때, 나이 든 (그 밖에도 고향에 남기로 선택한) 주민들이 그들을 격려하는 마음으로 뿌듯하게 손을 흔든다. 스무 척의 카누들은 야자 잎 돛을 편다. 돛에는 그들의 몸과 항아리에 새겨진 기하학적 그림이 똑같이 그려져 있다. 돛에 바람이 불어 들자, 배들은 거대한 미지를 향해 당당하게 나아간다. 이윽고 그 모습은 수평선에서 사라진다.

몇 주 뒤, 항해자들의 눈에는 여전히 망망대해뿐이다. 이제 너울에 까딱거리는 배들의 수는 열다섯 척뿐이다. 갈증과 허기에 시달린 사람들은 야위었고, 햇볕에 그을었다. 눈동자는 피로와 두려움으로 멍하다. 한 배의 항해사가 뱃머리에 선다. 그는 쭉 펼친 손가락을 육분의로 써서 별자리를 보고 항로를 찾는다. 검지로는 오늘날 카노푸스라고 불리는 밝은 별을 가리키고 엄지로는 아래 바다를 가리켜서 배의 위치를 읽어 본다. 그다음 그가 갑판에 놓인 지도를 본다. 조가비, 돌멩이, 뼛조각을 솜씨 좋게 엮어서 방위를 표시한 지도다.

구름이 몰려와서 별들을 가린다. 항해사의 얼굴에 걱정이 깃든다. 그의 눈길이 새장에 담긴 군함새들에게 가 닿는다. 새들은 집을 떠나온 뒤 훌쩍 자랐다.

또 며칠이 흘렀다. 땅이 보일 기미는 여전히 없다. 항해자들은 화상과 갈증으로 입술이 부르텄다. 그때 한 줄기 벼락이 떨어지고, 마침내 비가 내리기 시작한다. 항해자들은 신나게 항아리를 꺼내어 빗물을 최대한 많이 받는다. 그러나 폭풍우에 바다가 일렁이기 시작한다. 큰 파도가 솟구쳐서 배에 쏟아진다. 오래지 않아 세 척의 배가 모습을 감춘다. 남은 이들은 그 배들을 두 번 다시 보지 못한다.

며칠 뒤, 배는 열두 척뿐이다. 바다는 다시 잔잔해졌지만, 빗물을 받았던 항아리들은 깨졌고 배에 실었던 물자도 대부분 파도에 쓸려갔다. 땅이 보일

태평양의 길을 알았던 사람들은 코코넛 섬유와 조가비를 엮어서 먼 섬들의 위치를 기록했다.
조가비는 섬과 환초를 뜻했고, 나뭇가지들이 교차하는 패턴은 파도와 해류를 뜻했다.
항해사는 이 구도를 연구한 뒤 지도는 놓아두고 떠났고, 기억력에 의지해 항해했다.

기미는 여전히 없다. 어떤 사람들은 뼈로 만든 낚싯바늘로 힘없이 낚시를 한다. 어떤 사람들은 뼈바늘과 식물 섬유로 판다누스 잎을 엮은 돛을 수선한다. 항해사가 바닷물에 손을 담그고 물살을 유심히 느껴 본다. 흐름이나 온도의 변화를 살펴보는 것이다. 갑자기 새장에서 군함새 한 마리가 깡총거리자, 그가 새를 바라본다. 머릿속이 복잡하다. 그 순간, 배들 사이로 불쑥 바다의 산이 솟아오른다. 대왕고래다! 고래의 분수공에서 물줄기가 솟구칠 때, 사람들은 일순간 경외감과 공포에 사로잡힌다. 그러나 고래는 나타났을 때처럼 빠르

날개 끝에서 끝까지 2미터가 넘는 위엄찬 군함새는 하늘에 몇 달 내리 떠 있을 수 있다.
태평양을 처음 항해했던 라피타 사람들과 폴리네시아 사람들은 군함새와 협력해 육지를 찾았다.

게 사라진다. 깊은 바닷속으로 돌아간다.

또 1주일이 흘렀다. 항해사가 다시 군함새를 본다. 이제 마음을 정했다.
그는 힘차게 팔을 뻗어서 새장을 잡는다. 속에서 새가 미친 듯이 펄쩍거린다.
그는 새장 문을 열고, 두 손으로 새를 쥔다. 자기 부족의 말로 우렁차게 외친
다. "우리에게 길을 보여다오!" 그는 손을 하늘로 뻗어 새를 풀어 준다. 모든 사
람의 시선이 새가 날아가는 방향을 쫓는다.

항해자들은 선조들이 여러 세대에 걸쳐 쌓아 온 꼼꼼한 관찰에 기대 항해 기술을 발달시켰다. 그 기술은 오늘날에도 유효하다. 철새들의 이동 패턴이 이들의 GPS였다. 이들은 물을 읽을 줄 알았고, 손가락 끝으로 바닷물의 흐름을 느낄 줄 알았고, 구름에 적힌 신호를 읽을 줄 알았다. 이들은 과학자였다. 온 자연이 이들의 실험실이었다.

나는 생존자들이 모든 희망을 버리려는 순간을 상상해 본다. 남은 여덟 척의 배에 탄 사람들은 절망으로 널브러져 있다. 한 여자가 우연히 고개를 들었다가 멀리 뜬구름을 본다. 우리 눈에는 여느 구름과 다르지 않아 보이겠지만, 여자는 구름 아랫면이 초록색으로 살짝 물든 것을 알아차린다. 여자는 감격해 잠시 말문이 막혔을지도 모른다. 그러다 가까스로 이렇게 외치고, 그 소리에 모두가 인사불성에서 깨어난다. "땅이다!" 항해자들은 돛을 조정하고, 구름을 향해 미친 듯이 노를 젓는다. 그들의 눈에 들어온 것은 필리핀 제도의 북단에 있는 싱그러운 섬 마부디스였다.

살아남은 항해자들은 카누를 해변에 끌어올린다. 필리핀 제도는 그들이 처음 정착한 곳이었다. 그곳에서 1,000년쯤 머문 뒤, 그들은 다시 출항할 채비를 갖췄다. 새 세대의 항해자들인 폴리네시아 인들은 인도네시아로, 멜라네시아 섬들로, 바누아투로, 피지로, 사모아로, 마키저스 제도로 진출했다. 그다음에는 지구에서 가장 외딴 섬 중 하나인 하와이 제도로 건너갔고, 그곳에서 다시 타히티, 통가, 뉴질랜드, 피케언, 이스터 섬까지 건너갔다. 그들의 해상 제국은 그 넓이가 **5000만 제곱킬로미터**에 달했다. 더구나 그 일을 못 하나도 쓰지 않고, 그 밖에 어떤 금속 도구도 쓰지 않고 해냈다.

세월이 흐르자, 섬들 사이의 접촉이 뜸해졌다. 폴리네시아 인들이 가져갔던 언어는 여러 섬에서 서로 다른 언어로 진화했다. 많은 단어가 변했지만,

드넓은 태평양의 모든 언어에서 공통되는 단어가 하나 있다. '돛'을 뜻하는 단어, "라야르(layar)"다.

만약 우리가 태평양을 항해했던 그 선조들처럼 우주의 바다를 능숙하게 항해할 수 있다면 어떨까? 나라면 아마 이렇게 할 것 같다. 나는 어느 특정 행성을 목적지로 삼고 나서지 않을 것이다. 우리 태양으로부터 800억 킬로미터 밖의 텅 빈 우주 공간으로, 그저 무작정 나설 것이다.

우리는 수천 년 동안 빛을 연구해 왔고, 수백 년 동안 중력을 연구해 왔다. 아인슈타인이 떠올렸던 많은 통찰 중 하나는 그 빛과 중력의 상호 작용을 알아낸 것이었다. 그가 알아냈듯이 중력은 빛을 휘게 하므로, 우리 태양을 비롯해 그 어떤 별이라도 길이 800억 킬로미터짜리 이른바 '우주 망원경(cosmic telescope)'의 렌즈로 쓰일 수 있다. 우리가 현재 우주 공간에 올려둔 망원경 중 가장 강력한 것을 쓰더라도 다른 별에 딸린 행성은 점으로 보일 뿐이지만, 저런 우주 망원경은 외계 행성의 산, 바다, 빙하, 어쩌면 도시까지도 보여 줄 수 있다.

어떤 원리일까? 우주 망원경의 검출기들은 외계 행성에서 반사된 빛을 수집해 그 신호를 지구로 보낸다. 이때 지구가 사실상 우주 망원경의 '접안경'으로 기능한다. 그러면 렌즈는 무엇인가 하면, 우리 밤하늘에서 가장 밝은 별인 태양이 렌즈다. 만약 우리가 이 망원경의 전체 모습을 한눈에 볼 수 있다면, 동그란 은목걸이 줄이 있고 그 한가운데에 노란 다이아몬드(태양)가 있는 장신구처럼 보일 것이다. 그런데 우리가 눈을 갖다 대고 볼 수도 없는 별이 어떻게 렌즈로 기능한다는 것일까? 외계 행성에서 반사된 빛이 태양을 가까이 지나치면, 태양의 중력 때문에 빛이 아주 살짝 휜다. 휘어진 빛들이 우주 공간에서 수렴하는 지점이 곧 망원경의 초점이다. 우리가 바라보는 상이 그 지점에서 맺히기 때문이다.

길이 800억 킬로미터의 망원경으로는 무엇을 볼 수 있을까? 보고 싶은 것은 거의 뭐든지 다 볼 수 있다. 갈릴레오의 망원경 중 성능이 가장 좋았던 것은 배율이 30배였으므로, 목성 같은 행성을 30배 더 크게 보여 주었다. 우리의 이 우주 망원경은 천체를 1000억 배 더 크게 보여 줄 수 있다. 게다가 방향도 자유자재로 향할 수 있다. 검출기들이 태양 주변에서 360도 회전할 수 있으니까. 코스모스에서 우리가 볼 수 없는 구역이 딱 하나 있는데, 우리 은하의 중심부다. 그곳은 너무 밝기 때문에, 그 광채가 시야를 가린다. 하지만 그 외에는 지금 우리가 접근할 수 없는 다른 많은 곳을 볼 수 있을 것이다.

우리는 외계 행성의 대기를 구성하는 기체들을 살펴봄으로써 그곳에 생명이 있는지 알아볼 수 있을 것이다. 분자들에게는 저마다 독특한 색 지문이 있다. 따라서 대기를 빛을 낱낱의 색으로 분해해 주는 도구인 분광기로 조사하면, 어떤 분자들이 그 대기를 이루고 있는지 알 수 있다. 만약 그곳에 산소와 메테인이 있다면, 그것은 생명을 뜻하는 신호일지도 모른다. 이런 우주 망원경으로는 외계 행성의 표면을 찍은 사진도 얻을 수 있을 것이다.

이 망원경은 가시광선을 보는 광학 망원경일 뿐 아니라 **전파 망원경**이기도 하다. 외계 행성을 1000억 배 확대해서 보여 주는 것처럼 전파도 증폭해 줄 수 있는 것이다. 천문학자들이 "물웅덩이(water hole)"라고 부르는 것이 있다. 야생에서 사자나 물소가 모여서 물을 마시고 멱을 감는 물웅덩이에서 딴 이 이름은 과학자들 사이의 말장난인데, 왜냐하면 스펙트럼에서 산소와 수

산기가 내는 선들 사이의 지점을 가리키기 때문이다. 산소와 수산기는 물, 즉 H_2O의 구성 성분이니까. 우주의 물웅덩이는 전파 스펙트럼에서 간섭이 최소한으로 발생하는 지점, 그래서 우리가 먼 문명이 보낸 희미하기 그지없는 신호라도 엿들을 수 있는 지점을 뜻한다. 소음에 숨은 그 신호를 해독하려면, 우리가 쓸 수 있는 연산 능력을 총동원해야 할 것이다. 내용은 아마 이렇지 않을까?

······산소원자······공명주파수1,420메가헤르츠······제발도와주세요······3.1415926······반갑습니다······플라즈마밀도······사랑해······항성플레어경보······랑데부지점좌표는163,244······.

이 거대한 망원경은 **과거를 돌아보는 수단**이기도 하다. 우리가 우주를 볼 때는 늘 과거의 천체를 보는 셈이다. 빛의 속도는 유한하기 때문이다. 여러분이 아침에 일어나서 해를 볼 때, 그 해는 사실 8분 20초 전의 해다. 다르게 볼 방법은 없다. 태양 빛이 지구까지 1억 5000만 킬로미터를 달려오는 데 늘 그만큼의 시간이 걸리기 때문이다. 그러니 우리가 우주 이 망원경으로 다른 어떤 세계를 보더라도 역시 과거를 보는 셈일 것이다.

다른 문명에도 이런 우주 망원경이 있을까? 가령 지구로부터 5,000광년 떨어진 행성이라고 하자. 그러면 그곳 천문학자들은 인류가 이집트에서 피라미드를 짓는 모습을 볼 수 있을 테고, 폴리네시아 인 항해자들이 용감하게 태평양을 건너는 모습도 볼 수 있을 것이다. 하지만 이런 우주 망원경의 가장 요긴한 쓸모는 역시 우리 인류가 새로 살 집들을 찾아내는 일일 것이다.

내가 이해되지 않는 점은 하나뿐이다. 우리가 왜 아직 이 망원경을 만들지 않고 있는가 하는 것이다. 우리는 이미 방법을 안다. 기술은 이미 갖고 있다. 여러분은 미래가 언제 시작되면 좋겠는가?

우리는 다른 세계들을 살펴보고, 그곳으로 이동해서, 그곳을 우리 집으로 만들겠다는 큰 꿈을 품고 있다. 하지만 어떻게 그곳으로 갈까? 별들은 아주 멀리 있으니, 우리에게는 긴긴 이동 기간 동안 인간 승무원들의 생존을 보장해 주는 우주선이 필요하다. 지구에서 가장 가까운 별은 39조 킬로미터 떨어진 4광년 거리의 센타우루스자리 프록시마다. 그것이 얼마나 먼 거리인지 실감할 수 있도록 부연하자면, 만약 NASA의 보이저 1호가 — 시속 6만 킬로미터라는 꽤 빠른 속도로 이동한다. — 센타우루스자리 프록시마로 향한다면 도착하는 데 7만 3000년 가까이 걸릴 것이다. 그런 그 별이 우리 은하에서만 따져서 **수천억 개**나 되는 별 중 그나마 가장 가까운 별이다.

우리가 지구의 예상 수명을 넘어서까지 종으로서 생존하고 싶다면, 폴리네시아 인들처럼 행동해야 한다. 자연에 대한 지식을 총동원해, 폴리네시아 인들이 바람을 탔던 것처럼 빛을 탈 수 있는 우주선을 만들어야 한다. 그런 우주선들로 이뤄진 선단을 상상해 보자. 1장에서 상상했던 콩알만 한 나노 우주선이 아니다. 폭이 몇 킬로미터나 되는 거대한 돛이 달린 큰 우주선이다. 그 장대한 돛에 광자가 부딪히면, 그 압력이 돛을 살짝 밀어 준다. 돛은 엄청나게 크지만 아주 얇다. 진공 상태의 우주에서 그런 우주선은 광자들로부터 아주 약간씩만 추진력을 받아도 점점 더 빨리 달리게 될 테고, 결국에는 광속에 썩 가깝게 다가간 속도로 움직일 것이다. 우주선들이 지구로부터 너무 멀어져

서 태양이 하늘의 여느 별처럼 작아지면 어떻게 할까? 우주선들은 그때부터 강력한 레이저 기기를 부표처럼 우주 공간에 하나씩 떨어뜨리면서 나아간다. 레이저는 잠시 까딱까딱 흔들리지만, 곧 핵 추진 엔진이 점화해 안정을 찾는다. 그 기기에서 나온 레이저 광선이 우주 공간을 가르고 날아가서 돛에 닿는다. 우주에서 벌어지는 레이저 쇼다. 우주선들이 우리 별에서 너무 멀어져서 빛이 줄면 레이저로 대신할 수 있다.

만약 우리가 이렇게 빛을 활용하는 돛을 써서 센타우루스자리 프록시마까지 간다면, 7만 3000년이 아니라 20년이면 거뜬할 것이다. 적색 왜성 센타우루스자리 프록시마에는 센타우루스자리 알파 A와 B라는 두 자매 별이 있다. 센타우루스자리 프록시마에는 또 행성이 최소한 하나 이상 있다. 확실히 확인된 행성인 프록시마 b는 일단 생명 거주 가능 영역에 들어 있지만, 정말로 생명이 살 수 있는 곳인지는 아직 모른다. 그곳에도 지구에서 진화하는 생명에게 보호막이 되어 주었던 자기장이 있을까? 지구의 태양이 뿜어내는 태양풍보다 2,000배 더 거센 항성풍이 부는 그 행성에 대기가 남아 있을까?

프록시마 b는 모항성에 아주 가까이 있기 때문에, 그곳에서의 1년은 지구의 11일밖에 안 된다. 그처럼 별에 가까이 있는 것은 생명에게는 좋은 일이다. 적색 왜성이 내는 열기는 우리 태양의 열기보다 훨씬 약하기 때문이다. 하지만 만약 그 행성의 자기장이 약하거나 간헐적으로만 작동한다면, 그곳에서 생명이 발달했을 가능성은 적을 것이다. 프록시마 b가 모항성과 가까워서 생기는 또 다른 결과는 행성이 조석력에 단단히 붙들려 있다는 것이다. 행성은 영원히 한쪽 면만을 모항성에게 향하고 있고, 그 반대편은 끝없는 밤이다.

프록시마 b 행성의 물기 어린 표면을 상상한 그림.
멀리 황색 왜성인 센타우루스자리 알파의 A와 B가 보인다.

적색 왜성이 비록 뜨뜻미지근하기는 해도, 그 미래는 창창하다. 적색 왜성은 수조 년을 더 살 수 있다. 이것이 얼마나 기나긴 시간인지 실감이 안 난다면, 우리 우주의 나이가 현재 겨우 140억 년 정도라는 사실을 떠올리자. 140억 년이라고 해도 우주에서 제일 흔한 항성 형태인 적색 왜성의 수명에 대면 그 1퍼센트도 안 되는 것이다. 적색 왜성이 거느린 행성들은 그 별이 살아 있는 한 계속 생명 거주 가능 영역이라는 은총을 쬘 것이다. 수조 년의 미래를 가진 문명이라니, 그런 문명이 누릴 수 있는 영속성과 성장 가능성을 한번 상상해 보라.

그렇게 조석력으로 붙들린 행성에는 밤과 낮의 경계에 놓여서 늘 '매직 아워(magic hour)'만을 겪는 좁은 띠 모양의 지역이 있다. 만약 프록시마 b에 생명이 살 수 있다면, 그 생명은 그 영원한 어스름 지대(twilight zone)에서만 살 것이다. 그 지대는 프록시마 b에서 생겨난 생명의 집일 수도 있고, 우리 후손들의 야영지로 쓰일 수도 있다. 프록시마 b의 중력은 지구보다 10퍼센트쯤 더 세지만, 우리에게 아주 큰 문제는 되지 않는다. 웨이트 기구를 차고 운동하는 것과 비슷할 것이다.

가장 가까운 별보다 더 멀리 나아가는 여행을 하려면, 우리에게는 더 빠른 배가 필요하다. 우리가 가령 지구로부터 약 100광년 떨어진 곳에서 생명이 살 수 있을 듯한 행성을 여럿 거느린 별을 발견했다고 하자. 빛을 활용한 돛으로 움직이는 우주선을 쓴다면 그곳까지 가는 데 500년이 걸릴 것이다. 우주의 속도 한계를 넘어서는 우주선을 만들 방법은 없는 것일까?

멕시코의 수리 물리학자 미겔 알쿠비에레(Miguel Alcubierre)는 「스타 트렉」 텔레비전 드라마에서 영감을 얻어, 이론적으로 광속보다 빠르게 달릴 수 있는 우주선을 만드는 계산을 해 보았다. 만약 성공한다면, 그 우주선은 태양에서 그 먼 행성계까지 가는 데 걸리는 시간을 1년 미만으로 줄여 줄 것이다. 그런데 잠깐, "무엇도 빛보다 빨리 움직일 수 없다."라는 것은 과학의 기본 중의 기본 법칙이 아니던가? 맞다. 하지만 알쿠비에레 워프 드라이브 (Alcubierre warp drive)의 멋진 점이 무엇인가 하면, **우주선이 아니라 우주가 움직인다는 것이다.** 우주선은 마치 공처럼 그것을 감싼 시공간 속에 가만히 들어 있고, 그 속에서 어떤 물리 법칙도 깨뜨리지 않는다. 미국의 공학자 해럴드 화이트(Harold White)는 그런 우주선을 날리는 데 드는 막대한 에너지 문제를 비롯해 알쿠비에레 드라이브의 몇 가지 난점을 살펴봤고, 그 결과 광속보다 빠르게 움직이는 우주선이 최소한 이론적으로는 가능하다고 결론 내렸다. 물론 아직 우리에게는 먼 이야기다.

알쿠비에레 드라이브 우주선은 중력파를 발생시켜서 자신의 앞쪽에 있는 시공간은 압축시키고 뒤쪽에 있는 시공간은 팽창시킨다. 알쿠비에레 드라이브 자체는 정지한 것처럼 보이지만, 시공간에 잡힌 주름이 그 앞에서는 더 쪼글쪼글해지고 그 뒤에서는 더 넓어진다. 제트 스키로 은하를 폭주하는 모양새다. 그 덕분에 1000조 킬로미터를 눈 깜박할 새에 달릴 수 있고, 우리는 어느새 먼 별의 행성계에 와 있다. 적색 왜성이 바위 행성과 거대 얼음 행성을 여럿 거느린 그곳을 "호쿠(Hoku) 행성계"라고 부르자. 그중 하나가 우리가 집이라고 부르게 된 행성으로, 앞에서 소개했던 (당분간은 상상에 불과한) 우주 망원경이 지구 근처 반지름 100광년 안에 있는 모든 별을 조사한 끝에 찾아낸 행성이다.

상상의 행성계를 이루는 일곱 행성은 모두 모항성과의 거리가 태양과 수성과의 거리보다 더 가깝다. 맨 바깥쪽 행성 하우미아(Haumia)는 북반구와 남반구 고위도에서는 짙은 초록색을 띠고, 중위도에서는 그보다 옅은 초록색

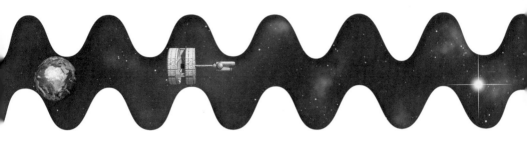

알쿠비에레 워프 드라이브를 쓰는 우주선이 자신의 뒤쪽 공간은 팽창시키고
앞쪽 공간은 압축시켜서 광속보다 빠르게 나는 모습을 설명한 그림.

을 띠며, 길고 구불구불한 구름 띠가 수평으로 둘러져 있다. 하우미아는 호쿠
의 생명 거주 가능 영역에서 맨 바깥쪽 경계에 딱 걸쳐 있다. 따스한 초록색이
유혹적으로 보이지만, 사실 그것은 숲의 색깔이 아니다. 그 초록색은 메테인
과 암모니아의 색깔이다. 모항성과의 거리가 4000만 킬로미터밖에 안 되지만,
호쿠는 너무 약한 별이라서 그 행성을 따스하게 만들어 주지 못한다.

오른쪽 저 멀리, 위성 수십 개를 거느리고 있으며 늘 폭풍이 몰아치는 거
대 기체 행성 타휘리(Tawhiri)가 있다. 왼쪽에는 검은 모래로 된 표면에 철이
포함된 붉은 마그마가 흐르는 행성 오로(Oro)가 있다. 우리는 이제 호쿠의 생
명 거주 가능 영역에서 중심부로 진입했다. 저 앞에 파란색과 초록색을 띠고
있고 큰 대륙 2개가 두드러진 행성이 보인다. 그곳이 바로 인류의 연대기에서
마지막 장이 펼쳐지는 무대, 탕가로아(Tangaroa)다. 우리는 구름을 뚫고 내
려간다. 구름이 흩어지면서 아침 안개 사이로 나무와 강과 초록 언덕이 있어

서 꼭 지구처럼 보이는 풍경이 나타난다. 인류가 그 생명 없던 세계를 개조하는 데는 몇백 년이 걸렸지만, 이제 그곳 공기는 지구처럼 달콤하다. 더 내려가서 행성 표면에 가까워지니, 많은 주거지가 건설되어 있는 것이 눈에 들어온다. 하지만 주거지들은 환경에 아주 잘 녹아 있기 때문에 거의 눈에 띄지 않을 정도다.

우리의 위대한 우주 항해에서, 이 행성은 인도네시아에 해당하는 장소일 뿐이다. 우리가 은하를 누빌 방랑의 여정에서 첫 기착지 중 한 곳이기 때문이다. 아직 더 먼 곳에, 더 많은 섬이 우리를 기다린다. 이처럼 빛보다 빠르게 나는 우주선이 있는 상상의 미래에, 우리는 어쩌면 예의 우주 망원경을 고향 행성으로부터 아주아주 먼 곳에 배치해 그것으로 지구와 지구 생명이 겪어 온 옛이야기를 목격할 수 있을지도 모른다. 미지의 바다로 출항했던 우리의 이름 모를 선조들을 우리 눈으로 직접 볼 수 있을지도 모른다.

12장

인류세를 살다

인류는 어느 때보다도 자신의 지배력을
발휘해 보여야 할 상황에 처했습니다.
자연에 대한 지배력이 아니라 자기 자신에 대한 지배력을.

— 레이철 카슨

플로리다 북서부를 강타한 역사상 가장 강한 폭풍이었던 허리케인 마이클의 2018년 10월 10일 모습.
바닷물의 수온과 대기의 기온이 둘 다 높아지면서 점점 더 강한 허리케인이 생겨나고 있다.
이 현상은 인류세라는 새로운 지질 시대의 여러 특징 중 하나다.

인류 문명은 지금으로부터 약 1만 1650년 전, 우주력으로는 마지막 30초가 펼쳐질 무렵에 시작되었던 온화한 간빙기, 즉 홀로세(Holocene, 충적세)의 선물이라고 할 수 있다. 지구를 연구하는 지질학자들은 대체로 쉽게 흥분하는 사람들로는 보이지 않지만, 지질학자들은 여러 증거를 살펴본 뒤 우리가 사는 시대에 인류가 지구에 미친 영향을 더 잘 반영하는 이름을 새로이 붙이는 게 좋겠다고 판단했다. 그들은 우리 시대를 '인류세'라고 불러야 한다고 본다. 그리스 어로 '인간'을 뜻하는 *anthropos*에 '최근'을 뜻하는 *cene*을 합한 이 단어는 인류가 자연 환경과 그 속의 생명체들에게 전 지구적으로 영향을 미쳤다는 사실을 인정하는 이름이다.

인류세는 언제 시작되었을까? 이 점에 대해서는 아직 토론이 이어지고 있다. 어떤 사람들은 인류가 처음 남획으로 다른 생물 종을 멸종시켰던 홀로세의 시작이 곧 인류세의 시작이라고 주장한다. 그러고 보니 궁금해진다. 우리 선조들이 동굴 벽화에 매머드나 대형 여우원숭이를 그렸던 것은 그 종의

프랑스의 라스코 동굴에 그려진 오록스(유럽들소). 이미 멸종했지만,
유전 공학 덕분에 곧 되살아날 수도 있다. 거대한 뿔이 있었던 오록스는 현생 소의 선조였을 것이다.

마지막 개체까지 다 죽인 후 그들을 기억하기 위해서였을까? 인간이 일으킨 멸종은 어제오늘 일이 아니다. 하지만 선조들을 덮어두고 비난할 수는 없다. 그들은 큰 그림을 보지 못했다. 그들에게는 사냥이 생존의 문제였다. 이 동물 혹은 저 동물 한 마리를 죽인 것이 종 전체를 죽이는 일이 될 줄을 그들이 어떻게 알았겠는가? 그들은 가까운 주변에서 벌어지는 일만 볼 줄 알았다.

인류세는 우리가 땅에 첫 씨앗을 뿌렸을 때, 그래서 농업 혁명이 뒤따랐을 때 시작되었는지도 모른다. 그 전에 지구에는 이산화탄소를 흡수하고 산소를 내는 나무가 지금보다 2배 더 많았다. 우리 선조들은 농업을 발명한 뒤 이리저리 방랑하던 것을 멈추고 농장과 도시에 정착했다. 그런 장소를 짓기 위해서, 그리고 좋든 나쁘든 인류를 전 지구적으로 상호 소통하는 하나의 유기체로 바꿔 놓을 배를 만들기 위해서, 그들은 숲을 베어냈다.

인류세는 우리가 가축을 길들인 순간에 시작되었을까? 소는 풀을 먹은 뒤 기후 변화를 일으키는 기체 중 하나인 메테인을 배출한다. 소가 먹은 것을 소화시킬 때 몸속에서 메테인이 발생하는 것이다. 하지만 현대 과학이 등장하기 전에는 누구도 그 사실을 알지 못했다. 소 몇 마리가 환경에 해롭다니, 그뿐 아니라 지구를 크게 바꿔 놓는다니, 누가 생각이나 했겠는가? 선조들은 가족이 먹을 것을 원한 것뿐이었다. 아이들이 굶지 않기를, 아이들이 살아남기를 바란 것뿐이었다.

우리 선조들의 소박한 거처를 데워 주었던 불자리들, 그것이 시작이었을까? 약 4,000년 전 중국에서 혁신적인 발견이 이뤄졌다. 어떤 돌은 나무보다 더 오래 더 잘 타서 추위와 습기를 몰아내기에 제격이라는 발견이었다. 그 돌이란 사실 수백만 년 전에 죽어서 땅속 깊이 묻혔던 식물과 나무가 남긴 탄소 잔류물이었다. 그 석탄의 발견이 인류세의 시작이었을까? 사람들이 목재로 쓰려고 숲을 자꾸 베어냄에 따라, 석탄은 대장간과 주조소와 가정에서 점점 더 중요해졌다. 작은 불자리들에서 피어난 연기는 대기에 별 영향을 미치지 않았지만, 수천 년이 흐르면서 인구가 기하급수적으로 늘고 그 인구가 엄청나게 많은 나무와 석탄을 태우자 그로부터 대기로 배출된 이산화탄소가 지구 전체에 온난화를 일으켰다.

아니면 약 1,000년쯤 전, 아시아 전역의 사람들이 처음 쌀농사를 했을 때 인류세가 시작되었을까? 그들은 써레질과 이앙법(移秧法, 모내기)이라는 혁신적인 기술을 써서 물 댄 논에 미리 기른 모종을 옮겨 심기 시작했다. 이 근면한 농부들은 이런 벼농사 기법이 소와 마찬가지로 언젠가 수억 톤의 메테인을 배출하리라는 사실을 알 도리가 없었다. 물 댄 논은 산소를 잃는다. 그러면 눈에 안 보이는 미생물들이 식물성 물질을 소화시켜서 메테인을 내놓는다. 설상가상, 벼잎도 대기로 메테인을 더 내보낸다. 하지만 옛 농부들은 미시 세계에서 무슨 일이 벌어지는지 알 도리가 없었다. 현대 과학이 등장하기 전에는 누구도 알지 못했다. 그들 역시 그저 자신과 가족의 입에 풀칠하려고 애쓴 것뿐이었다.

시간은 바위에 기록을 남긴다. 만약 우리가 시간의 글을 읽을 줄 안다면, 지구의 과거에 벌어졌던 사건들을 재구성해 볼 수 있다. 그 글에서 가장 극적인 대목은 알록달록한 색으로 씌어져 있지 않다. 온 지구의 지층에서 발견되는 창백한 흰 층이 하나 있는데, 그 속에 바로 거인들의 죽음을 읊은 서사시가 감춰져 있다. 지구의 다른 곳에서는 보기 드문 금속인 이리듐(iridium)으로 이뤄진 그 층은 백악기가 끝난 시점인 약 6600만 년 전을 뜻한다. 지구에서 공룡들을 포함해 모든 동식물의 4분의 3이 멸종한 것이 그때였다.

지질학자들에게는, 지층에서 특정 종의 화석이 발견되는 최초 혹은 최후

지질학자들은 지질 시대를 나누는 경계를 표시하기 위해서
지층에 말 그대로, 또한 비유적으로 황금 말뚝을 박아 넣는다.

시점을 뜻하는 경계를 발견하면 그곳에 황금 말뚝을 박아 표시하는 관행이
있다. 말 그대로 바위에 망치로 말뚝을 박아 넣는다. 우리가 사는 시대가 정말
인류가 일으킨 멸종의 시대인 인류세라면, **인류세의 황금 말뚝**은 어디에 박아
야 할까?

　어쩌면 **내 몸에** 그것이 박혀 있을지도 모른다. 내가 아기였을 때는 지구에

서 두 초강대국이 싸우던 시절이었다. 두 나라는 자국이 우세를 점할 수만 있다면 온 세상을 위험에 빠뜨리는 짓도 마다하지 않았다. 1945년, 미국은 원자핵 속에 갇혀 있던 에너지를 끌어내는 무기를 개발했다. 4년 뒤인 1949년 여름에 내가 태어났는데, 그해에 (구)소련은 광기의 경쟁을 한 단계 더 고조시켰다. 두 나라는 원자 폭탄보다 더 악마적인 무기, 별 내부에나 있는 무시무시한 핵융합 에너지를 끌어내는 무기마저 터뜨렸다. 양국 모두 그저 자국의 힘을 과시하기 위해서 대기권 핵무기 시험을 강행했고, 수십 년 동안 수천 개의 폭탄을 터뜨렸다. 그런 폭탄은 스트론튬 90(strontium 90)이라는 원소를 만들어 냈다. 여분의 핵에너지를 가져 불안정한 그 방사성 동위 원소는 전 세계 어머니들의 모유까지 오염시켰고, 아기에게 젖을 먹이는 어머니들은 그런 공포를 잠자코 참기를 거부했다. 여성들은 결집해 항의에 나섰고, 1963년에 결국 대기권 핵무기 시험을 금지하는 조약이 체결되었다.

내 세대 사람들의 몸에 유달리 많이 들어 있는 방사성 동위 원소가 또 하나 있다. 탄소 14다. 모든 방사성 원소에는 반감기가 있다. 반감기란 나무의 나이테와 비슷한 것으로, 우리가 그것을 알면 나무나 원자의 나이를 알 수 있다는 점에서 그렇다. 냉전의 무기 경쟁은 대기 중 탄소 14의 농도를 2배로 높였다. 만에 하나 내가 제정신을 잃어서 내 나이를 잊는다면, 내가 태어났던 해 여름에 터졌던 핵무기들의 메아리가 여러분에게 내 나이를 알려줄 수 있을 것이다. 그렇다면 내 안의 '황금 말뚝'이 인류세의 시작일까? 그때를 시작으로 볼 수 있을까?

대기권 핵실험은 끝났지만, 이후에도 우리는 우리 집을 계속 더럽혀 왔다. 언젠가 그 모든 것이 붕괴하고 말리라는 사실을 똑똑히 알면서도. 우리가 위험을 알면서도 아무 조치도 취하지 않는다면 안다는 게 무슨 소용일까? 모르는 편이 더 나을지도 모른다. **앎은 때로 저주가 된다.**

세상에서 가장 오래 살아남는 이야기는 결코 신화가 되지 않았고 앞으로도 영영 되지 않을 이야기들이다. 그런 이야기 중에는 수천 년 된 이야기도 있다. 수천 년 전 그 시절에도, 불같이 뜨거운 경쟁심에 눈 먼 남자들은 이루 형언할 수 없는 파괴를 자행했다.

옛날 옛적, 빛의 신 아폴론은 트로이 왕 프리아모스가 총애하던 딸 카산드라에게 반했다. 카산드라가 구애를 거절하자, 아폴론은 예언 능력을 주겠다고 제안하며 꾀었다. 하지만 카산드라가 자신을 거절한 것에 대한 보복으로, 카산드라가 미래를 내다보더라도 남들은 그 예언을 믿어 주지 않으리라는 저주를 함께 내렸다. 어느 날, 카산드라의 형제인 파리스가 프리아모스 왕에게 스파르타를 방문하게 해 달라고 청했다. 카산드라는 그 일이 어떻게 풀릴지 내다볼 수 있었다. 파리스가 스파르타의 왕비 헬레네를 납치해 올 테고 그래서 결국 트로이가 멸망하리라는 사실을. 그러나 아무도 카산드라의 말을 귀담아듣지 않았다. 트로이 사람들은, 또한 스파르타 사람들은 카산드라를 늘 흉흉한 전망만을 내놓는 예언자로 치부했다.

카산드라의 끔찍한 예견은 현실이 되었다. 트로이의 당당한 탑들은 쳐들어온 그리스 군에게 무너졌다. 도시는 불바다가 되었다. 트로이의 목마는 제 목적을 완수한 뒤 빈 채로 버려졌다. 아폴론은 만족했다. 카산드라의 비관적

16세기에 만들어진 태피스트리에서 카산드라가 프리아모스 왕에게
그녀만이 내다볼 수 있는 미래의 파국을 제발 피하라고 읍소하고 있다.

예언을 아무도 신경 쓰지 않았고, 트로이는 후회해 봐야 이미 늦었다.

카산드라에게는 앎이 저주였다. 그러나 앎은 때로 크나큰 축복이 될 수도 있다. 다른 이야기를 하나 더 들려드리겠다. 옛날 옛적, 세상에는 냉장고가 없었다. 여름이면 음식이 상하지 않도록 보관하기가 어려웠다. 그 시절에는 얼음 장수라는 직업이 있었다. 얼음 장수는 말이 끄는 수레에 커다란 얼음덩어리를 싣고 집마다 다니면서 팔았다. 끌로 얼음을 큼직하게 잘라낸 뒤, 거대한 캘리퍼스 같은 도구로 집어서 보통 건물 옆면에 반지하 높이로 나 있던 현관으로 낑낑 가지고 들어갔다. 사람들은 그렇게 받은 얼음을 아이스박스라는 보관함에 넣어두었고, 그 속에 쉬이 상하는 음식을 함께 넣어 보관했다. 무더운 날이면 금세 아이스박스 문 귀퉁이에서 물이 똑똑 떨어져서 마루가 흥건하게 젖곤 했다.

그래서 누군가 새로운 냉장 방법을 생각해 냈다. 암모니아나 이산화황 기체를 냉각제로 쓰는 방법이었다. 그 덕분에 사람들은 더 이상 얼음덩어리를 나르느라 낑낑댈 필요가 없었다. 잘된 일이잖아?

글쎄, 일단 그 화학 물질들은 유독했고 냄새가 고약했다. 냉각제가 새기라도 하면 아이들과 반려 동물들에게 위험했다. 시급히 대체 냉각제를 개발해야 했다. 냉장고 안에서 순환하다가 만에 하나 새더라도 아무도 중독시키지 않는 물질, 쓰레기장에 버려지더라도 환경에 위험하지 않은 물질, 몸에 나쁘지 않고, 눈이 따갑지 않고, 벌레를 끌어들이지 않고, 고양이도 신경 쓰지 않는 물질. 하지만 자연을 아무리 뒤져 봐도 그런 물질은 없는 것 같았다. 그래서 미국과 독일의 화학자들은 지구에 일찍이 존재하지 않았던 종류의 분자들을 발명해 냈다. 탄소 원자 하나 이상과 염소 그리고/혹은 플루오린(불소) 원자 약간으로 만들어졌기 때문에 염화불화탄소(chlorofluorocarbon,

CFC)라고 불리는 분자들이었다.

염화불화탄소는 발명가들의 기대마저 훌쩍 뛰어넘어 냉각제로 대성공을 거뒀다. 염화불화탄소는 냉장고뿐 아니라 에어컨에도 쓰였다. 그 밖에도 할 줄 아는 일이 많았다. 면도 크림의 폭신폭신한 거품을 내는 데 쓰였고, 비바람으로부터 머리 모양을 지켜 주는 데도 쓰였다. 소화기, 발포 단열재, 공업용제, 세정제의 분사제로도 쓰였다. 스프레이형 페인트라는 재미난 물건이 등장한 것도 염화불화탄소 덕분이었다. 이런 종류의 화학 물질 중 가장 유명한 상품은 듀폰 사의 프레온(Freon)이었다. 프레온은 시판 이후 수십 년 동안 쓰였고, 아무 해도 없는 듯했다. 다들 그것을 지극히 안전한 화학 물질이라고 생각했다.

상황이 바뀐 것은 캘리포니아 대학교 어바인 캠퍼스의 두 대기 화학자가 지구 대기를 조사하기 시작한 1970년대 초였다. 멕시코 이민자인 마리오 몰리나(Mario Molina)는 젊은 레이저 화학자였다. 오하이오 주의 작은 마을 출신인 셔우드 롤런드(Sherwood Rowland)는 다양한 조건에서 분자들과 기체들의 움직임을 연구하는 화학 동역학자였다. 몰리나는 어엿한 과학자로 성장하고 싶던 참이었고, 그래서 이전 연구 경험을 뛰어넘을 만한 야심 찬 주제를 찾아보다가 이런 의문이 들었다. 에어컨에서 새어나간 프레온 분자들은 어떻게 될까? 아폴로 우주인들이 정기적으로 달 탐사를 하던 시절이었다. NASA는 우주 왕복선을 매주 발사할 계획을 구상하고 있었다. 그런데 로켓 연료를 그렇게 많이 태우면 그 매연이 성층권, 즉 지구 대기가 캄캄한 우주 공간과 접하는 지점의 대기층에 해롭지 않을까?

과학 활동 대부분은 이런 식으로 이뤄진다. 누군가 어떤 문제를 풀려고 나섰다가 그것과는 전혀 다른, 예상치 못했던 현상을 우연히 만나는 식으로.

롤런드와 몰리나는 놀랍도록 활성이 없고 '무해'하다고 여겨져, 면도 크림과 헤어스프레이에도 들어간 마법 분자인 염화불화탄소가 다 쓰이고 나면 그냥 사라지는 게 아님을 발견했다. 그 분자들은 지구와 우주의 경계에 잔뜩 축적되어 두 번째 생을 살았다. 하늘 높은 곳에 조용히 모여들어서 나쁜 짓을 꾸몄다. 몰리나와 롤런드는 염화불화탄소가 태양의 자외선을 차단해 주는 대기층, 즉 오존층의 두께를 줄인다는 사실을 알고 경악했다. 우리를 보호해 주는 그 층이 내내 얇아지고 있었던 것이다. 그 속도가 우려스럽도록 빠르다는 사실도 후속 연구에서 확인되었다.

자외선이 염화불화탄소 분자를 때리면, 염소 원자가 떨어져 나간다. 떨어져 나간 염소 원자는 우리의 생존에 꼭 필요한 소중한 오존 분자를 먹어치우기 시작한다. 생명이 바다를 떠나 뭍으로 올라와도 안전할 수 있었던 것은 약 25억 년 전 지구에 오존층이 형성되면서부터였다. 그런데 염소 원자 하나가 그 오존 분자를 10만 개나 파괴할 수 있었다. 그러나 1970년대에는 염화불화탄소가 사방에서 쓰였고, 제조업체들은 염화불화탄소 없는 세상을 상상도 하지 못했다. 오존층 파괴가 확인된 뒤에도, 산업계는 아직 과학적으로 확실히 증명되지 않은 현상이라는 말로 대응했다.

사람들은 우리가 지구의 모든 생명을 위협할 수 있을 만큼 강력한 종이 되었다는 사실을 믿기 힘들어했다. 그래서 하늘에 뻥 뚫린 구멍을 인간의 활동 말고 다른 원인으로 설명할 수는 없는지 찾아보았다. 한 기업의 중역은 모두가 선크림을 더 많이 바르고 모자와 선글라스를 착용하면 되지 않겠느냐고 제안했다. 과학자들은 지구 식량 사슬의 토대를 이루는 플랑크톤과 식물은 그럴 수 없을 것이라고 대꾸했다.

몰리나와 롤런드는 세상에 경고하기 위해서 끈질기게 애썼다. 하지만 롤

1974년, 화학자 셔우드 롤런드(오른쪽)와 박사 후 연구원 마리오 몰리나는 염화불화탄소가 대기층을 훼손시킨다는 것을 알아냈다. 처음에 기업계와 정부는 그들의 주장을 비웃었지만, 지금 그것은 과학적으로 입증된 사실이 되었다.

롤런드는 이런 의문을 품을 수밖에 없었다. "우리가 예측력을 발휘하는 과학을 개발하더라도, 결국 손 놓고 앉아서 그 예측이 현실로 실현되길 기다리기만 할 거라면 다 무슨 소용인가?" 롤런드와 카산드라는 말이 잘 통했을 것이다. 그러나 그때, 놀라운 일이 벌어졌다.

전 세계에서 항의의 목소리가 터져 나왔다. 전 세계 사람들이 참여했다.

1960년대에 전 세계 여성들이 해로운 모유를 아기에게 먹일 수 없다며 대기권 핵실험을 중단하라고 요구했던 것처럼, 1980년대에는 전 세계 소비자들이 기업들에 염화불화탄소 제조를 그만두라고 요구했다. 놀랍게도 정부들이 그 목소리에 귀 기울였다. 197개국이 염화불화탄소 사용을 금지했다. 이것은 지구에 존재하는 전체 국가 수에 거의 맞먹는 수다. 그 덕분에 우리는 걱정거리 목록에서 염화불화탄소를 지울 수 있게 되었고, 훼손된 오존층은 이후 서서히 회복되었다. 기복은 있었지만, 2075년 무렵에는 완전히 회복될 것으로 예상된다. 마침 롤런드와 몰리나의 발견 100주년이 되는 해다.

롤런드와 몰리나가 성층권에 호기심을 품지 않았다면, 혹은 그들의 경고가 카산드라의 경고처럼 무시되었다면 어떻게 되었을까? 우리에게 꼭 필요한 보호막인 오존층은 40년 안에 사라졌을 것이다. 우리 손자, 손녀 들은 자녀들이 햇볕을 쬐도록 허락할 수 없었을 것이다. 식물만 먹고사는 초식동물은 대부분 죽었을 것이다. 육식동물은 그 시체를 먹으면서 한동안 연명했겠지만, 결국 그들도 사라졌을 것이다. 우리는 이 존재론적 총알은 가까스로 피했지만, 아직도 다른 총알들이 더 남아 있다.

마지막으로 이야기가 하나 더 있다. 역시 미래를 내다보는 능력이 있었던 사람의 이야기다. 그의 삶과 업적은 과학계 밖에서는 아직 알려지지 않았지만, 그는 아폴론도 부러워할 만한 예언력을 갖추고 있었다. 그는 앞으로 벌어질 중대한 사건을 놀랍도록 정확히 내다보았다. 우리는 모두 그에게 빚졌다.

그는 일본 에히메(愛媛) 현의 시골에서 태어났다. '사랑스러운 공주'라는 뜻의 지명에 걸맞게 자연이 깨끗하고 아름다운 곳이다. 하지만 그는 소년 시절 대부분을 땅속에서 보냈다. 제2차 세계 대전 때문에 소년을 비롯한 작은 마을의 모든 주민이 지하 방공호로 피신해야 했다.

마나베 슈쿠로(真鍋淑郎)는 원래 아버지와 할아버지처럼 의사가 되고 싶었다. 하지만 10대 때 물리학을 좋아하게 되었는데, 자신이 수학을 못한다는 사실이 걱정이었다. 성적은 나빴다. 그러나 결국 그는 가장 흥미롭게 여겨지는 의문에 집중하기 시작했다. 왜 지구의 대기와 기후는 현재와 같은 상태일까 하는 의문이었다.

기온이 계절에 따라 오르내린다는 사실은 그도 물론 알았지만, 그가 궁금한 것은 왜 지구의 평균 기온이 매년 일정한가 하는 점이었다. 지구의 자동 온도 조절 장치는 어떻게 계속 그 특정 온도로 유지할 수 있는 것일까? 우리가 기후에 영향을 미치는 모든 변수를 — 대기, 기압, 구름양, 습도, 표면 조건, 바다와 바람의 흐름 등등을 — 포함해 지구 전체 기후를 재현하는 모형을 만들 수 있을까? 예측력이 있는 모형을? 아직 일본 기후학자들이 컴퓨터라는 것을 쓰지 않던 시절이었다. 그는 머리에 쥐가 날 만한 계산을 손으로 해냈다.

1958년, 마나베는 미국 기상청으로부터 이민 오라는 초청을 받았다. 5년 뒤 그는 세계 최초의 슈퍼컴퓨터 중 한 대를 쓸 수 있게 되었다. 당시 가장 강력한 컴퓨터였지만, 그가 지구 기후에 관한 막대한 양의 데이터를 입력했더니 시스템이 다운되고 말았다. 그는 4년 더 증거를 모은 뒤, 대담하고 비극적인 예측을 내놓았다.

예언이란 트로이 공주의 열렬한 읍소 형태일 수도 있지만, 무미건조한 제목을 가진 과학 논문의 형태일 수도 있다. 「상대 습도의 분포에 따른 대기의 열평형(Thermal Equilibrium of the Atmosphere With a Given

Distribution of Relative Humidity)」이라는 제목은 "재앙이 임박했다! 재앙이 임박했다!" 하는 경고로는 들리지 않는다. 하지만 내용은 분명 그런 내용이었다. 마나베와 동료 리처드 웨더럴드(Richard Wetherald)는 인간이 대기로 내놓는 온실 기체가 증가함에 따라 지구 온도가 어떻게 바뀔지 예측했다. 그들은 다가오는 재앙이 어떻게 펼쳐질지 정확히 내다보았다. 우리 시대는 물론이고 그 너머까지, 멀리 볼 줄 알았다. 요즘도 일부 사람들은 기후 변화를 과학적으로 확실히 확인되지 않은 현상이라고 주장하지만, 만약 그렇다면 마나베와 웨더럴드가 어떻게 향후 50년 이상의 지구 온도 증가세를 그토록 정확히 예측할 수 있었겠는가? 그리고 만약 그 변화가 인간이 야기한 것이 아니라면, 그 많은 이산화탄소가 다 어디서 나왔겠는가?

이후 다른 많은 기후 과학자들은 기후 변화의 영향으로 다음과 같은 일들이 벌어질 것이라고 예측했다. 해안 도시들의 잦은 범람: **사실**. 바닷물 수온 상승으로 산호의 떼죽음: **사실**. 자연 재해 수준의 폭풍이 더 거세어짐: **사실**. 치명적인 무더위와 가뭄과 걷잡을 수 없는 산불이 유례없는 수준으로 벌어짐: **사실**. 과학자들은 분명 우리에게 경고했다.

화석 연료 산업에 이해 관계가 있는 기업들과 그들의 지원을 받는 정부들은 꼭 담배 회사들처럼 반응했다. 과학적으로 아직 확실히 결정된 바가 아니라고 말하면서 귀중한 시간을 질질 끌었다.

가장 최근에 지금처럼 지구 대기에 이산화탄소가 많았던 시기는 최소

한 스노클러가 백화 현상으로 만신창이가 된 산호초를 조사하고 있다.
산호는 그 속에 살면서 산호에게 영양분을 공급하고 색깔을 내주는 조류와 공생한다.
그런데 수온이 높아지면, 혹은 대기 중 이산화탄소 농도 증가로 바닷물 산성도가 높아지면,
조류가 죽는다. 그러면 산호는 유령 같은 흰색으로 변하고, 산호초는 묘지가 된다.

한 80만 년 전이었다. 그때는 변화 속도가 비교적 느렸기 때문에, 대부분의 생물이 적응할 시간을 얻을 수 있었다. 한편 지금 우리는 땅에 축적되는 데 수억 년이 걸렸던 탄소를 수십 년 만에 끌어내어 대기로 이산화탄소를 뿜어내고 있다. 1967년에 두 과학자는 사람들 앞에 나서서 만약 **우리**가 변하지 않는다면 지구가 어떻게 변할지 말해 주었고, 그들의 예언은 정확히 그대로 실현되었다. 과학은 우리에게 미래의 재앙을 내다보는 능력을 선물해 주었다. 그것은 과거에는 신들만이 줄 수 있는 선물이었다. 하지만 롤런드가 한탄했듯이, "**우리가 예측력을 발휘하는 과학을 개발하더라도, 결국 손 놓고 앉아서 그 예측이 현실로 실현되길 기다리기만 할 거라면 그게 다 무슨 소용인가?**"

대부분의 사람은 산호와 청개구리의 운명에는 마음이 그다지 움직이지 않을지도 모른다. 하지만 **당신의 미래, 당신의 삶, 당신 자녀들의 삶이라면?**

기온이 치사 온도 밑으로 떨어질 때까지 유치원 입학이 미뤄진 아이를 상상해 보자. 산불이 다가왔을 때, 그 아이의 가족은 아이가 어린 시절을 보낸 집에서 아무것도 건지지 못한 채 피신해야 할지도 모른다. 아이의 결혼식에서는 물이 샴페인 역할을 할지 모른다. 북극의 영구 동토층이 녹아서 10만 년 넘게 땅속에서 잠자던 메가바이러스(mega-virus)가 깨어남에 따라 전염병이 대대적으로 돌지도 모른다.

꼭 그렇게 되라는 법은 없다. 아직은 너무 늦지 않았다. 우리에게는 그것과는 다른 미래, 그것과는 다른 가능한 세계가 있다. 인류세는 인류가 각성한 시대가 될 수도 있다. 인류가 새로 얻은 힘에 따르는 과제에 맞서서 과학 기술이 자연과 조화를 이루도록 사용하는 방법을 알아내는 시대가 될 수도 있다. 이미 전 세계에서 우리에게 닥친 위험을 경계하며 그것을 피하려는 노력에 헌신하는 사람들이 공동체를 이루고 있고, 인터넷 덕분에 우리는 서로 쉽게 접촉할 수 있게 되었다.

우리가 아직 이뤄낼 기회가 있는 그 미래로, 나와 함께 가자.

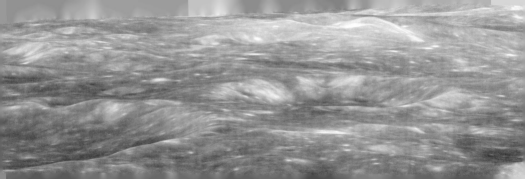

13장

가능한 세계

유토피아가 없는 세계 지도는 쳐다볼 가치조차 없다.
인류가 늘 착륙하고자 하는 바로 그 나라가 없기 때문이다.
그리고 인류는 일단 그곳에 착륙하면, 주위를 둘러보고,
더 나은 나라를 발견하면, 그곳을 향해 다시 출항할 것이다.

— 오스카 와일드(Oscar Wilde),
「사회주의에서 인간의 영혼(The Soul of Man under Socialism)」에서

책은 우리 안의 얼어붙은 바다를 깨는 도끼가 되어야 해.

— 프란츠 카프카(Franz Kafka), 1904년 1월 27일
오스카르 폴라크(Oskar Pollak)에게 보낸 편지에서

아폴로 8호 탐사 45주년을 맞아 새롭게 만든 「지구돋이(Earthrise)」 사진. 원래 이미지에 NASA의
달 탐사 궤도선이 최근 보내온 데이터를 컴퓨터로 처리해서 만든 훨씬 더 선명한 달 풍경을 결합했다.

지구의 극지방 만년설은 줄고 있다. 오랫동안 화강암처럼 단단했던 영구 동토층은 곤죽처럼 녹았다. 하지만 우리 안의 얼어붙은 바다는 좀처럼 깨질 줄 모르는 듯하다. 우리는 우리가 스스로에게 가하는 위험을 지난 수십 년 동안 알았으면서도, 그것이 우리 아이들과 그 아이들의 아이들에게 어떤 의미인지는 깨닫지 못한 채 음울한 미래를 향해 계속 몽유병자처럼 나아간다. 대중 문화에서 그리는 우리 세계의 미래는 거의 늘 쓰레기가 산더미처럼 쌓인 황무지만 펼쳐진 디스토피아적 전망이다. 그 전망은 우리 마음속 두려움을 정확하게 반영한 모습이기는 하다. 하지만 만약 꿈이 지도라면, 미래에 대한 멋진 꿈을 통해서 이 악몽에서 벗어날 길을 찾을 수도 있지 않을까?

그런 꿈을 뒷받침하는 과학적 근거가 있을까? 맹목적인 종교적 신념이나 철저한 부정 외에도 인류의 미래에 희망적인 확신을 품을 길이 있을까?

내 아들이자 촉망되는 미래 시민이며 나와 함께 이 책의 짝이 되는 다큐멘터리 시리즈를 제작한 존경하는 동료, 새뮤얼 세이건, 즉 샘은 프로젝트가 진행되는 동안 계속 내게 저 질문을 던졌다. 샘은 제 아버지를 닮았다. 무턱대

2039년 4월 30일, 뉴욕 항에 세워진 '생명의 나무(Tree of Life)' 내부를 채운 관광객들.
2039년 뉴욕 세계 박람회 개막식을 구경하기에 가장 좋은 장소다.

고 안심하기보다는 현실을 직시하기를 선호한다. 샘의 끈질긴 질문 덕분에 나는 정말로 솔직하게 따져보게 되었다. 우리 종에게 희망을 품을 만한 과학적, 역사적 근거가 있을까? 아니면 낙관주의는 그저 우리의 대응 기제일 뿐일까? 희망에 근거한 사고일 뿐일까? 우리가 과학을 진화시킨 것은 그런 사고를 경계하기 위해서가 아니었나?

1961년, 천문학자이자 칼 세이건의 절친한 친구였던 프랭크 드레이크는 우리 은하의 지적 문명 개수를 계산하는 방정식을 고안했다.

$$N = R_* \cdot f_p \cdot n_e \cdot f_l \cdot f_i \cdot f_c \cdot L.$$

여기서 각 변수는 다음을 뜻한다.

N = 우리 은하에서 교신이 가능할지 모르는 문명의 개수,

R_* = 우리 은하에서 별이 형성되는 평균 속도,

f_p = 그 별 중 행성계를 가지고 있는 별의 비율,

n_e = 한 행성계에서 생명이 서식할 수 있는 여건을 갖춘 행성의 평균 개수,

f_l = 생명이 서식할 수 있는 행성 중 어느 시점에든 실제로 생명이 발달하는 행성의 비율,

f_i = 생명이 있는 행성 중 실제로 지적 생명(문명)을 발달시킨 행성의 비율,

f_c = 그 문명 중 자신의 존재를 우주에 알릴 수 있는 기술을 발달시킨 문명의 비율,

L = 그런 문명이 우주로 검출 가능한 신호를 내보내는 기간.

프랭크와 칼은 우리 은하에 별이 엄청나게 많다는 것을 알았고, 최초의 외계 행성 발견 시점으로부터 30년도 더 전이었음에도 불구하고 외계 행성의 수 또한 많을 것이라고 정확하게 추론했다. 그들은 그중 일부 행성에서는 생명이 살 수 있을 것이라고 생각했고, 그 가능한 세계들 중 일부에서는 제 세계를 바꾸는 기술을 발달시킨 지적 생명체가 진화할 것이라고 생각했다.

드레이크 방정식의 마지막 변수 L은 그런 문명들이 칼이 "기술적 사춘기(technological adolescence)"라고 불렀던 시기를 극복하고 존속하는 시간이 얼마나 되는가를 뜻한다. '기술적 사춘기'란 젊은 문명이 스스로를 파괴할 기술적 수단을 갖추었지만, 아직 그런 파국을 예방할 성숙함과 지혜를 갖추지 못한 위험천만한 시기를 말한다. 프랭크와 칼은 자신들이 예상한 L 값이 핵무기 경쟁에 한창이던 인류 문명의 음울한 전망을 근거로 삼았다는 사실을 인식하고 있었다. 당시는 마나베와 웨더럴드가 대기로 버려지는 막대한 양의 온실 기체를 고려한 최초의 정확한 기후 모형을 만들던 시기이기도 했다.

그렇다면 나는 왜 우리가 해낼 수 있다고 믿을까? 우선, 살면서 최소한 사춘기에라도 한심한 짓을 한 번도 한 적 없거나 스스로 한심하다고 느꼈던 적이 한 번도 없었던 사람을 데려와 보라.

나는 분명 한심했다. 게다가 보통은 10대에 끝나는 사춘기를 나는 더 길게 겪었다. 나는 무모하고 무책임했다. 부모님에게 언제 전화하거나 귀가하겠다고 약속해 놓고 지키지 않아서 부모님이 뜬눈으로 밤을 지새우게 만든 적이 한두 번이 아니었다. 내 방, 나중에는 내 집은 보통 엉망이었다. 나는 일을 벌이기만 하고 끝맺지 않았다. 심란할 정도로 자주 소지품을 잃어버렸다. 효과가 알려지지 않은 약물들을 시험하며 내 뇌와 생명에 위험을 가하는 장난을 쳤다. 사실에 유의하지 않았다. 아직 비판적 사고를 체득하지 못했기에, 사실이 아닌 말에 쉽게 속아 넘어갔다. 이기적이었고, 약속을 꼭 지킬 것처럼 보이는 사람이 못 되었고, 내가 바라는 미래를 얻으려면 기울여야 할 노력을 해낼 만한 사람으로 보이지 않았다. 미래는 내게 현실이 아니었다. 현실 자체가 현실이 아니었다. 나는 차츰 성장하면서야 비로소 현실을 붙잡게 되었다.

그리고 내 성장은 칼을 알고서야 완전해졌다. 처음에는 사소한 변화였다. 우리는 첫 두어 해 동안 그냥 동료이자 친구 사이였다. 칼은 나를 가르치려 들지 않았고, 내 근거 없는 신념을 놀리지도 않았다. 그저 내게 완벽한 질문을 던졌다. 그 질문들은 내 마음에 남았다가, 차차 효력을 내는 약처럼 나중에 내 생각에 작용했다. 칼은 내가 소중하게 여겼던 신념들을 증거에 따라 판단해 볼 수 있는 새로운 잣대를 안겨 주었다. 오랫동안 내게 썩 도움이 되었던 번지르르한 말주변만으로는 더 이상 충분하지 않았다. 칼은 내 말을 정말로 들어 주었고, 적당한 후속 질문을 던져 주었다.

우리가 사랑에 빠졌을 때, 나는 꼭 신세계를 발견한 것 같았다. 그런 세계가 있었으면 하고 줄곧 바라 왔지만 한 번도 가 보지 못했던 세계였다. 이 신세계에서는 현실이 모든 면에서 환상을 능가했다. 무엇보다도, 이 세계에서는 진실이 중요했다. 달이나 다른 행성으로 가는 탐사 계획이 성공하려면 계획을 구성하는 수만 개의 단계들이 하나도 빠짐없이 다 사실이어야만 하기에 거짓이 끼어들 도리가 없듯이, 우리 둘이 공유하는 신세계에서는 거짓말이 있을 수 없었다. 우리는 둘 다 우리의 행복은 우리가 하나 되는 데 달려 있다는 것, 아무리 사소하더라도 거짓말은 일종의 분리를 뜻한다는 것을 알았다. 우리가 함께 행하는 모든 일은 사랑의 행위였다.

두 사람이 함께 만들 수 있는 가능한 세계.
칼 세이건과 앤 드루얀이 앤의 40세 생일에 웃음을 공유하고 있다.

　진실한 애정 관계가 만들어 내는 '선(善)의 전파 효과(propagating effect)'를 기술하는 방정식도 있을까? 칼 덕분에 나는 내가 될 수 있는 한 가장 좋은 사람이 되고 싶어졌다. 우리가 어떤 애정 어린 행위를 행하면, 상대는 늘 그것보다 더 높이 오르고 싶어 했다. 이전까지 내게 소중하면서도 괴로운 일이었던 글쓰기는 이따금 나를 방해했던 거추장스러운 자의식에서 해방되었다. 나는 더 이상 독자를 감탄시키려고 애쓰지 않았다. 그저 독자와 소통하기를, 독자와 이어지기를 바라게 되었다. 그리고 『코스모스』 이후의 내 모든 작업은 매일 칼에게 바치는 사랑의 선물이었다. 우리가 함께 글 쓸 때면, 내가 그날 쓴 글을 칼이 읽는 모습을 지켜보고는 했다. 칼은 가끔 웃음을 터뜨렸고, 아니면 모자를 치키며 내게 인사하는 척했는데, 그러면 나는 하늘을 나는 기분이었다. 그 역시 내가 그의 작업에서 즐거움을 느끼는 모습을 볼 때 그런 기분이었을 것이다.

별이 빛나던 어느 밤, 우리가 태평양에 뜬 배의 갑판에 함께 누워 있을 때, 뱃머리 너머에서 돌고래 한 쌍이 파도를 타며 나타났다. 우리가 녀석들을 10분쯤 지켜보았을까, 두 돌고래가 갑자기 똑같은 우아한 몸짓으로 직각으로 꺾어서 파도를 벗어나더니 바닷속으로 도로 사라졌다. 서로 신비로운 방식으로 소통하기라도 하는 양, 한몸이 된 움직임이었다. 칼이 미소 지으며 말했다. "애니, 저게 우리야."

우리는 그렇게 20년을 함께했지만, 칼의 죽음으로 나는 우리가 함께 발견했던 세계로부터 영영 추방당했다. 죽고 싶었다. 하지만 아이들이 어렸으니, 엄마로서 계속 살아가야만 했다. 그래서 나는 칼에게 배운 것을 마음에 품고 그 불꽃을 꺼뜨리지 않기 위해서 최선을 다했다. 우리가 함께했던 작업을 이어 가는 데 인생을 바치는 것이 내 새로운 목표가 되었다.

내가 그 세계에서 보낸 20년 동안 배웠던 희망은 그로부터 20년이 더 흐른 지금도 내가 하는 모든 일에 깃들어 있다. 이 책은 1장부터 그 희망의 이야기다. 인류가 종으로서 당시에는 한낱 추상에 지나지 않았을 미래를 위해 농업을 발명한 이야기다. 아소카의 삶에서 알 수 있듯이, 인간이 지닌 최악의 특성도 변할 수 있다는 이야기다. 생명이 그 끈기로써 환경이 가하는 언뜻 불가능해 보이는 고난들을 다 이겨 낸 이야기다. 바빌로프와 동료들이 그랬던 것처럼, 인류는 후손들에게 살기 좋은 미래를 물려주기 위해서 힘겨운 고난을 견딜 수 있다는 이야기다. 우리가 과학의 렌즈를 써서 우리의 참모습을 용감하게 직시했던 이야기다. 우리가 과학 덕분에 스스로 우주의 중심이고 싶어 했던 유치한 희망을 떨쳐낸 이야기, 수조 개의 다른 세계 중 하나에 불과한 창백한 푸른 점 위의 존재라는 참모습을 받아들임으로써 오히려 강해진 이야기다. 우리가 착취하고 고문했던 다른 생명체들에게도 의식이 있다는 사실을 깨닫기 시작한 이야기다. 우리가 길었던 우주적 격리 기간을 마침내 끝내고 우주의 망망대해로 진출하기 시작한 이야기다. 과학이 우리에게 그릇되었지만 안심되는 설명으로 비약하지 않고도 자연의 신비와 함께 살아갈 수 있는 방법을 알려준 이야기다. 과학이 우리에게 서식지에 닥칠 위험을 일찌감치 예견하도록 해 준 이야기, 그럼으로써 우리가 열심히 노력해서 먼 미래에 다른 곳으로 이주할 수 있을지도 모르도록 해 준 이야기다. 과학이 우리에게 인류를 보호할 예언력을 부여해 준 이야기다. 마지막으로, 더없이 소박한 환경에서 자랐으며 아직 그 무엇도 행성의 중력을 벗어나서 우주로 나간 적 없는 행성에서 살았던 한 아이가 성간 비행이 펼쳐지는 미래를 꿈꾸며 자라서 마침내 제 행성에서 이뤄진 최초의 별 탐사 사업에 기여하는 이야기다.

그러니 내가 낙관주의를 견지하도록 허락해 달라. 그리고 여러분에게 내가 꿈꾸는 미래를 들려주게 해 달라.

2029년을 상상해 보자. 어딘가에 한 소녀가 살고 있다. 열 살쯤 된 아이다. 아이가 사는 미래는 아직 개선의 여지가 있는 세상이다. 내 상상의 시선은 아이의 집으로 향한다. 아이는 낡은 거실 러그에 엎드려서 긴 오후를 보내고 있다. 칼이 어릴 때 도화지에 그렸던 21세기 미래 전망과 비슷한 것을 그리고 있다. 집 안 분위기와 옷차림으로 보아, 2029년에도 맞벌이하는 부모가 귀가할 때까지 혼자 집 지키는 아이들이 있는 모양이다. 아이의 팔뚝에 찍힌 러그 자국으로 보면 그림을 그리기 시작한 지 한참 된 듯한데도, 아이는 여전히 푹 빠져 있다.

도화지 맨 위에는 "지구는 어떻게 회복했을까요." 하는 제목이 적혀 있다. 그 밑에는 아이가 상상한 미래에서 온 가상의 신문 기사 제목들과 날짜들이 적혀 있다. 맨 먼저 나오는 기사 제목은 2033년 것이다. "아마존 우림 면적이 3배로 늘어나다!"

아이가 지어낸 가상의 웹사이트들에 실린 기사 제목과 날짜가 여기저기 흩어져 있다. 서로 겹친 것도 있어서, 어떤 것은 단어가 일부 가려져 있다.

2034년 에펠탑에서 벌어진 축하 행사는 이렇게 알린다. "국제 열핵 융합로 가동 개시! 물 한 티스푼으로 파리 전체에 에너지를 공급하다!"

2035년 "대왕고래들과 첫 접촉! 고래들의 노래 번역되다! 그들은 성났다!"

2036년 얼어붙은 황무지에 미래주의적 구조물들이 점점이 흩어져 있다. "달 남극 행성 간 종자 은행 완공!"

2037년 "교통 박물관, 지구 최후의 내연 기관을 전시물로 확보!"

2049년 "우주 망원경, 엄청난 규모의 인공 물체 발견!"

2051년 "화성에 100만 번째 나무를 심다!"

사방에 흩어진 기사 제목들 한가운데에 큰 동그라미가 있고, 그 속에 낯선 구조물이 그려져 있다. 뉴욕 항을 굽어보는 그 구조물은 '생명의 나무'다. 구조물은 자연이 조개껍데기와 진주를 만들 때 쓰는 재료인 탄산칼슘으로 만들어졌지만, 놀랍게도 그 재료는 지구 대기에서 끌어내 고정한 이산화탄소

뉴욕 항에 세워진 거대한 '생명의 나무'. 대기에서 고정한 이산화탄소로 만든 석회석으로 지어졌다.
인류가 가장 어려운 과제도 해결할 수 있음을 보여 주는 상징적 구조물이다.

를 변형시켜서 얻은 설화석고다. 구조물의 근사하고 널찍하게 뻗은 나뭇가지들에는 지구의 수많은 생명체가 각자 홰에 올라앉은 것처럼 정교하게 묘사되어 있다. 우뚝 솟은 '생명의 나무'의 뿌리는 대서양 깊숙이, 허드슨 해저 계곡에 단단히 박혀 있다.

이 새롭고 거대한 탑은 지구의 모든 큰 항구마다 세워진 탑 중 하나다. 미래 세계의 구경거리인 그 탑들은 인류가 과학 기술을 활용해 기후 변화의 최악의 결과를 피하는 데 성공했다는 사실을 상징할뿐더러, 우리가 지구에 함께하는 다른 생명체들과 평화롭게 살아가는 것을 인류의 야심 찬 목표로 선언했다는 사실도 상징한다. 오늘날 뉴욕 항에 선 자유의 여신상도 우리가 그런

방향으로 내디딘 발걸음이었고, 100년 넘게 그런 희망으로 세계를 밝혀 왔다.

　그 아래 바닷물도 바뀌었다. 크게 떼 지은 물고기, 해마, 게, 가재, 편형동물, 장어, 오징어, 돌고래, 바다표범이 허드슨 해저 계곡에 박힌 구조물의 뿌리를 들락날락한다. 혹등고래 떼도 노닌다. 그동안 희귀한 해양 생물들을 무수히 죽였던 버려진 어망은 바다의 그물 사냥꾼들이 싹 치웠다. 그 대신 수직으

2039년 뉴욕 세계 박람회장의 웅장한 건물들.

로 드리워진 수많은 그물발에 홍합, 굴, 조개가 다닥다닥 붙어 자란다. 깨끗한 물에서만 가능한 조개류 양식업의 성장은 전 세계 바다에 엄청나게 유익한 효과를 가져왔다. 조개류 자체가 폐수 정화 장치처럼 기능하기 때문이다.

땅에서는 다섯 살 소년 칼이 낙원을 발견했던 바로 그 자리에서 2039년 뉴욕 세계 박람회가 열리고 있다. 입구로 쏟아져 들어온 관람객들은 다섯 채의 압도적인 미래주의적 구조물들에 경탄한다. 구조물들 한가운데에는 커다란 타원형 풀이 있고, 그 물에 구조물들이 비친다. 모든 구조물은 생물학적 미학을 따른 듯하다. 모두 자연에 바치는 오마주(hommage)들이다. 꼭 사라진 세계로 들어가는 것처럼 느껴진다. 인류가 마지막으로 달을 걸었던 시절 이래 우리가 접근할 수 없었던 낙관적인 미래로.

박람회장 관람의 첫 코스는 '탐구자들의 관(Pavilion of Searchers)'이다. 부릅뜬 눈처럼 생긴 입구로 들어가면, 옛 친구들이 가득한 방이 나온다. 과학 역사의 위대한 영웅들이 가상 현실로 되살아나, 관람객에게 일대일로 자신이 자연의 비밀을 어떻게 해독했는지를 들려준다. 그냥 로봇에 미리 녹음한 메시지를 입력해 두기만 한 게 아니다. 우리는 그들의 뇌 신경망을, 즉 그들의 커넥톰을 재현하는 방법을 알아냈다. 그들이 했던 생각, 기억, 연상을 재현할 수 있게 된 것이다. 그들은 관람객이 던지는 어떤 엉뚱한 질문에도 참을성 있게 대답해 준다. 여기서는 어떤 질문도 한심한 질문이 아니다. 관람객은 알고 싶은 문제를 무엇이든 부끄러워하지 않고 물을 수 있다.

우리가 오늘날 아이들에게 전래 동요와 동화를 들려주는 것처럼 지금도 계속 진행되고 있는 우주의 이야기를 들려준다고 상상해 보자. 아이들이 무엇이든 가장 잘 받아들이는 시기에 그들에게 부조리한 이야기만을 들려주는 것은 얼마나 많은 생생한 신경 세포들과 소중한 시간을 낭비하는 일일까?

다음은 '네 번째 차원의 관(Pavilion of the Fourth Dimension)', 즉 시간의 파빌리온을 들를 차례다. 이곳에서는 우주력을 처음부터 끝까지 살펴볼 수 있다. 관람객은 시공간에서 원하는 대로 좌표를 설정해 138억 년 우주 진화 역사의 어느 순간이든 다 가 볼 수 있다. 인류가 과학을 체계적으로 수행하기 시작한 지는 400년밖에 안 되었지만, 우리는 벌써 우리가 존재하기도 전인 수십억 년 전에 우주에서 벌어졌던 일을 재구성할 수 있게 되었다.

방대한 파빌리온의 내부 공간 위쪽에는 우주의 역동적인 천체들이 가득하다. 혜성들이 씽 날고, 별들이 모여서 바람개비 은하를 이루고, 갓 태어난 별을 둘러싼 먼지 원반이 군데군데 뭉쳐지면서 행성들이 탄생한다. 널찍한 바닥에는 우주력이 한가득 그려져 있다. 우주력의 1년을 한눈에 볼 수 있도록 달과 일이 적혀 있는데, 여느 달력과는 다른 놀라운 특징이 있다. 모든 날짜와 시각이 일종의 문이라서, 관람객이 그 속으로 들어가서 우주 진화 과정에서 그 시점에 벌어졌던 사건을 체험해 볼 수 있다는 점이다.

여러분은 우주 역사에서 어떤 사건을 직접 보고 싶은가? 별이 처음 빛을 밝혔던 순간으로 갈 수도 있고, 지구를 수억 년 동안 지배했던 공룡들이 살았던 마지막 날로 갈 수도 있다. 미토콘드리아 이브(mitochondrial Eve), 즉 모든 인류의 미토콘드리아가 그녀로부터 기원했기 때문에 '인류의 어머니'라고도 불리는 이에게 경의를 표하러 갈 수도 있다. 예리코로 당일치기 여행을 떠나서 탑이 갓 완성된 모습을 구경하겠는가? 아무거나 고르기만 하라.

그다음으로 갈 곳은 유리처럼 영롱한 '생명의 궁전(Palace of Life)'이다. 속에 바닷물이 채워진 탑들이 구름에 닿을 듯 우뚝 서 있다. 구조물 전체가 투명하지만, 가까이 다가가자 점차 짙은 어둠이 내린다. 어둠 속에서 뭔가 음울하고 무서운 것이 흐릿하게 드러난다. 동물 같기도 하고 멋진 건축물 같기도 하다. 궁전 입구인 '영원의 입'이다.

낯설고 무서운 유령 같은 모습이지만, 우리는 곧 그것이 우리와 나머지 동물계를 잇는 존재, 우리가 아는 한, 우리와 다른 동물의 조상들 중 가장 오래된 사코리투스 코로나리우스라는 것을 알아차린다. 인류는 자신의 DNA가 진화한 과정을 추적해 무려 5억 년 이상을 거슬러 올라갔다. 그 5억 년 동

2039년 뉴욕 세계 박람회장의 영롱한 '생명의 궁전'.
생명의 영웅적인 40억 년 역사와 엄청난 다양성을 기념하는 신전이다.

안 생명은 환경이 눈앞에 내던지는 어떤 장애물도 어떻게든 이겨 내며 살아왔다. 우리와 그 공통 조상의 직접적 연결 관계를 발견한 것은 과학이 이룬 가장 뛰어난 성취 중 하나다. 자유자재로 변신하는 능력을 지닌 생명은 앞으로 수억 년 동안 또 어떤 형태들을 만들어 낼까? 실제 사코리투스 코로나리우스는 아주 작았다. 우리 눈에는 기껏 까만 점으로만 보였을 것이다. 하지만 우리의 사적인 사연에서는 그것이 이토록 거대한 존재다. 우리가 현재 아는 한, '사코'는 동물계의 토대가 된 생명체 중 하나였다. 생명이라는 조각가는 거기서 우리를 만들어 냈다. **어떻게?** 물론 놀랍지만, 충분한 공간과 시간이 주어지는 한 진화는 단순한 것으로부터 그것보다 더 복잡하고 전혀 예상치 못했던 형태와 성질을 얼마든지 만들어 낸다.

'영원의 입'이 벌어지면서 아래 '턱'이 천천히 내려오더니 그 속에서 '생명의 궁전'으로 이어진 경사로가 나타난다. 우리는 그곳으로 들어가서 자연의 놀라운 다양성이 펼쳐진 모습을 구경한다. 난초와 나비와 벌새가 그 풍경에 파르르 떨리는 생기를 부여하고 있다.

40억 년을 끊이지 않고 이어 온 실 같은 생명은 최소한 다섯 차례의 대멸종에서 살아남았고, 매번 전보다 더 강하고 다양한 모습으로 되살아났다. 생명은 우리가 부분들의 합 이상이라는 사실을 증명한다. 우리가 궁지에 몰린 것 같을 때도, 생명은 어떻게든 미래로 통하는 길을 찾아낸다.

우리가 자연에 대한 지식을 지혜롭게 활용한다면, 언뜻 풀 수 없을 듯 보이는 문제도 해결할 수 있다. 지구에는 이미 사람들의 기억에서 잊힌 옛 분쟁들이 남긴 지뢰가 1억 1000만 개나 묻혀 있다. 그 때문에 매년 민간인 수천 명이 죽거나 인체 일부를 잃는다. 피해자 중에는 농부들도 있고, 친구와 뛰놀던 아이들도 있다. 어떻게 할까? 땅에 묻힌 1억 1000만 개의 폭발물을 일일이 찾아내어 제거하려면 전 세계적으로 얼마나 노력을 기울여야 할지 생각해 보라. 가망 없는 일 같다. 안 그런가?

'생명의 궁전'에는 야생화가 흐드러진 벌판이 있다. 그 속에 희고 섬세한 꽃을 자랑하는 애기장대들이 있다. 그런데 넓게 펼쳐진 초록색 잎들 사이에, 새빨간 잎을 드러낸 애기장대가 두어 줄기 끼어 있다. 식물학자들은 생명 공학을 통해서 발밑의 위험한 폭발물을 알아낼 수 있는 기발한 방법을 발명했다. 생명 공학으로 애기장대를 개량해, 지뢰나 사제 폭탄이 내는 이산화질소를 뿌리로 감지할 줄 아는 품종을 만들어 낸 것이다. 그 애기장대의 잎이 빨갛다면, 우리는 조심해야 한다. 밑에 지뢰가 있다는 뜻이니까. 하지만 잎이 초록색이라면, 우리는 친구들과 안심하고 뛰놀아도 된다. 이처럼 우리는 자연에 대한 지식을 활용해 우리가 스스로의 발목을 붙잡도록 설치해 둔 덫을 풀어낼 수 있다.

우리는 또 전쟁 행위에서나 일상 생활에서 막대한 양의 쓰레기를 지구에 버려 왔다. 지뢰나 사제 폭탄만이 아니다. 화석 연료가 내는 독성 물질, 소비주의 문명이 뱉어내는 폐기물, 핵발전소 폐기물, 핵무기, 요즘 걱정스러울 만큼 많이 버려지고 있는 데다가 납, 카드뮴, 베릴륨 같은 유독한 중금속이 들어 있는 오락용 전자 제품들……. 나는 이 심각한 문제를 숙고하다 보면 절로 절망하고는 한다. 하지만 생명과 과학은 이 악몽에서 벗어날 길도 알려주었다. 생물학적 정화라고 불리는 방법이다.

포플러는 산업 활동의 부산물로 흔히 발생하는 발암성 용매인 트라이클로로에틸렌(TCE)을 해 없는 염소 이온으로, 즉 그냥 소금으로 바꿀 줄 안다. 미생물학자들은 포플러의 두 품종을 교배시켜서 트라이클로로에틸렌 중화 능력이 더 뛰어난 품종을 얻을 수 있음을 알아냈다. 그 나무를 잔뜩 심으면, 인간과 다른 생명에게 위험한 유독 물질을 토양에서 제거할 수 있을 뿐 아니라 첫손가락에 꼽히는 온실 기체인 이산화탄소를 흡수하고 산소를 내는 식물의 수가 늘어난다.

우리가 빵과 맥주를 발효시킬 때 쓰는 효모균도 지구 청소를 도와줄 수 있다. 효모균은 인간이 배출하는 쓰레기 중에서도 가장 위험한 쓰레기를 중화시킨다. 효모균 중에서도 로도토룰라 타이와넨시스(*Rhodotorula taiwanensis*)라는 종, 그리고 데이노코쿠스 라디오두란스(*Deinococcus radiodurans*)라는 미생물은 산, 감마선, 독성 중금속에 맞서는 능력이 뛰어나다. 이들은 그런 독성 물질을 붙잡음으로써 수자원을 비롯한 환경이 오염되는 것을 막아 준다. 자연은 우리가 저지른 피해를 복구할 수단을 제공함으로써 우리에게 기회를 한 번 더 준다.

하지만 우리는 어떻게 해야 그런 실수를 재차 저지르지 않을 수 있을까? 인간이 지구에서 만든 것들 중 먼 미래를 보호하기 위한 조치가 하나라도 있던가? 우리에게는 우리가 스스로 가하는 장기적 위험에 대처할 계획을 세우는 기관은 고사하고 그 위험을 인식하는 데 힘쓰는 기관조차 없는 실정이다. 우리가 미래를 내다본다고 해 봐야 그 범위는 고작 다음 회계 분기인 3개월 뒤, 혹은 다음 총선까지인 4년 뒤이다. 그러나 과학이 알려주었듯이, 생명의 시간표는 그 척도가 수십억 년이다. 우리가 생명의 면면한 과거를 늘 인식하고 그 역사가 미래로 이어지도록 하는 데는 우리 개개인이 할 역할도 있다는 사실을 늘 인식해 실제로 변화를 만들어 내려면 어떻게 해야 할까?

과학은 현재로서는 우리를 더 현명하고 더 멀리 내다보는 존재로 만들어 줄 방법을 모른다. 하지만 우리에게 미래가 얼마나 긴지 상기시켜 줄 물건은 만들어 줄 수 있다.

'생명의 궁전' 기념품 가게에서는 레이저 광선이 이룬 3차원 격자 속에 스트론튬 원자 하나가 떠 있는 것을 보석처럼 활용한 양자 액세서리, 손목 시계, 펜던트를 판다. 그 원자는 우주의 양자 리듬에 완벽하게 맞춰져 있기 때문에, 앞으로 150억 년이 흘러도 그동안 겨우 1초쯤 어긋날 것이다. 그 150억 년조차 영원에 비하면 아무것도 아닌 작은 조각이다.

얼마나 많은 옛 문명들이 지금 우리가 벌이는 싸움에서 패했을까? 얼마나 많은 옛 세계들이 오늘날의 세계 밑에 묻혀 있을까? 어쩌면 우리는 영영 알 수 없을 것이다. 하지만 내 꿈의 박람회장에는 오래전 죽어 간 그 문명들이 멋지게 되살아난 장소가 있다. '사라진 세계들의 관(Pavilion of Lost Worlds)'이다.

오늘날 역사학의 아버지라고 불리는 기원전 5세기 그리스의 헤로도토스는 이베리아 반도의 타르테소스 사람들이 얼마나 풍요롭게 사는지 기록했다. 그들의 부는 땅에서 캔 금과 은에서 왔다고 한다. 그들은 고유의 언어, 문화, 춤, 음악이 있었다지만, 지금까지 살아남은 것은 디자인이 근사한 유물 몇 점을 제외하고는 전무하다시피 하다. 타르테소스 왕국은 지구의 사라진 세계들 중 하나다. 그러나 이 관에서 우리는 전성기의 그 문명을 그곳 사람들과 함께 거닐어 볼 수 있다.

현재의 나이지리아에 해당하는 녹(Nok)이라는 지방에서 과거에 번영했던 이름 모를 사람들도 만나 볼 수 있다. 녹의 기술자들은 1,500년 동안 세계 최첨단 기술을 보유하고 있었다. 그들은 철을 새롭게 사용하는 방법을 알아냈다. 타르테소스 사람들처럼 녹 사람들도 독특한 문명을 일궜지만, 지금까지 남은 것은 다른 어떤 양식과도 다른 양식으로 빚어진 테라코타 조각상 몇 점뿐이다. 하지만 이 관에서는 시간에 잠식된 줄로만 알았던 그들의 생활 양식이 되살아난다.

인더스 계곡 문명이 최고의 전성기를 맞았던 기원전 2500년, 그곳에는 인구 500만 명이 사는 여러 도시들이 있었다. 그리스 인들이 작은 부족으로 나뉘어 여기저기 떠돌던 시절, 그곳 사람들은 가장 유명한 도시인 모헨조다로를 설계하고 건설했다. 이들은 20세기 말에도 대부분의 사람이 누리지 못한 편의 시설이었던 현대적 상하수도관까지 집에 설치했다. 그 밖에도 수리 공학을 다양하게 활용할 줄 알아서 지하에 관을 묻었고, 하수를 관리했고, 부엌에 상수도를 설치했다. 치과 기술을 알았고, 극미량을 측정할 때 쓰는 표준 단위를 두었다. 이들은 또 자연스러운 현실감을 살려서 인체를 3차원으로 묘사한 뛰어난 조각가들이었다.

그들에게는 문자가 있었고, 그 문자로 씌어진 간판을 건물에 내걸었지만, 우리는 아직 그 뜻을 모른다. 그들은 주사위를 써서 노는 법을 알았고, 저녁 때면 보드게임으로 시간을 보냈다. 그리고 그들에게는 희한한 점이 하나 있었다. 그들의 그림에는 전쟁을 묘사한 장면이 없다. 그들이 무기를 보관했던 흔적도 없다. 꼼꼼하게 설계된 그들의 도시에는 침략해 온 적에게 깡그리 불태워졌던 흔적이 전혀 없다. 그들과 동시대의 다른 문명들과 비교할 때, 그리고 인류 역사 전반의 여러 문명과 비교할 때, 그것이야말로 그들의 가장 특이한 점이다.

'사라진 세계들의 관'에서, 모헨조다로에 사는 엄마들은 창밖으로 몸을 내밀고 밖에서 노는 아이들에게 저녁을 먹으러 들어오라고 부른다. 아이들은 사라진 세계 중 한 곳에서 지는 태양의 석양을 받으면서 부루퉁한 입으로 꾸물꾸물 집으로 향한다. 그들은 우리만큼이나 현실의 존재들이다. 그들이 사는 순간은 지금 이 순간만큼이나 현실의 순간이다.

'사라진 세계들의 관' 뒤에는 앞으로 생겨날 세계들을 소개한 '가능한 세계들의 관(Pavilion of Possible Worlds)'이 있다. 그 관은 꼭 우리 은하가 땅으로 내려온 것처럼 생겼다. 거대한 바람개비 모양의 구조물은 성간 공간에 있는 기체와 먼지를 연상시키는 환하고 알록달록한 안개처럼 느릿느릿 회전한다. 정중앙에는 환한 빛의 핵이 있다. 부드럽게 도는 바람개비를 해자가 빈틈없이 둘러싸고 있다. 회전하는 바람개비의 나선팔들이 이따금 주변을 둘러싼 물 위에 놓인 육교들로 이어진다.

인류는 우리 시대에 5대의 우주선을 다른 별로 보냈다. 모두 후진적이고 원시적인 기계였으며, 그 속도는 그것들이 가로질러야 하는 방대한 성간 거리에 비하면 꿈속을 달리기라도 하는 양 느렸다. 하지만 미래에는 더 잘할 것이다. 훨씬 더 빠르게 별로 갈 방법을 찾을 것이다. 우리는 벌써 다른 별을 도는 행성들을 수천 개 발견하고 조사하기 시작했다. 외딴 지구에 발이 묶인 상태로도, 갈릴레오가 처음 망원경을 들여다본 때로부터 400년밖에 안 지났는데도. 우리 은하에는 수천억 개의 별이 있고, 행성은 그것보다 더 많을 것이다.

칼은 『코스모스』에서 『은하 대백과사전』이라는 것을 상상했다. 은하의 모든 별에 있는 모든 행성을 목록화한 사전이다. 칼이 용감하게 그런 글을 쓴 것은 외계 행성이 하나도 발견되지 않은 때였고, 인터넷이 생기려면 한참 기다려야 하는 때였다. 이후 수십 년 동안 우리는 다른 별을 도는 행성들을 수천 개 찾아냈다. 칼이 꿈꿨던 『은하 대백과사전』은 더한층 현실에 가까워졌다.

지금 우리는 수천 개의 외계 행성들에 대해서 막연한 지식과 추측만 갖고 있지만, 언젠가는 약 50만 개의 다른 행성들을 더 깊이 알게 될 것이다. 우리도 칼처럼 두꺼운 은하 데이터베이스를 상상해 보자. 그것은 말하자면 우

『코스모스』에서 칼 세이건은 자신이 가장 읽고 싶은 책은 『은하 대백과사전』이라고 말하면서 그 상상의 책에 포함될 항목을 몇 개 작성해 보았다. 항목은 가능한 세계의 문명이 띨 특징을 과학적으로 상상하여 요약한 내용으로, 지구도 한 항목으로 포함되었다. 나는 그중 두 항목을 인용해 여기에 실었고, 추가로 새 항목을 하나 작성해 덧붙였다.

은하 대백과사전

어둠 속에서 꽃핀 이들

문명 종류: 1.1R형.

사회 코드: 2Y6, 행성 간 지하 공동체들, 창발적 협동 철학.

문명 나이: 4.4×10^{11}초.

자체 노력으로 이룬 외부와의 최초 접촉: 6.3×10^{10}초 전.

은하 둥지 코드의 최초 접수: 3.1×10^{10}초 전, 근원 문명, 고에너지 중성미자 채널이 국부 은하군 다자 대화를 일으킴.

생물 정보: C, H, O, N, Fe, Ge, Si. 야간 합성을 하는 무기 영양체.

유전체: 5×10^{14}.(평균 유전체당 반-비중복 비트 수: 약 3×10^{17})

생존 지속 확률(1000년당): 72.1%.

살아남은 이들

문명 종류: 1.8L형.

사회 코드: 2A11.

중심 별: FOV, 분광 변광성, 거리=9.717Kpc, q=00°07′51″, j=210°20′37″.

행성: 제6번 행성, 궤도 긴 반지름=2.4×10^{13}cm, 질량=7×10^{18}g, 반지름=2.1×10^9cm, 자전 주기=2.7×10^6초, 공전 주기=4.5×10^7초.

행성 외부 식민지: 없음.

행성 나이: 1.14×10^{17}초.

자체 노력으로 이룬 외부와의 최초 접촉: 2.6040×10^8초 전.

은하 둥지 코드의 최초 접수: 1.9032×10^8초 전.

생물 정보: C, N, O, H, S, Se, Cl, Br, H_2O, S_8. 다환 방향족 황화 할로겐 화합물. 약한 환원성 대기에서 광화학 합성을 하며 이동성이 있는 자가 영양체. 다중 분류군, 단색성. m~3×10^{12}g, t~5×10^{10}초. 유전자 조작을 통한 보체 기술 없음.

유전체: 약 6×10^7. (유전체당 비중복 비트 수: 약 2×10^{12})

기술 수준: 지수 함수적으로 점근 한계로 접근 중.

문화: 전역적, 비군집성, 다종 특성(2속 31종), 수리적 시 문학.

출산 전/출산 후: 0.52[30].

개체/공동체: 0.73[14].

예술성/기술성: 0.81[18].

생존 지속 확률(100년당): 80%.

인류

문명 종류: 1.0J형.

사회 코드: 4G4.

중심 별: G2V, 거리=9.844Kpc, q=00°05′24″, j=206°28′49″.

행성: 제3번 행성, 궤도 긴 반지름=1.5×10^{13}cm, 질량=6×10^{27}g, 반지름=6.4×10^8cm, 자전 주기=8.6×10^4초, 공전 주기=3.2×10^7초.

행성 외부 식민지: 없음.

행성 나이: 1.45×10^{17}초.

자체 노력으로 이룬 외부와의 최초 접촉: 1.21×10^9초 전.

은하 둥지 코드의 최초 접수: 확인 중.

생물 정보: C, N, O, S, H_2O, PO_4, DNA, 유전자 조작을 통한 보체 기술 없음, 이동성이 있는 타가 영양체, 광합성을 하는 자가 영양체와의 공생체, 표면 거주자, 단일 종, 다색성 산소 흡입자, 순환 혈액에 철-킬레이트테트라파이롤, 양성 포유류. m~7×10^4g, t~2×10^9초.

유전체: 4×10^9.

기술 수준: 지수 함수적으로 발전 / 화석 연료 / 핵 무기 / 조직화된 전쟁 행위 / 환경 오염.

문화: 200여 개의 국가, 약 6개의 초강대국, 문화와 기술의 동질화 진행 중.

출산 전/출산 후: 0.21[18].

개체/공동체: 0.31[17].

예술성/기술성: 0.14[11].

생존 지속 확률(100년당): 40%.

리 은하의 알렉산드리아 도서관일 테고, 우리 작은 지구가 당당히 우주의 시민권을 얻는 방법일 것이다.

우리가 '가능한 세계들의 관'의 회전하는 나선팔 중 하나로 들어섰다고 상상해 보자. 놀랍게도 캄캄하다. 복도 저 끝에 빛이 보인다. 다가가 보니 별이다. 쌍성계의 한 별이다. 홀로그램 영상이 회전하면서, 첫 행성이 우리 눈앞에 획 나타난다. 찍찍 갈라진 얼음 행성에는 생명이나 문명의 징후는 드러나 있지 않다. 또 다른 행성이 눈앞에 나타난다. 어두운 면을 들여다보았더니, 빛의 그물망이 거미줄처럼 덮여 있다. 지적 문명이 있다는 신호다. 칼이 『코스모스』에서 상상했던 『은하 대백과사전』의 항목이 살짝 변형된 형태로, 그 행성에 대한 간략한 소개가 우리 눈앞에 떠오른다. 스스로를 "살아남은 이들"이라고 부르는 그들의 문명은 우리보다 약간 더 발전한 정도다. 우리가 그들과 소통할 수 있다면, 그들로부터 자신들이 어떻게 폭풍 같은 사춘기를 겪어냈는지 들을 수 있을 텐데.

거미줄 행성이 시야에서 사라진다. 우리는 나선팔 복도를 좀 더 걸어가서 다른 별을 만난다. 행성 여러 개를 거느린 주황색 K형 주계열성이다. 우리는 그중 네 번째 행성을 살펴본다. 그 행성에는 짙은 보라색 대기가 있고, 북극 만년설 위로 오로라가 빛난다.

우리보다 더 발전된 문명은 어떨까? 인류의 가장 자랑스러운 업적마저 초라해 보이게 만들 만큼 대규모로 공학 사업을 벌이는 행성이 있을지도 모른다. 우리는 복도를 걸어 내려가서, 다른 별들과 행성들과 위성들을 지나쳐서, 태양보다 약간 더 밝은 청백색 F형 주계열성을 만난다. 그 행성계의 세계들이 차례차례 우리 앞을 지나가는데, 그중에 저 멀리 초록 땅덩어리와 밝은 주황색 바다가 있는 행성이 보인다. 고리가 눈에 확 띈다.

고리 있는 행성이 가까이 다가오기에 살펴보니, 그 고리는 토성의 고리와는 달리 뭔가 단단한 인공 구조물이다. 백금으로 만들어진 것 같고, 드문드문 창문과 출입구가 나 있다. 여분의 공간과 자원을 확보하기 위해서 이처럼 자기 행성계의 다른 행성들을 분해해 자기 행성 둘레에 고리로 재조립한 문명이 있을지도 모른다. 이제 행성의 표면이 뚜렷이 보일 만큼 가까워졌다. 살펴보니 높게 이는 주황색 파도 위에 거대한 플랫폼들이 떠 있다.

그들의 미래는 밝아 보이니 놓아두고, 우리는 적색 왜성으로 넘어간다. 소수의 행성과 위성이 별 가까이 돌고 있는데, 그 모두에 빛이 점점이 박혀 있고 인공 구조물이 빽빽하게 지어져 있다. 드문 미개발지에는 이상한 구덩이가 파여 있다. 이 행성의 가련한 존재들이 살아남을 확률은 3분의 1밖에 안 된다. 그리고 그들의 별에서는 뭔가 일이 벌어지고 있다. 별 공전 궤도에서 거대한 우주선이 초대형 비계를 세우고 있는 것 같다. 이것은 행성계 전체가 시달리는 에너지 위기를 해결하려는 노력일까? 이들은 항성의 에너지에 의존하고 있지만, 이들의 별은 약한 적색 왜성이라서 여러 행성을 아울러 구축된 문명에 에너지를 충분히 공급하지 못한다. 어쩌면 이들은 연료를 다 써 버렸는지도 모른다. 우리는 별을 둘러싼 인공 비계를 가까이 살펴본다. 인공 껍질로 부분적으로 싸인 별이라니, 정말 낯선 광경이다. 이들은 그 껍질로 별을 둘러쌈으로써 별이 내는 광자를 하나도 남김없이 수확하려는 생각인 게 분명하다.

우리가 직접 『은하 대백과사전』에 실릴 지구 항목을 작성한다면 어떻게 적을까? 바로 이 순간에도 우리 은하의 다른 누군가가 우리 대신 그것을 작성해 두었을지도 모른다. 우리가 내보낸 텔레비전 전파를 엿들은 것을 근거로, 혹은 은밀한 정찰 활동을 근거로. 그들은 우리 은하의 우리 영역에 있는 푸른 행성들의 목록을 불러낸 뒤, 죽 훑어내리다가 지구를 발견한다. 거기에는 이런 통계가 적혀 있다. "생존 지속 확률(100년당): 40퍼센트."

나는 저 40퍼센트라는 숫자를 가만히 응시한다. 물론 저 값은 추측에 지나지 않는다. 문득 내 귀에 황혼 녘 모헨조다로의 거리에서 주사위가 경쾌하게 구르는 소리가 들려온다. 꿀벌들이 다음 집을 어디로 할지 정하느라 윙윙거리는 춤으로 토론하는 소리가 들려온다. 바빌로프와 동료들이 겪었던 허기가 느껴진다. 넘실거리는 물에 잠긴 스트로마톨라이트로부터 아인슈타인을 거쳐서 우리에게 오기까지 모든 존재가 품었던 모든 생각의 무게가 느껴진다. 아인슈타인이 1939년 세계 박람회 개막식에서 했던 말이 머릿속에 메아리친다. "과학이 예술처럼 그 사명을 진실하고 온전하게 수행하려면, 대중이 과학의 성취를 그 표면적 내용뿐 아니라 더 깊은 의미까지도 이해해야 합니다."

내가 생각하기에, 아인슈타인이 말했던 **더 깊은** 의미란 아마 다음과 같은 내용일 것이다.

우리 우주는 약 140억 년 전 물질, 에너지, 시간, 공간이 갑자기 등장하면서 시작되었다. 그때 어둠은 차가웠고, 빛은 뜨거웠으며, 그 양극단이 결합함으로써 물질에 형태와 구조가 생겼다. 우리 태양보다 수백 배 더 무거운 별들이 생겨났다. 그 별들은 폭발하면서 이후 생겨날 세계들에 산소와 탄소를 공급해 주었고, 금과 은으로 장식해 주었다. 죽은 별들은 어둠이 되었고, 그 어둠의 무게는 빛을 비끄러매는 닻이었다. 그리고 그 별들의 수의에서 새 별들이

이슬 목걸이. 생물학, 화학, 물리학이 협동해 만들어 낸 자연의 보석이다.

태어났다. 별들은 함께 어울려 춤추기 시작했고, 그러자 은하들이 생겨났다.

은하는 별을 낳았다. 별은 행성을 낳았다. 그 행성 중 최소한 하나에서, 뜨겁게 녹은 심장의 열기가 솟구쳐 나와서 물을 데웠다. 그러자 먼 별에서 비처럼 쏟아져 내렸던 물질이 생명을 얻어 살아났고, 별의 물질로 만들어진 생명은 결국 의식을 얻어 깨어났다.

그 생명은 땅에 의해 조각되었고, 살아 있는 다른 것들과의 싸움을 통해 조각되었다.

그리하여 커다란 나무가, 많은 가지를 길러낸 나무가 자랐다. 하마터면 여섯 번이나 쓰러질 뻔했지만, 여전히 용케 자라고 있다. 우리는 그 나무의 작은 한 가지일 뿐이고, 나무 없이는 우리도 살 수 없다.

우리는 서서히 자연의 책을 읽는 법을, 자연의 법칙을 배우는 법을, 나무를 보살피는 법을 익혔다. 우리가 코스모스라는 망망대해에서 언제, 어디에 있는지 알아내는 법을 익혔다. 그리고 코스모스가 스스로를 이해하는 수단이, 별로 돌아가는 길이 되었다.

감사의 말

1996년 칼 세이건이 죽은 것은 우리 가족에게 비극이었을 뿐 아니라 우리 행성에게도 적잖은 타격이었다. 우리는 과학의 길잡이, 어떤 사람과도 소통할 줄 아는 시인, 인류의 미래를 적극 보호하려고 했던 양심적 전 지구적 시민, 지칠 줄 모르고 진리를 추구했던 사람을 잃었다. 나는 지금 내가 대신 메우는 빈자리가 얼마나 큰지 잘 안다. 수많은 사람의 도움이 없었다면 감히 시도조차 하지 못했을 것이다.

오리지널 「코스모스」처럼, 이번에도 이 책과 텔레비전 시리즈는 긴밀히 얽혀 있다. 따라서 나는 「코스모스」 가족 양쪽 모두에게 빚졌다.

맨 먼저 스티븐 소터에게 감사한다. 스티브는 1980년 오리지널 「코스모스」 시리즈를 나와 칼과 함께 썼고, 비록 끝내 제작되지는 못했지만 「핵 (Nucleus)」이라는 다큐멘터리 시리즈를 함께 쓰려고도 했는데, 이 책의 10장은 그 내용을 가져와서 썼다. 내게 플레 산 분화에 대한 현대 과학자들의 생각을 알려주어 정보를 업데이트하도록 해 준 것도 고맙다. 이후 만들어진 모든 「코스모스」에는 칼과 스티브와 내가 함께 했던 협동 작업의 메아리가 담겨 있다. 그들의 지식, 독창성, 선량한 시각은 이 책과 다큐멘터리에 속속들이 배어 있다.

나는 평생 뛰어나고 너그러운 파트너들과 함께 일하는 축복을 누렸다. 브래넌 브라가(Brannon Braga)는 스티브와 내가 함께 각본을 쓴 「코스모스: 스페이스타임 오디세이」에 큰 도움을 주었는데, 이제 세 번째 「코스모스」 시리즈에서 나는 브래넌과 함께 2년 동안 한방에 앉아 생각하고 글 쓰고 이후에는 함께 에피소드들을 감독하고 제작하는 즐거움을 누렸다. 그 시간을 소중하게 기억하며, 그가 성인 같은 인내심으로 나를 참아 주고 「코스모스」에 크게 이바지해 준 데 감사한다.

작가실에서 보낸 그 시간 동안 우리 곁에는 보통 안드레 보매니스(Andre Bormanis)와 새뮤얼 세이건이 있었다. 현장 과학 자문이기도 했던 안드레는 박식함과 정중함의 모범이다. 샘은 두 시즌 모두에서 훌륭한 이야기를 몇 편 보태 주었고, 고대 문명에 대한 지식을 나눠주었으며, 제작에서도 그 밖의 역할을 맡았다.

촬영 마지막 몇 주 동안, 샘은 하마터면 치명적일 뻔했던 뇌출혈을 겪었다. 샘을 회복시켜 주고 누구도 대체할 수 없는 샘의 샘다움을 지켜 준 시더스-시나이 신경학과 중환자실의 의사 네스토르 곤살레스, 그리고 다른 의사들과 간호사들에게 엄청난 빚을 졌다. 특히 의사 론 벤바사트(Ron Benbassat)는 샘이 중환자실에 입원한 몇 주 동안 샘을 철두철미하게 살펴 주었고 우리에게 많은 친절을 베풀어 주었다. 제니스 온티베로스(Jennice Ontiveros)와 사샤 세이건(Sasha Sagan)이 마음을 써준 덕분에 우리가 그 괴로운 시간을 견딜 수 있었다. 늘 애정을 보여 주는 조너선 노엘(Jonathan Noel)과 로리 로빈슨(Laurie Robinson) 덕분에 사샤가 우리와 함께할 수 있었던 것도 고맙다. 제니스는 오디오북을 위해 그의 아름다운 목소리를 빌려주었고, 사샤는 다큐멘터리에서 그녀의 할머니 레이철 세이건을 우아하게 묘사함으로써 생생하게 되살려냈다.

세스 맥팔레인(Seth MacFarlane)이 아니었다면, 오리지널 「코스모스」 이후에 후속 시리즈가 제작되는 일은 아마 없었을 것이다. 이후의 모든 「코스모스」는 이 시리즈를 새로운 세대에게도 보여 주고자 하는 세스의 헌신적인 열정 덕분에 가능했다. 우리가 2014년에 「코스모스: 스페이스타임 오디세이」를 제작할 자원과 자유를 얻을 수 있었던 것은 모두 세스가 당시 폭스 네트워크 그룹의 CEO였던 피터 라이스(Peter Rice)를 설득해 준 덕분이었고, 상업 방송국의 황금 시간대 프로그램이 이럴 수도 있다는 세스의 비전 덕분이었다. 폭스의 섀넌 라이언(Shannon Ryan), 롭 웨이드(Rob Wade), 피비 티스데일(Phoebe Tisdale), 알렉스 파이퍼(Alex Piper)도 고맙다. 두 번째 시리즈가 텔레비전 역사상 최대 규모로 전 세계에 송출될 수 있었던 것은 내셔널 지오그래픽 채널이 기꺼이 폭스에 합류해 준 덕분이었다. 내셔널 지오그래픽은 이후에도 폭스와 더불어 우리가 상상할 수 있는 최선의 파트너가 되어 주고 있다. 늘 지원을 아끼지 않는 내셔널 지오그래픽에서 특히 게리 넬(Gary Knell), 코트니 먼로(Courteney Monroe), 크리스 앨버트(Chris Albert), 케빈 타오 모스(Kevin Tao Mohs), 헤서 댄스킨(Heather Danskin), 그리고 앨런 버틀러(Allan Butler)에게 크게 신세 지고 있다. 그들은 늘 우리가 바랄 수 있는 정도 이상으로 발 벗고 나서 주었다.

13부작 텔레비전 시리즈인 「코스모스: 가능한 세계들」 제작에 참여한 사람은 모르면 몰라도 1,000명은 될 것이다.

내 동료 제작자 제이슨 클라크(Jason Clark)는 최근 두 시즌의 최초 구상 단계부터 완성과 전 세계 배급 및 방영 단계까지 없어서는 안 될 파트너였다. 그리고 나는 이 두 시즌을 통해 조 미쿠치(Joe Micucci)가 한 사람의 제작자로 성장하는 것을 지켜봤다. 그는 유능하고 양심적인 제작자로 많은 역할을 했다. 출연해 준 닐 디그래스 타이슨(Neil deGrasse Tyson)에게도 감사 인사를 보낸다. 우리는 사진 작가 칼 월터 린덴롭(Karl Walter Lindenlaub)과 영화 음악의 거장 앨런 실베스트리(Alan Silvestri)와 함께 일하는 축복을 누렸다. 그들은 빛과 그림자, 그리고 소리로 우리 시리즈를 아름답게 꾸며 주었다. 카라 밸로(Kara Vallow)는 이 시리즈에서 보석처럼 빛나는 애니메이션 장면들을 만든 제작진을 이끌어 주었다. 특수 영상 총감독인 제프 오쿤(Jeff Okun)은 우리의 거칠기 이를 데 없는 꿈들을 시각적으로 구현해 주었다.

엄청나게 창조적이고 근면한 「코스모스」 가족은 너무 많아서 여기 다 쓸 수 없지만, 그중에서도 사브리나 코르푸스 아스피라스(Sabrina Corpuz Aspiras), 앤드루 브랜도(Andrew Brandou), 루스 카터(Ruth E. Carter), 마저리 초도로프(Marjorie Chodorov), 라이언 처치(Ryan Church), 킴벌리 벡 클라크(Kimberly Beck Clark), 알렉산드리아 코리건(Alexandria Corrigan), 제인 데이(Jane Day), 알렉스 데 라 페냐(Alex de la Peña), 해나 도싯(Hannah Dorsett), 애덤 드룩스먼(Adam Druxman), 존 더피(John Duffy), 잭 가이스트(Jack Geist), 가일 골드버그(Gail Goldberg), 루커스 그레이(Lucas Gray), 존 그리즐리(John Greasley), 코비 그린버그(Coby Greenberg), 닐 그린버그(Neil Greenberg), 잭 그로블러(Zack Grobler), 레이철 하그레이브스힐드(Rachel Hargraves-Heald), 코니 헨드릭스(Connie Hendrix), 메라 허드먼(Mara Herdmann), 줄리아 호지스(Julia Hodges), 데이비드 이치오카(David Ichioka), 셸리아 재프(Sheila Jaffe), 듀크 존슨(Duke Johnson), 매슈 켈러(Matthew Keller), 그레고리 킹(Gregory King), 토니 라라(Tony Lara), 카를로스 마리몬(Carlos M. Marimon), 제임스 오버

랜더(James Oberlander), 스콧 펄먼(Scott Pearlman), 클리닛 미니스 세이건(Clinnette Minnis Sagan), 닉 세이건(Nick Sagan), 사파 사미자데야즈드(Safa Samiezadé-Yazd), 에릭 시어스(Eric Sears), 조지프 시버튼(Joseph D. Seaverton), 데이비드 샤피로(David Shapiro), 엘리엇 톰슨(Elliot Thompson), 맥스 보톨라토(Max Votolato), 브렌트 우즈(Brent Woods)에게 고마움을 표하고 싶다.

우리가 이 프로젝트를 완수할 수 있었던 것은 우리가 자신에게 질문을 퍼붓는 것을 기꺼이 허락해 주었던 뛰어난 과학자들 덕분이었다. 그래도 남아 있을지 모르는 오류는 전적으로 내 탓이다. 다음 분들에게 감사의 뜻을 전한다. 코넬 대학교 물리학과 데이비드 덩컨(David C. Duncan) 교수이자 코넬 천체 물리학 및 행성 과학 연구소 소장인 조너선 루나인(Jonathan Lunine), 캘리포니아 대학교 리버사이드 캠퍼스의 식물 병리학 명예 교수 겸 생물학과 교수이자 보존 생물학 연구소 소장인 마이클 앨런(Michael Allen), NASA 고다드 우주 비행 센터의 허블 운영팀 과학자인 케네스 카펜터(Kenneth Carpenter) 박사, 캘리포니아 공과 대학의 시모어 벤저(Seymour Benzer) 생물학 교수인 데이비드 앤더슨(David Anderson), 코넬 대학교 지구 및 대기 과학 조교수인 토비 올트(Toby Ault), 오스트레일리아 국립 대학교의 고고학 및 인류학부 명예 교수인 피터 벨우드(Peter Bellwood), 스탠퍼드 대학교 인문학부 및 응용 물리학부 교수이자 스탠퍼드 포토닉스 연구소 공동 소장인 로버트 바이어(Robert Byer), 캘리포니아 공과 대학의 이론 우주론, 장 이론, 중력 전문가인 션 캐럴(Sean Carroll), 코넬 대학교 천문학 조교수인 알렉산더 헤이스(Alexander Hayes), 코넬 대학교 천문학 조교수이자 칼 세이건 연구소 소장인 리사 칼테네거(Lisa Kaltenegger), 위스콘신 대학교 생물학 조교수인 배럿 클라인(Barrett Klein), 브레이크스루 스타샷 프로젝트의 기술 책임자인 피터 클루파(Peter Klupar), 하버드 대학교 천문학부 프랭크 베어드 주니어(Frank B. Baird, Jr.) 교수이자 이론과 연산 연구소 소장이자 블랙홀 이니셔티브(Black Hole Initiative, BHI) 설립자이자 브레이크스루 스타샷 프로젝트의 자문 위원회장, 국립 과학 아카데미의 물리학 및 천문학 위원회 부의장인 애이브러햄 (애비) 로브(Abraham (Avi) Loeb), 스탠퍼드 대학교 응용 물리학부 W. M. 켁 재단(W. M. Keck Foundation) 전기 공학 교수인 데이비드 밀러(David A. B. Miller), 그리피스 천문대 소장인 E. C. 크루프(E. C. Krupp) 박사, 코넬 대학교 기계 및 항공 공학 조교수 메이슨 펙(Mason Peck), 코넬 대학교 호러스 화이트(Horace White) 생물학 교수인 토머스 실리(Thomas D. Seeley), 브레이크스루 스타샷 프로젝트의 진행 책임자이자 전 NASA 에임스 연구소 소장인 피트 워든(Pete Worden), 코넬 대학교 미생물학 교수인 스티븐 진더(Stephen Zinder).

존경받는 예술가이자 내 친구인 다리오 로블레토(Dario Robleto)에게 특히 고맙다. 그는 내게 안젤로 모소, 조반니 트론, 한스 베르거의 이야기를 들려주었고 즐거운 우정을 나눠주었다. 아소카 이야기를 포함시키자는 제안은 샘 세이건이 냈다. 작가 지나 메타(Gita Mehta)가 아소카의 삶에 대해서 쓴 감동적인 글 덕분에 나는 그 이야기의 힘을 새삼 깨닫게 되었다. 내가 아소카의 이야기를 이 책에서 들려주면 어떻겠냐고 물은 데 대해 너그러운 답변을 보내 준 그녀에게 감사한다.

특별한 빚을 진 분들이 있다. 팸 애비(Pam Abbey)는 20년 동안 내게 헌신과 성실을 베풀어 주었고, 바네사 굿윈(Vanessa Goodwin)은 이 책의 초고 작성에 전문적 도움을 주었을 뿐 아니라 시리즈 제작 과정 전체에서 늘 나를 도와주었고, 캐시 클리블랜드(Kathy Cleveland)는 내 뒤를 봐주고 우정을 제공했으며, 패티 스미스(Patty Smith)는 친절한 도움을 주었다. 내가 이 작업에 전념할 수 있었던 것은 모두 믿을 수 있는 든든한 그들이 있었기 때문이다.

내가 이 책을 쓰겠다고 나선 것은 두 사람과의 만남에서 얻은 영감 덕분이었다. 《내셔널 지오그래픽》의 편집장인 수전 골드버그(Susan Goldberg)와의 만남, 그리고 내셔널 지오그래픽 출판사의 발행인인 리사 토머스(Lisa Thomas)와의 첫 만남과 이후 숱한 만남이 그것이었다. 편집자로서 예리한 조언을 주고 이 책이 완성될 수 있도록 끝까지 이끌어 준 데 감사한다. 첫 장부터 이 마지막 장까지 리사와 함께한 것은 정말 즐거운 일이었다. 책임 편집자 수전 타일러 히치콕(Susan Tyler Hitchcock), 보조 편집자 힐러리 블랙(Hilary Black), 책임 프로젝트 관리자 앨리슨 존슨(Allyson Johnson), 크리에이티브 디렉터 멜리사 패리스(Melissa Farris), 사진 디렉터 수전 블레어(Susan Blair), 사진 편집자 질 폴리(Jill Foley), 편집국장 제니퍼 손턴(Jennifer Thornton), 책임 제작 편집자 주디스 클라인(Judith Klein)에게도 고맙다. 이 책을 그들보다 더 잘 만들어 줄 팀은 상상할 수 없을 것이다. 책에 실릴 아름다운 그림들을 신중하게 골라 준 것도 고맙다.

평생지기 두 사람에게도 신세를 졌다. 조너선 콧(Jonathan Cott)과 어니 에번(Ernie Eban)은 이 책에 수록된 가장 인상적이고 적절한 인용구들을 알려주었다. 데이비드 노침슨(David Nochimson)과 조이 페힐리(Joy Fehily)의 늘 현명한 조언에도 덕을 보았다.

마지막으로 사랑하고 존경하는 린다 옵스트(Lynda Obst)에게 고맙다. 린다와 함께 곳곳의 발코니에서 나눴던 심오하면서도 웃음 가득한 대화 덕분

에 이 시리즈를 제작하고 이 책을 쓰는 동안 로스앤젤레스에서 머문 시간이
그토록 즐거울 수 있었다.

더 읽을거리

1장

- *Catal Huyuk: A Neolithic Town in Anatolia* by James Mellaart (McGraw-Hill, 1967).
- *Çatalhöyük: The Leopard's Tale: Revealing the Mysteries of Turkey's Ancient "Town"* by Ian Hodder (Thames and Hudson, 2011).
- *Inside the Neolithic Mind: Consciousness, Cosmos and the Realm of the Gods* by David Lewis-Williams and David Pearce (Thames and Hudson, 2005).

2장

- *Ashoka: The Search for India's Lost Emperor* by Charles Allen (Overlook Press, 2012).
- *Shadows of Forgotten Ancestors: A Search for Who We Are*, by Carl Sagan & Ann Druyan (Random House, 1992; Ballantine Books, 2011). (한국어판 칼 세이건, 앤 드루얀, 김동광 옮김, 『잊혀진 조상의 그림자』(사이언스북스, 2008년). — 옮긴이)

3장

- *The Vital Question: Energy, Evolution, and the Origins of Complex Life* by Nick Lane (W. W. Norton, 2015). (한국어판 닉 레인, 김정은 옮김, 『바이털 퀘스천: 생명은 어떻게 탄생했는가』(까치, 2016년). — 옮긴이)

4장

- *Lysenko and the Tragedy of Soviet Science* by Valery N. Soyfer, translated by Leo Gruliow and Rebecca Gruliow (Rutgers University Press, 1994).
- *The Murder of Nikolai Vavilov: The Story of Stalin's Persecution of One of the Great Scientists of the Twentieth Century* by Peter Pringle (Simon and Schuster, 2008). (한국어판 피터 프링글, 서순승 옮김, 『20세기 최고의 식량학자, 바빌로프』(아카이브, 2011년). — 옮긴이)
- *The Vavilov Affair* by Mark Popovsky (Archon Books, 1984).

5장

- *Angelo Mosso's Circulation of Blood in the Human Brain*, edited by Marcus E. Raichle and Gordon M. Shepherd, translated by Christiane Nockels Fabbri (Oxford University Press, 2014).
- *Broca's Brain: Reflections on the Romance of Science* by Carl Sagan (Random House, 1979; Ballantine Books, 1986).
- *Fatigue (1904)* by Angelo Mosso, translated by Margaret Drummond (Kessinger Publishing, 2008).
- *Fear* by Angelo Mosso (Forgotten Books, 2015).

6장

- *Solar System Astronomy in America: Communities, Patronage, and Interdisciplinary Science 1920-1960* by Ronald E. Doel (Cambridge University Press, 1996; 2009).

7장

- *The Dancing Bees: An Account of the Life and Senses of the Honey Bee* by Karl von Frisch (Harcourt Brace, 1953).

- *Honeybee Democracy* by Thomas D. Seeley (Princeton University Press, 2010). (한국어판 토머스 실리, 하임수 옮김, 『꿀벌의 민주주의』(에코리브르, 2012년). — 옮긴이)
- *The Power of Movement in Plants* by Charles Darwin (CreateSpace Independent Publishing Platform, 2017).

8장

- *The Saturn System Through the Eyes of Cassini* by NASA including Planetary Science Division, Jet Propulsion Laboratory, and Lunar and Planetary Institute (e-book, *https://www.nasa.gov/ebooks*, 2017).

9장

- *The New Quantum Universe* by Tony Hey and Patrick Walters (Cambridge University Press, 2003).
- *The Quantum World* by J. C. Polkinghorne (Longman, 1984; Princeton University Press, 1986).

10장

- *Joseph Rotblat: Visionary for Peace* by Reiner Braun, Robert Hinde, David Krieger, Harold Kroto, and Sally Milne, eds. (Wiley, 2007).
- *The Making of the Atomic Bomb* by Richard Rhodes (Simon and Schuster, 1987; 2012). (한국어판 리처드 로즈, 문신행 옮김, 『원자 폭탄 만들기』(전2권) (사이언스북스, 2003년). — 옮긴이)

11장

- *First Islanders, Prehistory and Human Migration in Island Southeast Asia* by Peter Bellwood (Wiley-Blackwell, 2017).
- *Polynesian Navigation and the Discovery of New Zealand* by Jeff Evans (Libro International, 2014).
- *Polynesian Seafaring and Navigation: Ocean Travel in Anutan Culture and Society* by Richard Feinberg (Kent State University Press, 1988; 2003).

12장

- *The Sixth Extinction: An Unnatural Extinction* by Elizabeth Kolbert (Henry Holt, 2014). (한국어판 엘리자베스 콜버트, 이혜리 옮김, 『여섯 번째 대멸종』(처음북스, 2014년). — 옮긴이)

13장

- *Cosmos* by Carl Sagan (Random House, 1980; reprint Ballantine, 2013). (한국어판 칼 세이건, 홍승수 옮김, 『코스모스』(사이언스북스, 2006년). — 옮긴이)
- *The Demon-Haunted World: Science as a Candle in the Dark* by Carl Sagan with Ann Druyan (Random House, 1996; Ballantine Books, 1996). (한국어판 칼 세이건, 앤 드루얀, 이상헌 옮김, 『악령이 출몰하는 세상』(사이언스북스, 2020년 출간 예정). — 옮긴이)
- *Pale Blue Dot: A Vision of the Human Future in Space* by Carl Sagan (Random House, 1994; Ballantine Books, 1997). (한국어판 칼 세이건, 현정준 옮김, 『창백한 푸른 점』(사이언스북스, 2001년). — 옮긴이)

도판 저작권

찾아보기

옮긴이 **김명남**

카이스트 화학과를 졸업하고 서울 대학교 환경 대학원에서 환경 정책을 공부했다. 인터넷 서점 알라딘 편집팀장을 지냈고 전문 번역가로 활동하고 있다. 제55회 한국출판문화상 번역 부문을 수상했다. 옮긴 책으로 『지구의 속삭임』, 『우리 본성의 선한 천사』, 『정신병을 만드는 사람들』, 『갈릴레오』, 『세상을 바꾼 독약 한 방울』, 『인체 완전판』(공역), 『현실, 그 가슴 뛰는 마법』, 『여덟 마리 새끼 돼지』, 『시크릿 하우스』, 『이보디보』, 『특이점이 온다』, 『한 권으로 읽는 브리태니커』, 『버자이너 문화사』, 『남자들은 자꾸 나를 가르치려 든다』 등이 있다.

코스모스 |가 능 한 세 계 들|

1판 1쇄 펴냄 2020년 3월 20일
1판 10쇄 펴냄 2024년 9월 15일

지은이 앤 드루얀
옮긴이 김명남
펴낸이 박상준
펴낸곳 (주)사이언스북스

출판등록 1997. 3. 24.(제16-1444호)
(06027) 서울특별시 강남구 도산대로1길 62
대표전화 515-2000, 팩시밀리 515-2007
편집부 517-4263, 팩시밀리 514-2329
www.sciencebooks.co.kr

ISBN 979-11-90403-28-3 03440